Springer-Lehrbuch

B. Rasch   M. Friese   W. Hofmann   E. Naumann

Quantitative Methoden   Band 2
Einführung in die Statistik

2., erweiterte Auflage

Mit 29 Abbildungen und 61 Tabellen

 Springer

Dipl.-Psych. Björn Rasch
Institut für Neuroendokrinologie
Universität zu Lübeck
Ratzeburger Allee 160, Haus 23a
23538 Lübeck

Dipl.-Psych. Malte Friese
Abteilung für Sozial- und Wirtschaftspsychologie
Institut für Psychologie
Universität Basel
Missionsstr. 60/62
4055 Basel, Schweiz

Dipl.-Psych. Wilhelm Hofmann
Arbeitsbereich Diagnostik, Differentielle und
Persönlichkeitspsychologie, Methodik und Evaluation
Fachbereich 8 - Universität Koblenz-Landau
Fortstraße 7
76829 Landau

Dr. Ewald Naumann
Fachbereich I - Psychologie
Universität Trier
Universitätsring
54286 Trier

ISBN 10 3-540-33309-6
ISBN 13 978-3-540-33309-8
Springer Medizin Verlag Heidelberg

Bibliografische Information der Deutschen Bibliothek
Die Deutsche Bibliothek verzeichnet diese Publikation in der Deutschen Nationalbibliografie;
detaillierte bibliografische Daten sind im Internet über http://dnb.ddb.de abrufbar.

Springer Medizin Verlag.

springer.com

© Springer Medizin Verlag Heidelberg 2004, 2006
Printed in Germany

Planung: Dr. Svenja Wahl
Projektmanagement: Michael Barton
Umschlaggestaltung: deblik Berlin
SPIN 1167 2890
Satz: Datenlieferung von den Autoren

Gedruckt auf säurefreiem Papier   2126 – 5 4 3 2 1 0

Vorwort zu Band II

Liebe Leserin! Lieber Leser!

Dieses Buch ist die Fortsetzung des ersten Bandes „Quantitative Methoden". Mit Band II findet dieses Buch seinen vorläufigen Abschluss. Alle zu Beginn von Band I geäußerten Gedanken gelten für diesen Band genauso: Inhaltlich möchten wir eine verständliche Einführung in die Statistik für Studierende der Sozialwissenschaften geben. Der Fokus der Darstellung liegt auf der konzeptuell-inhaltlichen Ebene und weniger auf den mathematischen Hintergründen der vorgestellten Verfahren. Sie als Leserin/Leser sollen in die Lage versetzt werden, die vorgestellten statistischen Methoden kompetent und kritisch anzuwenden. Dazu ist aus unserer Sicht die Verknüpfung von inhaltlicher und statistischer Ebene in den meisten Fällen für Sozialwissenschaftler bedeutsamer als die mathematischen Zusammenhänge. Diese zu beherrschen kann natürlich trotzdem nur ein Vorteil sein und wir ermutigen jeden, sie bei Bedarf mit Hilfe geeigneter Literatur wie z.B. dem Lehrbuch von Herrn Bortz (2005) zu vertiefen.

Der erste Band behandelt die Themen Deskriptive Statistik, Inferenzstatistik, t-Test sowie Korrelation und Regression. Das erste Kapitel dieses Bandes, Kapitel 5, behandelt die einfaktorielle Varianzanalyse. Wie aus dem ersten Band gewohnt, werden Verfahren zur Berechnung der Effektstärke, der Teststärke und des Stichprobenumfangs angeboten. Kapitel 6 beschäftigt sich mit der zweifaktoriellen Varianzanalyse und weist einen sehr ähnlichen Aufbau auf wie sein Vorgängerkapitel. Kapitel 7 beschreibt die Varianzanalyse mit Messwiederholung. Die letzten beiden Kapitel widmen sich den nichtparametrischen Verfahren. Kapitel 8 stellt verschiedene Verfahren für Ordinaldaten vor, konkret sind dies der U-Test für unabhängige Stichproben von Mann-Whitney, der Wilcoxon-Test für abhängige Stichproben und der Kruskal-Wallis H-Test. Kapitel 9 schließlich beschäftigt sich mit nichtparametrischen Verfahren für Nominaldaten in Form der χ^2-Verfahren. Behandelt werden der eindimensionale sowie der zweidimensionale χ^2-Test. Alle benötigten Tabellen, ein Glossar und eine Formelsammlung befinden sich im Anhang von Band I, der für beide Bände gleichermaßen gilt. Die Lösungen der Aufgaben zu den einzelnen Kapiteln befinden sich am Ende dieses Bandes.

In der zweiten Auflage ist in diesem Band II das Kapitel 7 über die Varianzanalyse mit Messwiederholung neu hinzugekommen. Dieses Verfahren erfährt häufig schon bei statistischen Auswertungen erster eigener empirischer Datensätze im Studium Anwendung und ist daher aus unserer Sicht eine sinnvolle Erweiterung. Auch in allen weiteren Teilen des Buches haben wir uns bekannte Fehler, Unklarheiten sowie Rechtschreibfehler beseitigt.

Die Bücher sind nicht nur durch hinzugekommene Seiten gewachsen, sondern auch durch ein erweitertes Angebot an Ressourcen auf der Internetseite zum Buch:

http://www.quantitative-methoden.de

Unter dieser Adresse finden Sie eine ausführliche Anleitung zur Durchführung aller behandelten statistischen Verfahren mit SPSS für Windows (Version 14) zum Download. Auch die dafür notwendigen Datensätze finden Sie an dieser Stelle. Die einzelnen Buchkapitel gehen bereits auf die relevanten Funktionen von SPSS ein und erläutern die resultierenden Ausgaben des Programms. Die ergänzenden Dateien auf der Internetseite vertiefen diese Ausführungen und stellen weitere Zusammenhänge her. Zusätzlich finden Sie dort Informationen zur Durchführung von Teststärkeanalysen und Stichprobenumfangsplanungen mit GPower für verschiedene behandelte statistische Verfahren. Sowohl für SPSS wie für GPower finden Sie eigene Aufgaben zur Verwendung dieser Programme und die entsprechenden Lösungswege. Illustrierende Screenshots sollen Ihnen den Lernprozess erleichtern. Wir hoffen und glauben, dass Ihnen die Arbeit mit diesen zusätzlichen Ressourcen dabei helfen wird, die gelernten Konzepte auch in Analysen eigener empirischer Datensätze mit Hilfe von SPSS und GPower umzusetzen.

Über Lob, Kritik und Anregungen jeder Art freuen wir uns sehr und möchten jeden ermutigen, uns diese zukommen zu lassen. Viel Spaß bei der Arbeit mit diesem Buch!

Lübeck/Basel/Landau/Trier, im Juli 2006   Björn Rasch – Malte Friese – Wilhelm Hofmann – Ewald Naumann

Kontakt und Informationen unter der WWW-Adresse: http://www.quantitative-methoden.de

Inhaltsverzeichnis

5   Einfaktorielle Varianzanalyse

 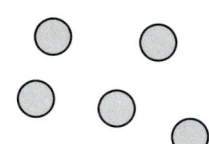

Dieses und das folgende Kapitel beschäftigen sich mit einem in den sozialwissenschaftlichen Disziplinen sehr weit verbreiteten und beliebten inferenzstatistischen Instrument, der Varianzanalyse (ANOVA). Die Abkürzung ANOVA steht für den englischen Ausdruck „Analysis of Variance". Sie findet in der Regel in solchen Fällen Anwendung, in denen die Mittelwerte nicht nur zweier, sondern mehrerer Gruppen miteinander verglichen werden sollen. Nicht nur aus diesem Blickwinkel stellt die Varianzanalyse eine Verallgemeinerung des t-Tests dar. Gerade die Argumentationsweise der Varianzanalyse korrespondiert sehr eng mit der des t-Tests: Wir testen gegen die Nullhypothese und verwerfen diese bei einem signifikanten Ergebnis. Ein gutes Verständnis der in Kapitel 3 diskutierten Themen wie z.B. der Entscheidungslogik, Fehlerwahrscheinlichkeiten, Effektstärken und Teststärke ist daher sehr wichtig. Viele der dort gewonnenen Erkenntnisse sind grundlegend für die Statistik und finden auch in den folgenden Abschnitten Anwendung.

Kapitel 5 führt ein in die Logik der grundlegendsten Form der Varianzanalyse: die einfaktorielle ANOVA ohne Messwiederholung. Kapitel 6 überträgt die gewonnenen Erkenntnisse auf den nächst höheren Fall in der Hierarchie, die zweifaktorielle ANOVA ohne Messwiederholung. Kapitel 7 behandelt einfaktorielle sowie zweifaktorielle Varianzanalysen mit Messwiederholung. Mehrfaktorielle Varianzanalysen mit drei oder mehr Faktoren, werden in diesem Band nicht besprochen (siehe hierzu Bortz, 2005).

Das vorliegende Kapitel beginnt mit der Frage, warum ein neues statistisches Verfahren zur Betrachtung von mehr als zwei Gruppenmittelwerten überhaupt notwendig ist. Schließlich ist diese ja theoretisch auch mit dem t-Test zu leisten. Es folgen grundlegende Überlegungen zur Funktionsweise der Varianzanalyse und der ihr zu Grunde liegenden Prüfverteilung. Erst dann werden einige für die Varianzanalyse wichtige Termini erörtert. Der dritte Abschnitt des

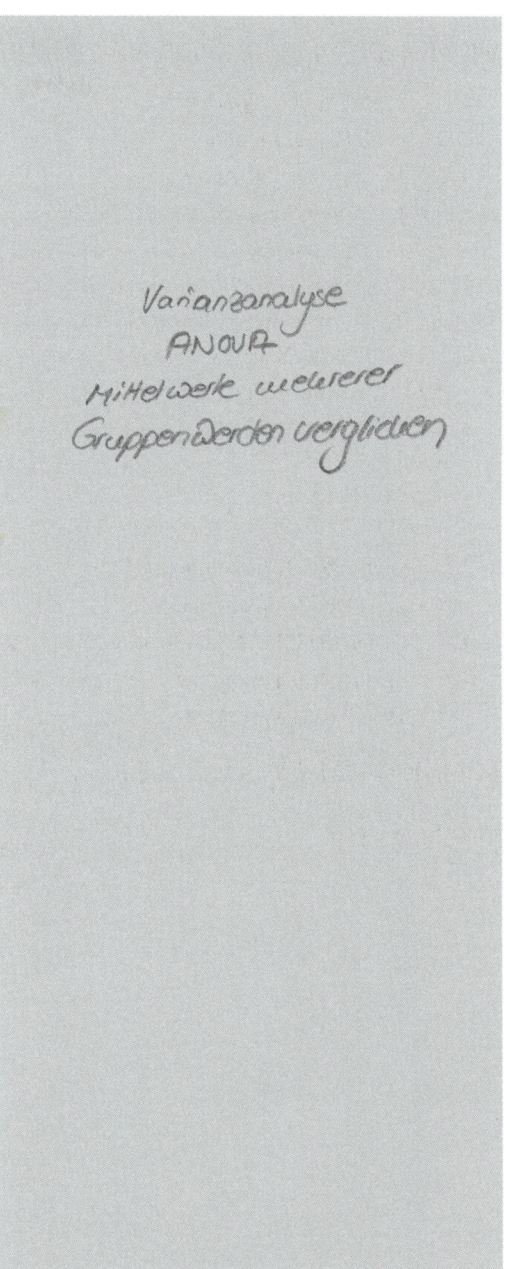

Kapitels stellt die Verwandtschaft der Varianzanalyse mit dem t-Test heraus und wendet die bekannten Konzepte der Effektstärkenmaße, der Teststärke und der Stichprobenumfangsplanung auf die Varianzanalyse an. Der vierte Abschnitt präsentiert eine Methode zur Post-Hoc-Analyse von Daten. Der letzte Teil des Kapitels beschäftigt sich schließlich mit den Voraussetzungen für die Anwendung der Varianzanalyse.

5.1 Warum Varianzanalyse?

Kapitel 3 diskutierte ausführlich den t-Test. Dieses statistische Verfahren kann die Mittelwerte zweier Gruppen miteinander vergleichen und über den t-Wert prüfen, wie wahrscheinlich eine gefundene Mittelwertsdifferenz unter der Annahme der Nullhypothese ist. Ist die ermittelte Wahrscheinlichkeit unter der Nullhypothese sehr gering, so besteht mit einer bestimmten Fehlerwahrscheinlichkeit α ein systematischer Unterschied zwischen den beiden betrachteten Gruppen (Kap. 3.1).

Können wir mit diesem Verfahren auch mehr als zwei Mittelwerte vergleichen? Bei der Untersuchung von drei an Stelle von zwei Gruppen müssten wir insgesamt drei t-Tests rechnen, um jede mögliche Kombination von Mittelwerten auf Signifikanz zu überprüfen. Zwar würde diese Vorgehensweise mit steigender Anzahl zu betrachtender Gruppen immer aufwändiger, aber dafür könnte immer wieder ein bekanntes Verfahren eingesetzt werden. Die entscheidende Frage an diesem Punkt lautet: Brauchen wir die Varianzanalyse überhaupt?

Die Antwort lautet selbstverständlich: Ja, zur Betrachtung von mehr als zwei Gruppen brauchen wir die Varianzanalyse unbedingt! Dazu ein Beispiel: Nehmen wir an, wir untersuchen drei Gruppen und wollen testen, ob sich diese in der von uns untersuchten AV systematisch unterscheiden. Die H_0 lautet:

$$H_0: \mu_1 = \mu_2 = \mu_3$$

Wir führen drei t-Tests durch und erhalten in einem der drei Fälle ein signifikantes Ergebnis. Daraufhin lehnen wir die H_0 gemäß dem bisher Gelernten ab und bekunden, dass systematische Unterschiede zwischen den drei Gruppen bestehen. Doch Vorsicht! Dieses

Vorgehen findet sich zwar vereinzelt in der Literatur, es kann aber zu folgenschweren Fehlentscheidungen führen. Die Gründe dafür sind mathematischer Natur. Zum einen handelt es sich um das Problem der α-Fehlerkumulierung, zum anderen um eine sich verringernde Teststärke bei Tests, die nicht die gesamte Stichprobe mit einbeziehen. So bringt man sich u.U. unnötigerweise um die Möglichkeit, bei einem nicht signifikanten Ergebnis die Nullhypothese aufgrund ausreichend großer Teststärke interpretieren zu können.

Diese Punkte zu verstehen ist von erheblicher Bedeutung. Denn das Wissen um diese Probleme gibt Ihnen entscheidendes Know-how an die Hand für die Interpretation und Beurteilung wissenschaftlicher Arbeiten.

5.1.1 Die α-Fehlerkumulierung

Bei der statistischen Prüfung einer inhaltlichen Globalhypothese durch mehrere t-Tests resultiert ein höheres Gesamt-α-Niveau als das bei jedem einzelnen Test festgelegte. Zwar testet jeder einzelne Test gegen das a priori festgelegte Niveau, diese Niveaus der verschiedenen Tests summieren sich aber zu einem Gesamt-α-Niveau auf: der α-Fehler kumuliert (kumulieren = anhäufen). Das bedeutet also, dass das α-Niveau für alle drei Tests insgesamt eben nicht mehr bei dem vorher festgelegten Niveau liegt, sondern höher ausfällt. Woran liegt das? Die Gründe dafür sind in der Wahrscheinlichkeitslehre zu finden und sollen hier nicht weiter beleuchtet werden. Die Größe des wahren α-Fehlers hängt von der Anzahl der durchgeführten Tests und dem festgelegten α-Niveau dieser einzelnen Tests ab:

$$\alpha_{gesamt} = 1 - (1 - \alpha_{Test})^m$$

α_{gesamt} : kumuliertes α-Niveau

α_{Test} : α-Niveau in jedem einzelnen Test

m : Anzahl der durchgeführten Einzeltests

Für den Vergleich dreier Mittelwerte sind drei t-Tests nötig. In diesem Fall ist der α-Fehler zwar für jeden einzelnen t-Test auf beispielsweise 5% festgelegt, aber die Gesamtwahrscheinlichkeit, die

Die Durchführung mehrerer t-Tests an denselben Daten führt zu:

- α-Fehlerkumulierung

- Verringerung der Teststärke

Berechnung des Gesamt-α-Niveaus

H_0 abzulehnen, obwohl sie in Wirklichkeit gilt, ist durch die Kumulierung des α-Fehlers fast dreimal so groß:

$$\alpha_{gesamt} = 1 - (1 - 0{,}05)^3 \approx 0{,}14$$

Die tatsächliche Fehlerwahrscheinlichkeit liegt hier bei ca. 14%.

Das Würfeln ist eine gute Analogie zur α-Fehlerkumulierung: Nehmen wir an, in einem Spiel müssten wir beim Würfeln einer Eins eine Strafe zahlen. Bei einem Wurf ist die Wahrscheinlichkeit einer Strafe $1/6 \approx 0{,}17$. Wie groß ist die Wahrscheinlichkeit, bei drei Würfen mindestens eine Eins zu bekommen? Am einfachsten berechnet sich diese Wahrscheinlichkeit über die Gegenwahrscheinlichkeit, keine Eins zu würfeln. Diese beträgt bei jedem Wurf $1 - 1/6 = 5/6$.

Für den Fall, dass wir bei allen drei Würfen keine Eins würfeln, ergibt sich die Gesamtwahrscheinlichkeit aus der Multiplikation der Einzelwahrscheinlichkeiten bei jedem Wurf:

$$\frac{5}{6} \cdot \frac{5}{6} \cdot \frac{5}{6} = \left(\frac{5}{6}\right)^3 = 0{,}58$$

Die Wahrscheinlichkeit, bei mindestens einem der drei Würfe eine Eins zu würfeln, ist $1 - 0{,}58 = 0{,}42$. Die oben beschriebene Formel fasst die Schritte zusammen:

$$\alpha_{gesamt} = 1 - (1 - \alpha_{Test})^m = 1 - \left(1 - \frac{1}{6}\right)^3 = 1 - 0{,}58 = 0{,}42$$

Wenn wir also dreimal Würfeln, ist die Wahrscheinlichkeit, einmal eine Eins zu würfeln und Strafe zu bezahlen, fast dreimal so groß wie bei einem Wurf ($1/6 \approx 0{,}17$). Die Wahrscheinlichkeit, dass die H_0 durch einen von mehreren Tests fälschlicherweise zurückgewiesen wird, steigt also mit der Anzahl der durchgeführten Tests dramatisch an. Außerdem erhöht sich die Anzahl der erforderlichen t-Tests überproportional zu der Anzahl der betrachteten Mittelwerte:

$$m = \frac{k \cdot (k - 1)}{2}$$

m : Anzahl der benötigten t-Tests
k : Anzahl der betrachteten Mittelwerte

Bei dem paarweisen Vergleich von vier Mittelwerten gibt es bereits sechs Kombinationen, es sind sechs t-Tests notwendig. Das wahre α-Niveau liegt dementsprechend bei inakzeptablen 26%.

Die α-Fehler-Kumulierung tritt nur dann auf, wenn mehrere Tests zur Testung einer Hypothese an denselben Daten durchgeführt werden. Würden also für jeden nötigen Einzelvergleich neue Stichproben gezogen, wären mehrere Tests durchaus zulässig. In der Praxis findet dies aber aus nahe liegenden Gründen so gut wie niemals statt. Zu beachten ist, dass die α-Kumulierung grundsätzlich für alle Arten statistischer Tests gilt. Auch die Varianzanalyse unterliegt diesem Problem, wenn mehrere ANOVAs mit denselben Daten durchgeführt werden. Bei unserer Aufgabenstellung – dem einmaligen Vergleich mehrerer Mittelwerte – befreit uns die Varianzanalyse allerdings von dem Problem der α-Kumulierung.

5.1.2 Verringerte Teststärke

Bei der Durchführung mehrerer t-Tests gehen immer nur Teile der gesamten Stichprobe in die Analyse mit ein. Im Falle dreier zu vergleichender Gruppen berücksichtigt ein einzelner t-Test also jeweils nur 2/3 aller Versuchspersonen (vorausgesetzt, jede Gruppe besteht aus gleich vielen Personen). Dieser t-Test hat dadurch eine geringere Teststärke als ein Test, der alle drei Gruppen gleichzeitig miteinander vergleicht und somit alle Versuchspersonen in die Berechnung mit einbezieht. Warum ist das so? Die Teststärke berechnet sich nach der Formel (siehe Kap. 3.4.1):

$$\lambda = \Phi^2 \cdot N = \frac{\Omega^2}{1 - \Omega^2} \cdot N$$

Da im Fall von insgesamt mehr als zwei Gruppen die Stichprobengröße bei einem einzelnen t-Test immer kleiner ist als die Gesamtstichprobe, ergibt sich ein kleinerer Wert für λ und damit eine kleinere Teststärke.

Diese Aussage gilt natürlich nur unter Zugrundelegung des gleichen Populationseffekts Ω^2 für die ANOVA und die entsprechenden t-Tests. Weiterhin setzt sie den Vergleich mit zweiseitigen t-Tests voraus, da die ANOVA ausschließlich zweiseitig testen kann (Kap. 5.3.1). Doch auch im Vergleich mit einseitigen t-Tests weist eine ANOVA mit drei oder mehr Stufen in den meisten Fällen eine höhere Teststärke auf.

Eine α-Fehler-Kumulierung tritt auf, wenn zur Prüfung einer Hypothese mehrere Tests an denselben Daten herangezogen werden.

Die Teststärke einer Varianzanalyse bei dem Vergleich von mehr als zwei Gruppen ist größer als die der entsprechenden t-Tests.

Die Varianzanalyse vergleicht mehrere Mittelwerte simultan miteinander.

Ein Vergleich mehrerer Gruppen mit Hilfe etlicher t-Tests ist also mit großen Problemen behaftet und kann leicht zu fehlerhaften Aussagen führen. Gefragt ist daher ein statistisches Verfahren, das diesen Problemen gewachsen ist.

5.2 Das Grundprinzip der Varianzanalyse

Die Varianzanalyse ist ein Auswertungsverfahren, das die Nachteile des t-Tests überwindet: erstens vergleicht sie mehrere Mittelwerte simultan miteinander. Für die Betrachtung beliebig vieler Mittelwerte ist also nur noch ein Test nötig, es tritt keine α-Fehlerkumulierung auf. Zweitens gehen in diesen Test gleichzeitig die Werte aller Versuchspersonen mit ein, die Teststärke dieses Tests ist sehr viel höher als die einzelner t-Tests.

Woher aber hat die Varianzanalyse ihren Namen, wenn sie doch Mittelwerte miteinander vergleicht? Der simultane Mittelwertsvergleich wird erreicht durch die Betrachtung verschiedener Varianzen. Aus diesem Vergleich von Varianzen wird ein Urteil über einen möglichen Effekt gefällt. Dazu später mehr (Kap. 5.2.7).

Die Varianzanalyse geht zurück auf einen der berühmtesten Statistiker des 20ten Jahrhunderts, Sir Ronald Aymler Fisher. Er versteht dieses Verfahren im Sinne einer Abtrennung solcher Varianzen, die auf bestimmte Ursachen zurückführbar sind, von den übrigen Varianzen, deren Ursachen nicht klar zu bestimmen sind. Im Folgenden sollen die unterschiedlichen Varianzen, ihre Berechnung und der aus ihnen gebildete Kennwert, der F-Wert, erläutert werden. Um die Berechnungen verständlich zu halten, beschränken wir uns in dem erläuternden Beispiel auf eine sehr kleine Anzahl Versuchspersonen: in jeder der drei Bedingungen befinden sich nur vier Messwerte. Für reale Untersuchungen wären diese Gruppengrößen viel zu klein, in diesem Zusammenhang erfüllen sie aber ihren illustrativen Zweck. Inhaltlich orientieren wir uns an dem bekannten Beispiel des Gedächtnisexperiments (siehe Einleitung Band I).

Bedingung	Strukturell	Bildhaft	Emotional
	6	10	11
	7	11	12
	7	11	12
	8	12	13
Mittelwerte	**7**	**11**	**12**

Tabelle 5.1. Anzahl erinnerter Wörter in den einzelnen Verarbeitungsbedingungen

Tabelle 5.1 zeigt die Anzahl erinnerter Wörter in den einzelnen Versuchsbedingungen. Sie lässt sich auch in einem Zahlenstrahl darstellen. Jeder Kasten in Abbildung 5.1 stellt den Wert einer Versuchsperson dar. Kästen gleicher Schattierung geben Werte von Versuchspersonen der gleichen experimentellen Bedingung wieder (grau = strukturell, schwarz = bildhaft, weiß = emotional).

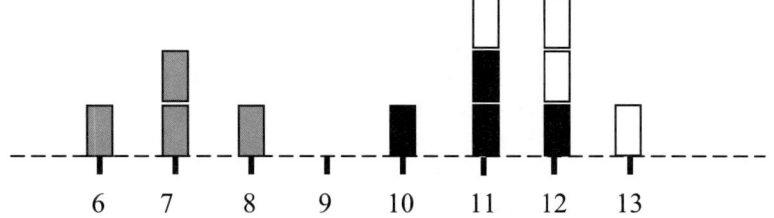

Abb. 5.1. Darstellung der Anzahl erinnerter Wörter auf einem Zahlenstrahl

In jeder psychologischen Messung unterscheiden sich die erhobenen Messwerte voneinander. Auf dem Zahlenstrahl ist deutlich zu sehen, dass die Anzahl der erinnerten Wörter zwischen den Versuchspersonen verschieden groß ist. Einige erinnern weniger Wörter, andere mehr. Die Anzahl der erinnerten Wörter variiert. Ein Kennwert, der die Größe der Unterschiede zwischen den erhobenen Messwerten angibt, ist die Varianz.

5.2.1 Die Varianz

Die Varianz gibt die mittlere Abweichung jedes einzelnen Wertes vom Mittelwert einer Verteilung an (Kap. 1.3.2):

$$\hat{\sigma}_x^2 = \frac{\sum_{i=1}^{n}(x_i - \overline{x})^2}{n-1}$$

Um diese Formel allgemeiner anwenden zu können, müssen wir ihre Schreibweise etwas verändern. Der Formelausdruck im Zähler heißt Quadratsumme. Im Nenner stehen die Freiheitsgrade der Verteilung.

$$QS_x = \sum_{i=1}^{n}(x_i - \overline{x})^2 \; ; \qquad df_x = n-1$$

Die allgemeine Schreibweise einer geschätzten Populationsvarianz lautet also:

$$\hat{\sigma}_x^2 = \frac{QS_x}{df_x}$$

Allgemein wird eine Varianz durch das Verhältnis der Quadratsumme zu den Freiheitsgraden geschätzt.

Die Schätzung einer Varianz wird häufig als „Mittlere Quadratsumme (MQS)" angegeben. Dieser Terminus bedeutet nichts anderes, als dass die Quadratsumme durch die Freiheitsgrade geteilt und damit ihr Durchschnitt errechnet wird. Die Aufteilung der geschätzten Varianz in Quadratsummen und Freiheitsgrade war vor allem in der Vergangenheit sinnvoll: Die Varianzanalyse konnte so mit dem Taschenrechner oder sogar per Hand durchgeführt werden. Heutzutage ist dies dank moderner Computer nicht mehr nötig. Trotzdem werden wir in diesem Kapitel näher auf Quadratsummen und Freiheitsgrade eingehen, da durch ihre getrennte Betrachtung eine zu Grunde liegende Systematik deutlich wird. Diese erleichtert die Bildung der Schätzer für die einzelnen Varianzen, die in diesem Kapitel von Bedeutung sein werden.

Der Erwartungswert jeder geschätzten Varianz ist die jeweilige Populationsvarianz:

$$E(\hat{\sigma}_x^2) = \sigma_x^2$$

Im Folgenden stellen wir verschiedene geschätzte, für die Varianzanalyse relevante Varianzen und ihre Erwartungswerte vor.

5.2.2 Die Gesamtvarianz

Die Gesamtvarianz beschreibt die Variation aller Messwerte, ohne deren Unterteilung in unterschiedliche Versuchsbedingungen zu berücksichtigen. Die Gesamtvarianz gibt an, wie stark sich alle betrachteten Versuchspersonen insgesamt voneinander unterscheiden. Oder anders: Je verschiedener die Versuchspersonen in Bezug auf das gemessene Merkmal sind, desto größer ist die Gesamtvarianz.

Für die Schätzung der Gesamtvarianz in der Population mittels der empirischen Daten muss jeder einzelne Wert in die Varianzformel eingesetzt und von jedem dieser Werte jeweils der Gesamtmittelwert abgezogen werden. Der Gesamtmittelwert ist der Mittelwert aller Messwerte der gesamten Stichprobe.

$$\hat{\sigma}^2_{gesamt} = \frac{QS_{gesamt}}{df_{gesamt}} = \frac{\sum\limits_{i=1}^{p}\sum\limits_{m=1}^{n}(x_{mi} - \overline{G})^2}{N-1}$$

$\overline{G}$: Gesamtmittelwert

QS_{gesamt} : gesamte Quadratsumme

N : Gesamtanzahl der Versuchspersonen

df_{gesamt} : $p \cdot n - 1$

Betrachten wir zur Veranschaulichung unseren Beispieldatensatz. Alle Messwerte sind erst nach der Versuchspersonennummer in der Gruppe, dann nach der jeweiligen Spaltennummer geordnet.

Bedingung	strukturell	bildhaft	emotional
	$x_{11} = 6$	$x_{12} = 10$	$x_{13} = 11$
	$x_{21} = 7$	$x_{22} = 11$	$x_{23} = 12$
	$x_{31} = 7$	$x_{32} = 11$	$x_{33} = 12$
	$x_{41} = 8$	$x_{42} = 12$	$x_{43} = 13$
Mittelwerte	$\overline{A}_1 = 7$	$\overline{A}_2 = 11$	$\overline{A}_3 = 12$

Der Gesamtmittelwert berechnet sich aus der Summe aller Messwerte, geteilt durch die Anzahl der Messwerte. In unserem Beispiel mit drei Bedingungen und vier Versuchspersonen pro

Die Gesamtvarianz ist ein Maß für die Stärke der Abweichung aller Messwerte von ihrem Gesamtmittelwert.

Der Gesamtmittelwert ist der Mittelwert aller Messwerte.

Schätzung der Gesamtvarianz in der Population

Tabelle 5.2. Messwerte mit Indizierung nach Spalten- und Zeilennummer

Bedingung (N = 12) ist der Gesamtmittelwert $\overline{G} = 10$.

$$\overline{G} = \frac{\sum_{i=1}^{p}\sum_{m=1}^{n} x_{mi}}{N} = \frac{\sum_{i=1}^{3}\sum_{m=1}^{4} x_{mi}}{12} = \frac{6+7+7+8+10+\dots+13}{12} = 10$$

Wenn sich in jeder Gruppe gleich viele Versuchspersonen befinden, ist die Ermittlung des Gesamtmittelwerts auch über die Gruppenmittelwerte A_i möglich.

$$\overline{G} = \frac{\sum_{i=1}^{p}\overline{x}_i}{p} = \frac{\sum_{i=1}^{3}\overline{x}_i}{3} = \frac{7+11+12}{3} = 10$$

Zur Berechnung der Gesamtvarianz muss jeder einzelne Messwert in die Formel eingesetzt werden:

$$\hat{\sigma}^2_{gesamt} = \frac{QS_{gesamt}}{df_{gesamt}} = \frac{(6-10)^2 + (7-10)^2 + \dots + (13-10)^2}{12-1} = 5{,}63$$

Die Gesamtvarianz aller Messwerte beträgt 5,63. Die aus den Stichprobenwerten berechnete Gesamtvarianz ist ein erwartungstreuer Schätzer der Populationsvarianz:

$$E(\hat{\sigma}^2_{gesamt}) = \sigma^2_{gesamt}$$

Aus der Gesamtvarianz und dem Gesamtmittelwert kann unter Annahme der Normalverteilung eine Verteilung aller Messwerte konstruiert werden (Abb. 5.2).

Streuung der Verteilung: $\hat{\sigma}_{gesamt} = \sqrt{\hat{\sigma}^2_{gesamt}} = \sqrt{5{,}63} = 2{,}37$

Abb. 5.2. Darstellung der Gesamtvarianz als Normalverteilung mit dem Gesamtmittelwert 10

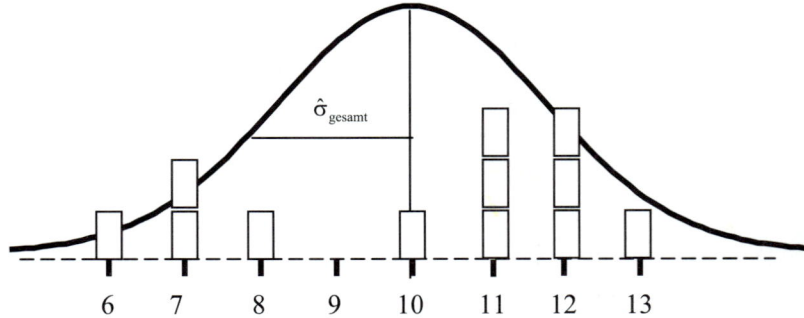

Selbstverständlich ist eine Annahme über die Verteilung aller Messwerte in der Population bei einer so kleinen Stichprobe sehr ungenau. In Kapitel 5.2.12 erfolgt die Berechnung der einzelnen Varianzen an einer größeren Stichprobe.

5.2.3 Zerlegung der Gesamtvarianz

Warum unterscheiden sich die gemessenen Werte der Versuchspersonen? Warum erinnern die Versuchspersonen in unserem Beispiel unterschiedlich viele Wörter? Können wir Gründe für diese Verschiedenheit angeben? Gibt es Erklärungen für die Gesamtvarianz? Im Sinne der Varianzanalyse lässt sich die Gesamtvarianz der Messwerte in zwei verschiedene Komponenten aufteilen. Danach gibt es zwei Ursachen, warum die Versuchspersonen unterschiedlich viele Wörter erinnern. Oder mit anderen Worten, zwei verschiedene Quellen der Varianz: systematische und unsystematische Einflüsse.

Systematische Einflüsse

Systematische Einflüsse sind solche, die in einem Experiment auf die verwendete Manipulation zurückzuführen sind und somit die Unterschiede zwischen den Versuchsgruppen produzieren. Diese Quelle für die Variation der Messwerte in einem Experiment ist bestimmbar und heißt deshalb „systematische Varianz" oder auch „Effektvarianz". Sie beschreibt den Anteil an der Variation der Messwerte, der auf die experimentelle Manipulation zurückführbar ist. Im Fall des Gedächtnisexperiments stellt die Veränderung der Verarbeitungstiefe die experimentelle Manipulation dar (siehe Einleitung von Band I). Ein Grund für die unterschiedliche Erinnerungsleistung der Versuchspersonen könnte deshalb sein, dass sie die Wörter unter unterschiedlichen experimentellen Bedingungen verarbeiten sollten. Mit anderen Worten: einige Versuchspersonen haben strukturell, die anderen bildhaft bzw. emotional verarbeitet. Die systematische Varianz bezieht sich also auf die Unterschiede zwischen den Gruppen.

In der ANOVA gibt es zwei Ursachen der Gesamtvarianz:

- systematische Einflüsse
- unsystematische Einflüsse

Die systematische Varianz ist der Anteil der Gesamtvarianz, der auf systematischen Einflüssen beruht.

Unsystematische Einflüsse treten auf, weil sich die Personen oder einzelne Messungen unabhängig von der experimentellen Manipulation voneinander unterscheiden.

Die Residualvarianz ist der Anteil der Gesamtvarianz, der auf unsystematischen Einflüssen beruht.

Unsystematische Einflüsse

Unsystematische Einflüsse auf das gemessene Merkmal sind all die Einflüsse, die auf das zu untersuchende Verhalten der Versuchspersonen wirken, aber weder intendiert noch durch das Experiment systematisch erfasst werden können. Erstens sind nicht alle Menschen gleich, sondern differieren in vielen Bereichen zeitlich überdauernd. Zweitens ist der momentane Zustand der Versuchspersonen, wie ihre Konzentration, Motivation, Stimmung usw. bei der Teilnahme am Experiment sehr unterschiedlich. Sie differieren also auch zeitlich instabil. Drittens ist die physikalische Umwelt bei zeitlich versetzten Erhebungszeitpunkten für verschiedene Versuchspersonen niemals ganz identisch. Viertens ist das Instrument, mit dem wir das Verhalten oder Merkmal der Versuchspersonen untersuchen, nicht hundertprozentig genau und produziert deshalb immer auch Messfehler.

Im Fall des Erinnerungsexperiments sind u.a. folgende unsystematische Einflüsse denkbar:

- unterschiedlich gutes Gedächtnis
- unterschiedlich hohe Motivation/Müdigkeit
- unterschiedliche Vertrautheit der Wörter
- Messfehler
- ...

Diese Merkmale können bei den Versuchspersonen verschieden stark ausgeprägt sein. Dies sind einige der Gründe dafür, warum die Personen unterschiedlich viele Wörter erinnern. Die Unterschiedlichkeit oder besser: die Varianz, die durch unsystematische Einflüsse verursacht wird, heißt Residualvarianz.

Die Residualvarianz wird oft auch als „Fehlervarianz" bezeichnet. Dieser Begriff ist in diesem Zusammenhang verwirrend, da nur ein Teil der unsystematischen Einflüsse wirklich aus Messfehlern besteht. Obwohl der Begriff in der Literatur vielfach Anwendung findet, verwenden wir den Begriff Residualvarianz.

Zusammenhang der Varianzkomponenten

Die Aufteilung der Gesamtvarianz in die beiden Komponenten ist in Abbildung 5.3 dargestellt. Diese eindeutige Aufteilung trifft so nur auf Populationsebene zu. Nur die Gesamtvarianz in der Population lässt sich exakt in systematische Varianz und Residualvarianz aufteilen. Auf Populationsebene hängen die beiden Komponenten der Gesamtvarianz additiv miteinander zusammen. Diese Aufteilung ist in Kapitel 3.3 bei der Diskussion der Effektgrößen bereits angeklungen.

Da sich diese Varianzen auf die Population beziehen, erhalten sie jeweils griechische Buchstaben als Indizes: Die systematische Varianz wird in der einfaktoriellen Varianzanalyse mit dem Index α versehen, die Residualvarianz erhält den Index ε (epsilon).

$$\sigma^2_{gesamt} = \sigma^2_{sys} + \sigma^2_{Res} = \sigma^2_{\alpha} + \sigma^2_{\varepsilon}$$

Einen Forscher interessiert nach der Durchführung eines Versuchs natürlich, ob seine experimentelle Manipulation einen systematischen Einfluss auf die Werte gehabt hat oder nicht. Er stellt sich also die Frage, ob die experimentelle Manipulation ein Grund für die Unterschiedlichkeit der Messwerte ist, oder ob es sich lediglich um zufällige Variationen handelt, die für die inhaltliche Fragestellung irrelevant sind. Oder anders gesagt: Er möchte wissen, ob der Anteil systematischer Varianz verglichen mit dem der Residualvarianz groß ist oder nicht. Um diese Frage zu beantworten, benötigen wir ein Verfahren, mit dem wir das Verhältnis der systematischen zu den unsystematischen Einflüssen schätzen können.

5.2.4 Die Schätzung der Residualvarianz

Die Größe der unsystematischen Einflüsse bzw. der Residualvarianz in der Population wird durch die durchschnittliche Varianz innerhalb einer Bedingung geschätzt, also der Variation der Messwerte innerhalb der einzelnen Gruppen. Es handelt sich dabei um die mittlere Abweichung jedes Wertes von seinem Gruppenmittelwert. Die Unterschiede zwischen den Gruppen spielen bei dieser Berechnung keine Rolle. Anders ausgedrückt: Die geschätzte Residualvarianz ist die durchschnittliche Varianz in den einzelnen Gruppen. Deshalb heißt die geschätzte Residualvarianz oft einfach nur „Varianz innerhalb".

Die Gesamtvarianz in der Population setzt sich additiv aus der systematischen und der unsystematischen Varianz zusammen.

Abb. 5.3. Zerlegung der Gesamtvarianz in systematische Varianz und Residualvarianz

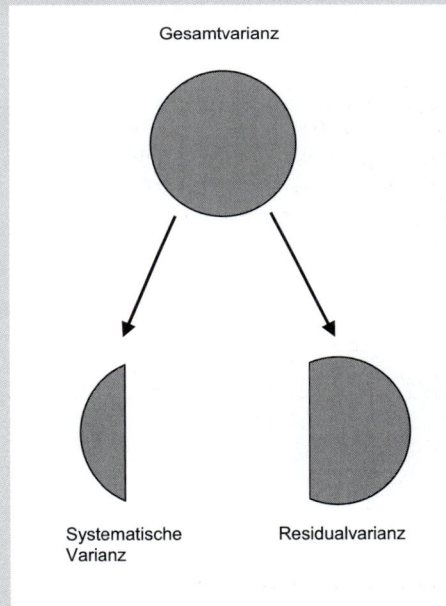

Gesamtvarianz

Systematische Varianz

Residualvarianz

Die durchschnittliche Varianz innerhalb der einzelnen Gruppen ist ein Schätzer für die Residualvarianz in der Population.

Die Schätzung der Varianz innerhalb
einer Gruppe

Abb. 5.4. Darstellung der geschätzten
Residualvarianz als Normalverteilung

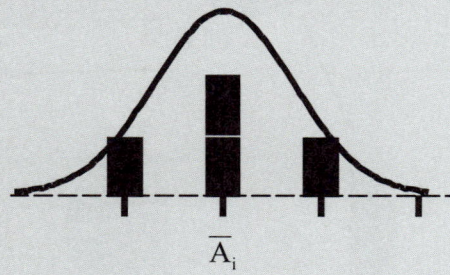

$$\overline{A}_i$$

Berechnung der durchschnittlichen
Varianz innerhalb der Gruppen

Der Erwartungswert der geschätzten Residualvarianz oder der „Varianz innerhalb" ist die Residualvarianz der Messwerte in der Population:

$$E(\hat{\sigma}^2_{Res}) = E(\hat{\sigma}^2_{innerhalb}) = \sigma^2_{\varepsilon}$$

Die Residualvarianz innerhalb einer Gruppe, also die mittlere quadrierte Abweichung jedes Messwertes von seinem Gruppenmittelwert errechnet sich wie folgt (siehe auch Abb. 5.4):

$$\hat{\sigma}^2_i = \frac{\sum_{m=1}^{n}(x_{mi} - \overline{A}_i)^2}{n-1}$$

n: Anzahl Versuchspersonen in der Gruppe

Unter idealen Bedingungen sollten die Varianzen innerhalb der einzelnen Gruppen gleich sein. Es sollte Varianzhomogenität vorliegen. Auf Stichprobenebene stimmen die Varianzen allerdings selten genau überein. Deshalb wird zur Schätzung der Residualvarianz in der Population der Mittelwert der Varianzen innerhalb der Gruppen berechnet. Die Berechnung der durchschnittlichen „Varianz innerhalb" erfolgt durch die Addition der „Varianzen innerhalb" der einzelnen Gruppen, geteilt durch die Anzahl p der Gruppen. Die geschätzte Residualvarianz ergibt sich wie folgt:

$$\hat{\sigma}^2_{Res} = \hat{\sigma}^2_{innerhalb} = \frac{\sum_{i=1}^{p}\hat{\sigma}^2_i}{p} = \frac{\hat{\sigma}^2_1 + \hat{\sigma}^2_2 + \dots + \hat{\sigma}^2_p}{p}$$

$\hat{\sigma}^2_i$:   „Varianz innerhalb" der Gruppe i
p   :   Anzahl der Gruppen

Der Begriff „Varianz innerhalb" bezieht sich streng genommen auf die Varianzen in jeder einzelnen Gruppe. Allerdings bezeichnet man üblicherweise die geschätzte Residualvarianz, also die über alle Gruppen gemittelte Varianz auch als „Varianz innerhalb". Wir verwenden deshalb im Folgenden die Begriffe „geschätzte Residualvarianz" und „Varianz innerhalb" synonym.

Unter der Annahme, dass in jeder Gruppe gleich viele Versuchspersonen sind, kann die Formel auch wie folgt dargestellt werden:

$$\hat{\sigma}^2_{innerhalb} = \frac{\sum_{i=1}^{p} \hat{\sigma}_i^2}{p} = \frac{\sum_{i=1}^{p} \frac{\left(\sum_{m=1}^{n} (x_{mi} - \overline{A}_i)^2\right)}{n-1}}{p} = \frac{\sum_{i=1}^{p} \sum_{m=1}^{n} (x_{mi} - \overline{A}_i)^2}{p \cdot (n-1)}$$

Diese Art der Darstellung erlaubt die getrennte Betrachtung von Quadratsummen und Freiheitsgraden:

$$\hat{\sigma}^2_{innerhalb} = \frac{QS_{innerhalb}}{df_{innerhalb}}$$

In dem Beispiel berechnet sich die „Varianz innerhalb" aus der Summe der „Varianz strukturell", „Varianz emotional" und „Varianz bildhaft", geteilt durch drei. Die „Varianz strukturell" (Gruppe 1) berechnet sich zu:

$$\hat{\sigma}_1^2 = \frac{\sum_{m=1}^{n} (x_{mi} - \overline{A}_i)^2}{n-1} = \frac{(6-7)^2 + (7-7)^2 + (7-7)^2 + (8-7)^2}{4-1} = 0{,}67$$

Ebenso ergibt sich (bitte nachprüfen):

$$\hat{\sigma}_2^2 = \hat{\sigma}_3^2 = 0{,}67 \qquad \text{mit } df_{innerhalb} = p \cdot (n-1)$$

$$\hat{\sigma}^2_{innerhalb} = \frac{\hat{\sigma}_1^2 + \hat{\sigma}_2^2 + \hat{\sigma}_3^2}{p} = \frac{0{,}67 + 0{,}67 + 0{,}67}{3} = 0{,}67$$

In diesem konstruierten Beispiel sind die Varianzen der drei Gruppen gleich, die „Varianz innerhalb" entspricht deshalb jeder einzelnen Varianz in den Gruppen. Dies entspricht den Anforderungen der Varianzanalyse. In der Realität wird diese Bedingung allerdings häufig verletzt. Die folgende Grafik (Abb. 5.5) zeigt die einzelnen Normalverteilungen der Messwerte um ihren Gruppenmittelwert. Aufgepasst: Jede dieser Verteilungen ist bereits ein Schätzer für die Residualvarianz. Die geschätzte Residualvarianz ist das Mittel der drei Verteilungen und nicht etwa ihre Addition. Anhand der Streuungskurven sichtbar, liegt in jeder Gruppe dieselbe Residualvarianz vor.

Abb. 5.5. Darstellung der „Varianz innerhalb" der einzelnen Gruppen

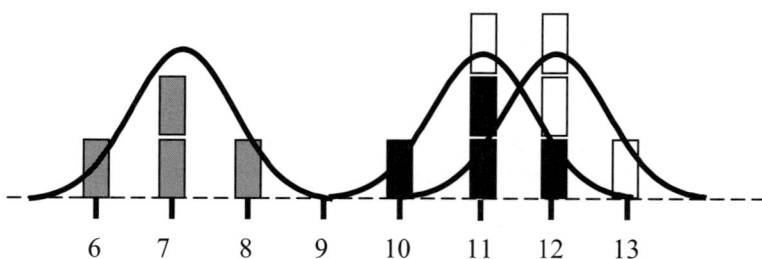

Bei der Berechnung der „Varianz innerhalb" spielt die unterschiedliche Anzahl erinnerter Wörter zwischen den Gruppen keine Rolle, da jeder einzelne Messwert jeweils mit seinem Gruppenmittelwert verglichen wird. Die drei Gruppen werden wie einzelne, unabhängige Stichproben betrachtet, ihre Varianzen addiert und ein mittlerer Wert gebildet. Das ist durchaus sinnvoll, denn die „Varianz innerhalb" soll nur die unsystematischen Einflüsse erfassen, d.h. die nicht erklärbaren Differenzen in den Gruppen. Die Unterschiede im Erinnerungsniveau, die zwischen den Gruppen bzw. den verschiedenen experimentellen Manipulationen bestehen, sollen dagegen unbeachtet bleiben.

Der Vollständigkeit halber stellen wir auch die Berechnung der „Varianz innerhalb" über Quadratsumme und Freiheitsgrade vor:

$$QS_{innerhalb} = \sum_{i=1}^{p} \sum_{m=1}^{n} (x_{mi} - \overline{A}_i)^2$$

$$QS_{innerhalb} = (6-7)^2 + ... + (11-11)^2 + ... + (13-12)^2 = 6$$

$$df_{innerhalb} = p \cdot (n-1) = 3 \cdot (4-1) = 9$$

$$\hat{\sigma}^2_{innerhalb} = \frac{QS_{innerhalb}}{df_{innerhalb}} = \frac{6}{9} = 0{,}67$$

p = Faktorstufen
h - Anzahl der Vpn.

5.2.5 Die Schätzung der systematischen Varianz

Die Größe der systematischen Einflüsse kann leider nicht alleine durch einen einzelnen Wert geschätzt werden. Warum dies so ist, soll im Folgenden deutlich werden. Auf welchem Umweg lässt sich trotzdem die Größe der Effektvarianz bestimmen?

Die gesuchte Effektvarianz beschreibt die Unterschiede, die durch die experimentelle Variation verursacht worden sind. Wie bereits aus Kapitel 3 über den t-Test bekannt ist, sind Mittelwerte erwartungstreue Schätzer von Populationsmittelwerten. Die Gruppenmittelwerte sollten also herangezogen werden, um zu entscheiden, ob den Gruppen im Prinzip derselbe Populationsmittelwert zu Grunde liegt oder nicht. In der Sprache der Varianzanalyse: Die Schätzung des Einflusses der experimentellen Bedingung auf die Gesamtvarianz der Messwerte sollte über die Unterschiede der Gruppenmittelwerte erfolgen.

Die Unterschiede der Gruppenmittelwerte lassen sich ebenfalls durch eine Varianz ausdrücken, die „Varianz zwischen". Sie besteht aus der quadrierten mittleren Abweichung jedes Gruppenmittelwerts vom Gesamtmittelwert. Je weiter die Gruppenmittelwerte auseinander liegen, desto weiter liegen sie auch vom Gesamtmittelwert entfernt und desto größer ist die Varianz der Mittelwerte.

Leider entspricht der Erwartungswert der „Varianz zwischen" nicht der systematischen Varianz, sondern die systematische Varianz ist in der „Varianz zwischen" untrennbar mit der Residualvarianz verknüpft. Der Grund für diese Verknüpfung liegt in der Berechnung der betrachteten Mittelwerte, die in die „Varianz zwischen" eingehen: Die Gruppenmittelwerte stammen aus Werten, auf die unsystematische Einflüsse wirken. Deshalb sind auch die berechneten Mittelwerte mit diesen unsystematischen Einflüssen behaftet (Diese Einflüsse würden sich allerdings bei einer unendlich großen Stichprobe zu Null addieren). Wie groß der Anteil der „Messfehler" am Gruppenmittelwert ist, findet Ausdruck in dessen Fähigkeit den Populationsmittelwert zu schätzen. Diese Schätzgenauigkeit ist wiederum abhängig von der Größe der Streuung des Merkmals in der Population sowie der Anzahl der zu Grunde liegenden Werte n (vgl. Standardfehler, Kap. 2.3). Bei der Berechnung der Varianz der

Zur Schätzung der systematischen Varianz werden die Gruppenmittelwerte herangezogen.

Die „Varianz zwischen" schätzt nicht nur systematische Varianz, sondern auch Residualvarianz.

Die Gruppenmittelwerte sind selber nur geschätzte Werte und mit unsystematischen Einflüssen behaftet.

Der Erwartungswert der Varianz setzt sich aus der systematischen Varianz und der Residualvarianz zusammen.

Mittelwerte sind deshalb systematische Varianz und Residualvarianz nicht voneinander zu trennen.

$$E(\hat{\sigma}^2_{zwischen}) = n \cdot \sigma^2_\alpha + \sigma^2_\varepsilon \quad \text{mit } df_{zwischen} = p - 1$$

σ^2_α : systematische Varianz (in der einfaktoriellen ANOVA)

σ^2_ε : Residualvarianz

n : Anzahl der Versuchspersonen in einer Gruppe

Bewirkt die experimentelle Manipulation keine Veränderung der Messwerte in den unterschiedlichen Bedingungen, ist die Effektvarianz gleich Null. Die Zwischenvarianz liefert in diesem Fall lediglich eine Schätzung für die Residualvarianz.

Die Berechnung der „Varianz zwischen" erfolgt durch Einsetzen der Gruppenmittelwerte A_i und des Gesamtmittelwertes G in die normale Varianzformel. Die Freiheitsgrade ergeben sich aus der Anzahl der betrachteten Gruppen. Der Zähler muss zusätzlich mit der Anzahl der Versuchspersonen in einer Gruppe multipliziert werden, damit die Anzahl der in jeden Mittelwert A_i eingehenden Werte und so die Genauigkeit der Mittelwerte als Populationsschätzer berücksichtigt wird.

$$\hat{\sigma}^2_{zwischen} = \frac{QS_{zwischen}}{df_{zwischen}} = \frac{n \cdot \sum_{i=1}^{p} (\overline{A}_i - \overline{G})^2}{p - 1}$$

n : Anzahl der Versuchspersonen in einer Gruppe

p : Anzahl der betrachteten Gruppen

Liegt kein systematischer Einfluss vor, so schätzt die „Varianz zwischen" nur Residualvarianz. Die Unterschiede zwischen den Mittelwerten sind zufällig. Die Mittelwerte entstammen in diesem Fall einer Population, deren Populationsvarianz mit der Residualvarianz identisch ist:

$$\sigma^2_{gesamt} = \sigma^2_\varepsilon$$

Die Varianz von zufällig aus dieser Population gezogenen Mittelwerten A_i ist durch das Quadrat des Standardfehlers beschreibbar:

$$\sigma_A^2 = \frac{\sigma_\varepsilon^2}{n}$$ (Standardfehler: $\sigma_{\overline{x}} = \frac{\sigma_x}{\sqrt{n}}$, vgl. Kap. 2.3)

Fehlen systematische Einflüsse, so schätzt die Varianz der Mittelwerte des Faktors A nur die Residualvarianz, geteilt durch die Anzahl der Versuchspersonen, die einem einzelnen Mittelwert zu Grunde liegt. Für die Bildung des Kennwerts der Varianzanalyse (F-Bruch, siehe Kap. 5.2.7) ist es aber entscheidend, dass mit Hilfe der Mittelwerte der gesamte Wert der Residualvarianz geschätzt wird. Deshalb wird zur Berechnung der „Varianz zwischen" die Varianz der Faktormittelwerte mit der den einzelnen Mittelwerten zu Grunde liegenden Versuchspersonenanzahl multipliziert. Erst jetzt liefert uns die „Varianz zwischen" eine erwartungstreue Schätzung für die Residualvarianz, wenn keine systematischen Einflüsse vorliegen.

$$E(\hat{\sigma}_{zwischen}^2) = E(n \cdot \hat{\sigma}_A^2) = \sigma_\varepsilon^2$$

(Diese Gleichung gilt nur, wenn keine systematischen Einflüsse vorliegen.)

Wenden wir uns wieder unserem Beispiel zu. Die Mittelwerte der drei Gruppen sind in Tabelle 5.3 noch einmal getrennt dargestellt.

$$\hat{\sigma}_{zwischen}^2 = \frac{4 \cdot [(7-10)^2 + (11-10)^2 + (12-10)^2]}{3-1} = \frac{56}{2} = 28$$

Die „Varianz zwischen" den Gruppen übersteigt die zuvor berechnete „Varianz innerhalb" also bei weitem. Ist dieser Unterschied statistisch signifikant? Wie können wir testen, ob dieser Unterschied der Varianzen nicht zufällig entstanden ist?

Tabelle 5.3. Gruppenmittelwerte aus dem Beispiel zum Erinnerungsexperiment

strukturell	bildhaft	emotional
$\overline{A}_1 = 7$	$\overline{A}_2 = 11$	$\overline{A}_3 = 12$

5.2.6 Quadratsummen und Freiheitsgrade

Bevor wir zur Konstruktion des für die Varianzanalyse relevanten Kennwertes kommen, soll dieser Abschnitt noch einmal gesondert auf die Betrachtung von Quadratsummen und Freiheitsgraden eingehen, um ihre Zusammenhänge untereinander deutlich zu machen:

Um die „QS innerhalb" zu bilden, werden die Abstände jedes Wertes zu seinem Gruppenmittelwert aufsummiert. Die „QS zwischen" berechnet sich aus dem Abstand der Mittelwerte zum Gesamtmittelwert. Die „QS gesamt" schließlich betrachtet den Abstand eines jeden Wertes zum Gesamtmittelwert. Sie setzt sich additiv aus den beiden anderen QS zusammen:

Quadratsummen sind additiv.

$$QS_{total} = QS_{zwischen} + QS_{innerhalb}$$

$$\sum_{i=1}^{p}\sum_{m=1}^{n}(x_{mi} - \overline{G})^2 = n \cdot \sum_{i=1}^{p}(\overline{A}_i - \overline{G})^2 + \sum_{i=1}^{p}\sum_{m=1}^{n}(x_{mi} - \overline{A}_i)^2$$

Diese Formel kann bei der Berechnung einer Varianzanalyse von Hand als Kontrolle oder als Rechenvereinfachung dienen.

In dieser Art der Betrachtungsweise ist ein Zusammenhang zwischen Varianzanalyse und Regressionsanalyse spürbar: Beide Verfahren arbeiten mit den drei oben beschriebenen Arten von Abweichungen, aus denen drei Varianzen berechnet und Kennwerte gebildet werden können (vgl. Kap. 4.2.4 und die folgenden Abschnitte). Generell ist es möglich, jede Varianzanalyse als Regressionsanalyse aufzufassen. Diese Art der Betrachtung bietet große Vorteile in Bezug auf die benötigten mathematischen Voraussetzungen und die Effekt- und Teststärkeberechnung.

Freiheitsgrade sind additiv.

Die Beziehung der QS gilt auch für die Freiheitsgrade:

$$df_{total} = df_{zwischen} + df_{innerhalb}$$

Angewendet auf die Freiheitsgrade der Varianzanalyse ergibt sich

$$p \cdot n - 1 = (p - 1) + p \cdot (n - 1)$$

Quadratsummen und Freiheitsgrade sind additiv. Für die Berechnung der Varianzen ohne Computer ist es zur Kontrolle der Werte also sehr praktisch, die QS und df getrennt zu betrachten und durch Addition zu überprüfen. Im Gegensatz dazu sind die aus diesen Werten geschätzten Varianzen nicht additiv. Dies verdeutlichen die Erwartungswerte der Varianzschätzer:

$$E(\hat{\sigma}^2_{gesamt}) = \sigma^2_\alpha + \sigma^2_\varepsilon$$

$$E(\hat{\sigma}^2_{innerhalb}) = \sigma^2_\varepsilon$$

$$E(\hat{\sigma}^2_{zwischen}) = n \cdot \sigma^2_\alpha + \sigma^2_\varepsilon$$

$$\Rightarrow \hat{\sigma}^2_{gesamt} \neq \hat{\sigma}^2_{zwischen} + \hat{\sigma}^2_{innerhalb}$$

Die erwartete Summe aus der „Varianz innerhalb" und der „Varianz zwischen" ist immer größer als die Gesamtvarianz.

Die in der Varianzanalyse verwendeten Schätzer der Varianzen sind nicht additiv.

5.2.7 Der F-Bruch

Wie lässt sich mit Hilfe der beschriebenen Varianzen eine Aussage über den Einfluss der experimentellen Manipulation treffen? Gesucht ist die Größe der Effektvarianz in der Population, für die leider kein erwartungstreuer Schätzer vorliegt (Kap. 5.2.5). Betrachten wir stattdessen die „Varianz zwischen" und die „Varianz innerhalb": Beide Varianzen schätzen auf unterschiedlichem Weg die gleiche Residualvarianz. Im einfaktoriellen Fall ist im Erwartungswert der Zwischenvarianz zusätzlich die gesuchte Effektvarianz enthalten, vorausgesetzt die experimentelle Bedingung hat einen systematischen Einfluss. Die „Varianz innerhalb" dagegen schätzt stets nur die Residualvarianz. Um etwas über die Effektvarianz herauszufinden, ist es also möglich, die Größe dieser beiden Varianzen miteinander zu vergleichen. Der Vergleich geschieht durch die Division der Zwischenvarianz durch die geschätzte Residualvarianz. Oder anders ausgedrückt: Die „Varianz zwischen" wird an der „Varianz innerhalb" geprüft. Ein solcher Varianzquotient heißt F-Bruch. Der resultierende Kennwert für die Varianzanalyse ist der F-Wert.

Die „Varianz zwischen" wird an der „Varianz innerhalb" geprüft.

$$F_{(df_{Zähler}; df_{Nenner})} = \frac{\hat{\sigma}^2_{Effekt}}{\hat{\sigma}^2_{Prüf}} = \frac{\hat{\sigma}^2_{zwischen}}{\hat{\sigma}^2_{innerhalb}}$$

Formel für den F-Bruch

$$df_{Zähler} = df_{zwischen} = p - 1$$
$$df_{Nenner} = df_{innerhalb} = p \cdot (n - 1)$$

Bei der Bildung des F-Bruchs ist es wichtig zu beachten, dass sich die Erwartungswerte der beiden Varianzen nur durch den interessierenden Effekt voneinander unterscheiden. Bei komplizierteren Varianzanalysen tauchen auch anders aufgebaute Erwartungswerte auf. Das allgemeine Prinzip der F-Bruch-Bildung besteht darin, eine Varianz durch die Varianz zu teilen, deren Erwartungswert dieselben Komponenten bis auf den zu untersuchenden Effekt enthält. Die Prüfvarianz darf sich also in ihrem Erwartungswert nur in dem fraglichen Effekt von der zu prüfenden Varianz unterscheiden. Nur so kann geprüft werden, ob der interessierende Effekt statistisch bedeutsam ist oder nicht. Der Erwartungswert des F-Bruchs lautet daher wie folgt:

Erwartungswert des F-Bruchs

$$E(F) = \frac{n \cdot \sigma_\alpha^2 + \sigma_\varepsilon^2}{\sigma_\varepsilon^2}$$

Welche Werte kann ein F-Wert theoretisch annehmen? Da die „Varianz innerhalb" (Nenner des Bruchs) theoretisch nur aus Residualvarianz bestehen sollte, die „Varianz zwischen" (Zähler des Bruches) aber aus Effekt- und Residualvarianz, gibt es folgende zwei Möglichkeiten:

1. Es gibt keinen systematischen Einfluss der experimentellen Variation. Die Gruppenmittelwerte sind nur deshalb (geringfügig) unterschiedlich, weil auch auf die Mittelwerte unsystematische Einflüsse wirken. Die „Varianz zwischen" besteht nur aus Residualvarianz, die Effektvarianz ist gleich Null.

Der F-Wert ist gleich Eins, wenn die systematische Varianz gleich Null ist.

$\Rightarrow F = 1$

2. Es gibt einen systematischen Einfluss der experimentellen Variation. Die Gruppenmittelwerte sind nicht nur wegen der unsystematischen Einflüsse verschieden, sondern durch die Wirkung systematischer Einflüsse auf die einzelnen Gruppen. Die „Varianz zwischen" besteht damit aus Residualvarianz und Effektvarianz. Die „Varianz zwischen" ist deshalb größer als die „Varianz innerhalb".

Der F-Wert ist größer Eins, wenn die systematische Varianz größer Null ist.

$\Rightarrow F > 1$

5.2.8 Die Nullhypothese

Wie groß muss der F-Wert sein, um sicher gehen zu können, dass er nicht nur zufällig größer als Eins geworden ist? Die Zwischenvarianz könnte ja nur aufgrund eines Stichprobenfehlers größer als die Innerhalbvarianz sein, während die experimentelle Manipulation überhaupt keinen systematischen Einfluss auf die Versuchspersonen ausgeübt hat. Mit anderen Worten: Es könnte sein, dass die Unterschiede der Gruppenmittelwerte durch die begrenzte Anzahl von Versuchspersonen zustande gekommen sind, nicht durch eine geglückte Manipulation. In dem Beispiel des Gedächtnisexperiments könnte die eine Gruppe nur deshalb mehr Wörter erinnern, weil zufällig nur Versuchspersonen mit einem sehr guten Gedächtnis in dieser Gruppe waren. Es gibt also die Möglichkeit, dass F aufgrund eines Stichprobenfehlers zufällig größer als Eins ist, obwohl in der Population kein Effekt des untersuchten Faktors vorliegt (vergleiche die Argumentation beim t-Test, Kap. 3.1.2).

Um dieses Problem zu lösen, ist die Einordnung des Kennwertes auf einer bestimmten Verteilung nötig. Auch in diesem Fall ist die Konstruktion der Stichprobenkennwerteverteilung nur unter einer Zusatzannahme möglich, der Nullhypothese (Kap. 3.2).

Die Nullhypothese lautet im Fall der einfaktoriellen Varianzanalyse:

$$H_0 : \mu_1 = \mu_2 = ... = \mu_p$$

Die Annahme der Nullhypothese erlaubt die Konstruktion einer Verteilung von allen möglichen F-Werten, die unter dieser Annahme auftreten können. Ein Beispiel ist in Abbildung 5.6 dargestellt. Die F-Verteilung unter der Nullhypothese hat einen Mittelwert von Eins, da bei der angenommenen Gleichheit aller Populationsmittelwerte (Nullhypothese) die Effektvarianz in der Population gleich Null ist: die „Varianz zwischen" sollte also nur aus Residualvarianz bestehen und den gleichen Wert annehmen wie die „Varianz innerhalb". Da Stichproben aber endlich groß sind, können die Schätzungen unterschiedlich ausfallen und der F-Bruch kann F-Werte liefern, die größer oder auch kleiner als Eins sind. Negative Werte sind nicht möglich, da Varianzen durch die Quadrierung keine negativen Werte annehmen können, sondern immer positiv sind.

Die Nullhypothese der einfaktoriellen Varianzanalyse

Abb. 5.6. F-Verteilung

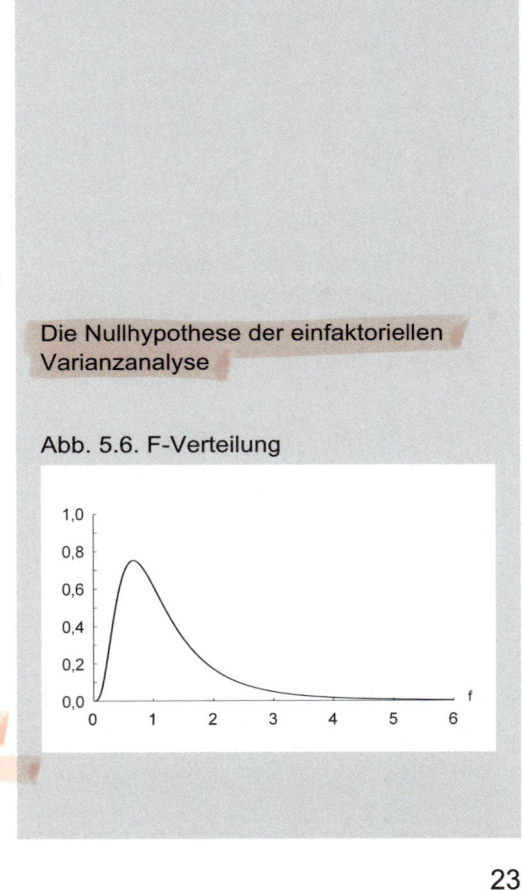

Die Konstruktion einer F-Verteilung erfolgt analog zur Konstruktion der Stichprobenkennwerteverteilung des t-Wertes (Kap. 3.1.2).

Der Gedankengang sei an einer F-Verteilung für den Vergleich dreier Mittelwerte und einer Stichprobengröße von N = 60 erklärt: Aus drei Populationen mit identischen Mittelwerten und Streuungen werden jeweils 20 Messwerte zufällig gezogen. Aus diesen Messwerten wird die Zwischenvarianz sowie die Residual-varianz errechnet und über den F-Bruch der entsprechende F-Wert bestimmt. Diesen Vorgang wiederholt man möglichst häufig (im Idealfall unendlich oft) und trägt die Häufigkeiten der auftretenden F-Werte in ein Koordinatensystem ein. Es resultiert die F-Verteilung unter der Annahme, dass alle Mittelwerte gleich sind, also alle zu Grunde liegenden Populationen der Gruppen haben den gleichen Mittelwert.

5.2.9 Signifikanzprüfung des F-Werts

Anhand der F-Verteilung erfolgt die Prüfung auf Signifikanz des F-Wertes. Die Argumentation verläuft analog zum t-Test: Unter der Annahme der Nullhypothese ist ein F-Wert von Eins oder nahe bei Eins zu erwarten. Die spezielle F-Verteilung gibt in Abhängigkeit von der Anzahl der Gruppen und der Stichprobengröße an, mit welcher Wahrscheinlichkeit bestimmte F-Werte unter der Nullhypothese auftreten. Nach der Berechnung des empirischen F-Werts aus den erhobenen Daten wird die Wahrscheinlichkeit bestimmt, genau diesen oder einen größeren F-Wert unter der Nullhypothese zu erhalten. Ist diese Wahrscheinlichkeit sehr klein, so ist das Auftreten eines solchen F-Werts unter der Annahme der Nullhypothese entsprechend unwahrscheinlich. Tritt ein solcher Wert dennoch auf, ist die Annahme der Nullhypothese mit großer Wahrscheinlichkeit falsch. Unterschreitet also die Wahrscheinlichkeit des beobachteten F-Wertes eine festgelegte Signifikanzgrenze, dann erfolgt die Ablehnung der Nullhypothese und die Annahme der Alternativhypothese. Abbildung 5.7 zeigt den Ablehnungsbereich der H_0. Auch bei der Varianzanalyse hat der Forscher einen Ermessensspielraum, um die Signifikanzgrenze festzulegen. Per Konvention liegt sie meistens bei 5%. Es kann aber durchaus inhaltliche Argumente für eine strengere oder auch eine fairere Prüfung geben.

Abb. 5.7. Bereiche der Annahme und der Ablehnung der H_0 einer F-Verteilung

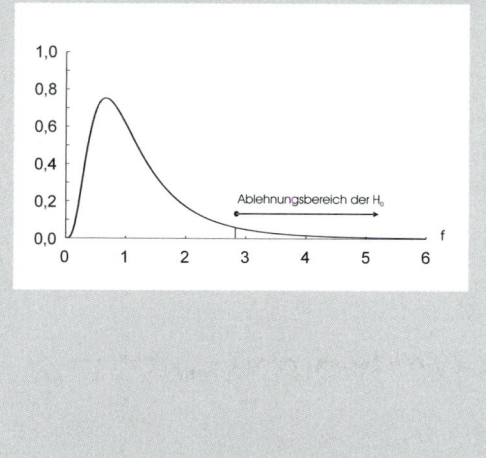

Signifikanzprüfung über den kritischen F-Wert

Auch bei der Varianzanalyse ist es möglich, bereits vor jeglicher Rechenarbeit einen kritischen F-Wert zu bestimmen. Erreicht der empirische F-Wert einen höheren Betrag als der kritische, ist das Ergebnis signifikant. Die Nullhypothese wird verworfen und stattdessen die Alternativhypothese angenommen.

Beispiel: Der kritische F-Wert für ein Signifikanzniveau von 5% (p = 3, n = 4) lautet:

$$F_{krit(df_{Zähler}=2;\,df_{Nenner}=9)} = 4{,}26$$

Um ein signifikantes Ergebnis zu erzielen, muss der beobachtete F-Wert größer als der kritische F-Wert von F = 4,26 sein.

Noch einmal: Auch in einer ANOVA resultiert ein signifikantes Ergebnis dann, wenn die Wahrscheinlichkeit eines empirischen F-Wertes kleiner ist als das festgelegte Signifikanzniveau bzw. der empirische F-Wert größer als der kritische F-Wert.

Signifikanzprüfung über die Wahrscheinlichkeit

Die Signifikanzprüfung ohne einen kritischen F-Wert erfordert die Bestimmung der Wahrscheinlichkeit des empirischen F-Werts unter der Nullhypothese. Die Form der F-Verteilung und damit die Wahrscheinlichkeit des empirischen F-Werts hängt von der Anzahl der untersuchten Gruppen und der Größe der Stichprobe ab. Wie auch beim t-Test legen die Freiheitsgrade die Form der F-Verteilung fest. Der F-Bruch besteht aus zwei geschätzten Varianzen, die „Varianz zwischen" steht dabei im Zähler, die „Varianz innerhalb" im Nenner. Die Freiheitsgrade der „Zählervarianz" sind in der ANOVA durch die Anzahl der untersuchten Gruppen, die Freiheitsgrade der „Nennervarianz" durch die Anzahl der untersuchten Personen in jeder Gruppe und die Anzahl der Gruppen bestimmt. Die Form der F-Verteilung unter der Nullhypothese hängt von der Größe dieser Freiheitsgrade ab. Sie werden nach dem F-Bruch bzw. den Quadratsummen bezeichnet:

$$df_{Zähler} = df_{zwischen} = p - 1$$
$$df_{Nenner} = df_{innerhalb} = p \cdot (n - 1)$$

Die Form der F-Verteilung unter der Nullhypothese ist von der Anzahl der Gruppen und der Stichprobengröße abhängig.

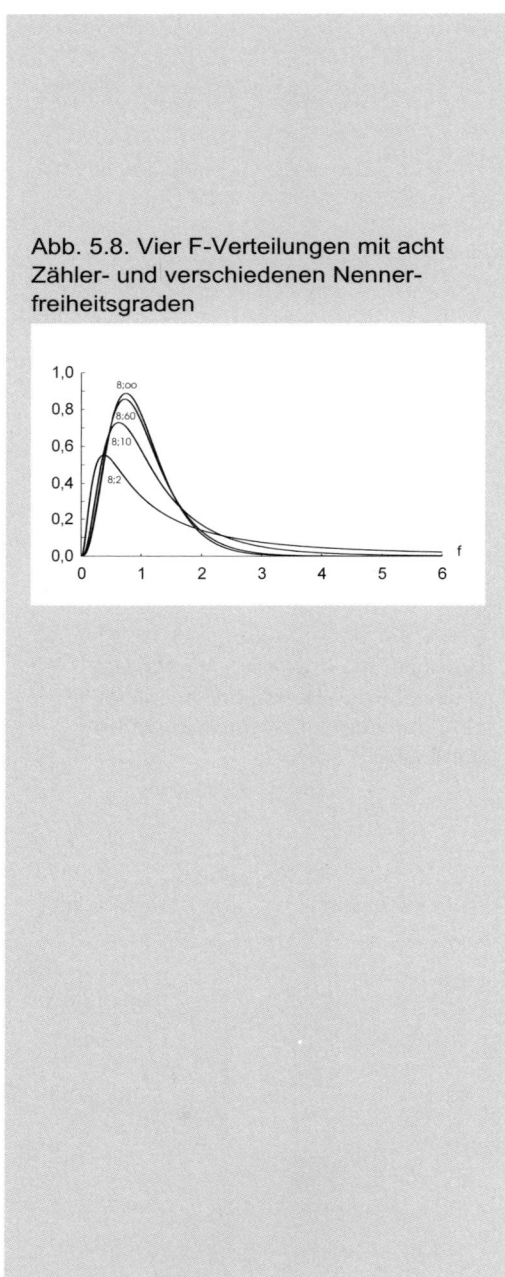

Abb. 5.8. Vier F-Verteilungen mit acht Zähler- und verschiedenen Nenner-freiheitsgraden

Die Freiheitsgrade beeinflussen die Genauigkeit, mit der die Varianzen geschätzt werden können. Ähnlich wie bei der t-Verteilung sind die Schätzungen der Varianzen bei kleinen Stichprobengrößen ungenauer. Aus diesem Grund sind bei kleinen Nennerfreiheitsgraden auch große F-Werte zufällig möglich.

F-Verteilungen sind linksschief, ihr Mittelwert liegt im Gegensatz zu einer Normalverteilung nicht in der Mitte, sondern in der linken Hälfte der Verteilung. Da Varianzen keine negativen Werte annehmen können, beginnt jede F-Verteilung bei Null und endet im Unendlichen. Dies wäre theoretisch bei einer nahezu perfekten Messung der Fall, wenn die Residualvarianz gegen Null geht.

In Tabelle E in Band I stehen die Wahrscheinlichkeiten der F-Werte geordnet nach Zähler- und Nennerfreiheitsgraden. Die angegebene Wahrscheinlichkeit entspricht wie in der t-Verteilung der Fläche, die der F-Wert nach links abschneidet. Das empirische Fehlerniveau resultiert also aus der Differenz der angegebenen Fläche und Eins. Dieses wird dann mit dem zuvor festgelegten Signifikanzniveau verglichen. Einige mögliche F-Verteilungen sind beispielhaft in Abbildung 5.8 dargestellt.

Die Bestimmung eines kritischen F-Werts erfordert zudem die Berechnung der Zähler- und Nennerfreiheitsgrade. Nach Subtraktion des gewünschten Signifikanzniveaus von Eins kann der Wert direkt aus der entsprechenden Zeile entnommen werden.

Die F-Verteilung ist in ihrer Anwendung keineswegs nur auf die Varianzanalyse beschränkt, sondern kann auch ganz allgemein zum Vergleich von Varianzen benutzt werden. Geprüft wird in einem solchen Fall, ob zwei Varianzen gleich sind oder ob sie sich signifikant unterscheiden. Um sinnvoll mit der Verteilung arbeiten zu können muss die größere Varianz im Zähler und die kleinere im Nenner stehen. Die F-Tabelle erlaubt die Bestimmung der Wahrscheinlichkeit des resultierenden F-Wertes unter der Nullhypothese, dass die beiden Varianzen gleich sind. Diese wird mit einem vorher festgelegten Signifikanzniveau verglichen. Ein signifikantes Ergebnis bedeutet, dass sich die beiden Varianzen statistisch bedeutsam unterscheiden. Der Levene-Test zur Varianzgleichheit, der zur Überprüfung der Varianzhomogenität im t-Test benutzt wird, funktioniert ebenfalls nach diesem Prinzip (Kap. 3.1.9).

5.2.10 Die Alternativhypothese der Varianzanalyse

Der F-Wert ist signifikant. Was bedeutet diese Aussage im Kontext der einfaktoriellen Varianzanalyse? Zunächst bedeutet ein signifikantes Ergebnis, dass die Zwischenvarianz signifikant größer ist als die „Varianz innerhalb". Die Zwischenvarianz schätzt also nicht nur Residualvarianz, sondern enthält auch einen Teil an Effektvarianz. Daraus können wir schließen, dass die experimentelle Manipulation einen bestimmten Teil der Gesamtvarianz der Messwerte verursacht. Die unterschiedlichen experimentellen Bedingungen üben einen systematischen Effekt auf das Verhalten der Versuchspersonen aus. Mit anderen Worten: Es gibt einen systematischen Unterschied zwischen den Gruppen. Die Gruppenmittelwerte variieren nicht nur zufällig. Die experimentelle Manipulation ist im statistischen Sinne geglückt. Ob dies auch auf einer inhaltlichen Ebene gilt, lässt sich an dieser Stelle noch nicht beurteilen. Dafür ist eine Entscheidung darüber notwendig, ob die erzielte Effektstärke inhaltliche Relevanz bietet oder nicht.

Bis zu diesem Punkt ist lediglich bekannt, dass zwischen mindestens zwei untersuchten Gruppen signifikante Unterschiede bestehen. Ergibt sich aus diesem Ergebnis einer Varianzanalyse auch, welche Mittelwerte sich voneinander unterscheiden? Nein, ein signifikantes Ergebnis zeigt nur an, dass sich mindestens ein Mittelwert von mindestens einem anderen Mittelwert statistisch bedeutsam unterscheidet. Um wie viele und welche Mittelwerte es sich konkret handelt, bleibt unbekannt. Die Varianzanalyse testet immer nur eine unspezifische Alternativhypothese, also die allgemeine Behauptung, dass sich unter allen untersuchten Gruppen mindestens zwei befinden, die sich unterscheiden. Um die exakte Struktur eines signifikanten Ergebnisses zu untersuchen, bieten sich diverse so genannte Post-Hoc-Verfahren an, von denen Kapitel 5.4 eines vorstellt.

Die Notwendigkeit von Post-Hoc-Verfahren verdeutlicht folgendes Beispiel: In dem bekannten Gedächtnisexperiment (siehe Einleitung in Band I) hätte sich ebenfalls ein signifikantes Ergebnis ergeben, wenn die Versuchspersonen entgegen der Vorhersage in der strukturellen Bedingung am meisten Wörter erinnert hätten und in den anderen beiden Bedingungen die Mittelwerte sehr viel kleiner

Ein signifikantes Ergebnis in der ANOVA bedeutet, dass sich mindestens ein Mittelwert der untersuchten Gruppen von den anderen statistisch bedeutsam unterscheidet.

Die Alternativhypothese in der Varianzanalyse ist immer unspezifisch.

Hypothesenpaar der einfaktoriellen Varianzanalyse

gewesen wären. Das spräche allerdings klar gegen die Aussagen der Theorie der „levels of processing". Ein Post-Hoc-Verfahren klärt auf, zwischen welchen Gruppen und in welcher Richtung signifikante Unterschiede bestehen. Diese Informationen bleibt der konventionelle Signifikanztest der ANOVA schuldig. Somit bieten viele Post-Hoc-Verfahren entscheidende zusätzliche Aussagemöglichkeiten. Schließlich ist in vielen Fällen die inhaltliche Fragestellung nicht nur mit der schlichten Feststellung eines statistisch signifikanten Unterschiedes zwischen irgendwelchen zwei Gruppen verbunden, sondern mit einem ganz bestimmten Ergebnismuster.

Aus den vorherigen Überlegungen folgt, dass die ANOVA Hypothesen immer ungerichtet prüft, also nie einseitig, wie es z.B. der t-Test tun kann (Kap. 3.2). Dies liegt an der Quadrierung der Abweichungen bei der Berechnung der Varianzen: Varianzen können nur positive Werte annehmen, die Information über die Richtung der Abweichung und damit die Richtung eines möglichen Effekts kann von der Varianzanalyse nicht erfasst werden. Zur Vermeidung falscher Interpretationen ist es deshalb ratsam, vor der Berechnung einer Varianzanalyse die deskriptiven Werte genau zu überprüfen und zu überlegen, ob die Gruppenmittelwerte in der vorhergesagten Relation zueinander stehen. In SPSS lassen sich die deskriptiven Statistiken einer ANOVA problemlos mit ausgeben

Unter Kenntnis der vorherigen Abschnitte können wir das Hypothesenpaar der Varianzanalyse notieren:

H_0: $\quad \mu_1 = \mu_2 = ... = \mu_p$

H_1: $\quad \neg H_0$

In Kapitel 5.2.7 wurde beschrieben, dass die systematische Varianz gleich Null ist, wenn kein systematischer Einfluss vorliegt. Vor diesem Hintergrund lässt sich das Hypothesenpaar auch wie folgt formulieren:

H_0: $\quad \sigma_\alpha^2 = 0$

H_1: $\quad \sigma_\alpha^2 > 0$

In dem Erinnerungsexperiment haben die Hypothesen folgende Form:

$H_0 : \mu_{struk} = \mu_{bild} = \mu_{emo}$ bzw. $\sigma^2_{Verarbeitung} = 0$

$H_1 : \neg H_0$ bzw. $\sigma^2_{Verarbeitung} > 0$

5.2.11 Die Terminologie der Varianzanalyse

Bevor wir die Varianzanalyse an einem Beispiel mit einer größeren Anzahl von Versuchspersonen diskutieren und weitere Einzelheiten betrachten, ist es notwendig, einige gebräuchliche Begriffe einzuführen. Betrachten wir dazu das Ausgangsbeispiel des Gedächtnisexperiments: Erinnerungsleistung in drei verschiedenen Bedingungen (vgl. Einleitung in Band I).

In einem Experiment können generell zwei Arten von Variablen unterschieden werden: Die unabhängige Variable (UV) und die abhängige Variable (AV). Die unabhängige Variable ist diejenige, die vom Experimentator variiert wird oder nach der die Versuchspersonen den verschiedenen Gruppen zugeteilt werden. Als Beispiele dienen die Verarbeitungsbedingungen (strukturell, bildhaft, emotional) oder das Geschlecht. Die abhängige Variable ist das, was gemessen werden soll, in diesem Fall die Anzahl erinnerter Wörter. An der AV wird auch geprüft, ob die Voraussetzungen für ein statistisches Verfahren erfüllt sind (bzgl. der ANOVA siehe Kap. 5.5). Allgemein gesprochen dient ein Experiment dazu, die Wirkung einer oder mehrerer unabhängiger Variablen auf eine oder mehrere abhängige Variablen zu untersuchen.

> Die unabhängige Variable wird vom Experimentator festgelegt.

> Die abhängige Variable ist das, was gemessen wird.

Für einen kompetenten Umgang mit dem wichtigen Verfahren der Varianzanalyse sind folgende Begriffe wesentlich: Faktor, Stufen von Faktoren und der Haupteffekt. Anschließend betrachten wir verschiedene Arten von Faktoren genauer.

Faktor

Die bisher als unabhängige Variable bezeichnete experimentelle Manipulation (z.B. Verarbeitungstiefe) oder Gruppiervariable (z.B. Geschlecht) heißt in der Terminologie der Varianzanalyse Faktor. Bei der Untersuchung nur einer experimentellen Manipulation heißt die erforderliche Varianzanalyse deshalb einfaktoriell. Der erste Faktor wird mit „Faktor A", der zweite mit „Faktor B" tituliert und so fort.

Stufen eines Faktors

Die Anzahl der realisierten Bedingungen sind die Stufen eines Faktors, im Beispiel die drei Verarbeitungsstrategien.

Haupteffekt

Liegt zwischen den Stufen des Faktors A ein signifikantes Ergebnis vor, so sprechen wir von einem Haupteffekt des Faktors A. Für diesen Haupteffekt ist die exakte Struktur der Mittelwertsunterschiede unerheblich. Aus der Bezeichnung lässt sich bereits jetzt ableiten, dass wir zu einem späteren Zeitpunkt auch weitere Effekte kennen lernen werden (Kap. 6).

Arten von Faktoren

Faktoren können je nach Art der Zuordnung der Versuchspersonen zu den Stufen des Faktors weiter in zwei Gruppen von Faktoren unterteilt werden: Treatment- und Klassifikationsfaktoren.

Treatmentfaktor

Die Zuordnung der Versuchspersonen zu den einzelnen Gruppen erfolgt zufällig. In diesem Fall handelt es sich um ein echtes Experiment. Resultiert ein Effekt, so lässt sich dieser auf die experimentelle Manipulation eindeutig zurückführen. Wir schreiben die Unterschiede in den verschiedenen Stufen des Faktors Verarbeitungstiefe dem unterschiedlichen Treatment zu.

Klassifikationsfaktor

Die Versuchspersonen werden aufgrund von organismischen Merkmalen der Personen (Geschlecht, Intelligenz, Extraversion etc.) klassifiziert. Dieses Vorgehen führt entweder zu einem so genannten Quasiexperiment oder zu einer Korrelationsstudie. Resultiert hieraus ein Effekt, so kann er auf das Merkmal der Zuordnung, aber auch auf alle anderen möglichen Merkmale zurückgehen, die mit dem Zuordnungsmerkmal verknüpft sind (z.B. Alter, Bildung etc.). Eine zufällige Zuordnung zu den Stufen eines Faktors ist hier nicht mehr möglich, denn der Faktor „Geschlecht" determiniert schon vor einem Experiment, wer sich in welcher Stufe des Faktors befindet.

Beispiel: Frauen erzielen in dem Gedächtnisexperiment bessere Ergebnisse. Dieser Unterschied zu den Männern kann nicht eindeutig auf ein besseres Gedächtnis zurückgeführt werden. Ebenso wäre es möglich, dass Frauen lediglich eine bessere Konzentrationsfähigkeit haben.

5.2.12 Beispielrechnung

Um die Varianzanalyse und ihre Terminologie zu vertiefen, berechnen wir exemplarisch den Vergleich der drei Verarbeitungsbedingungen aus dem Gedächtnisexperiment (siehe Einleitung, Band I). Die unabhängige Variable ist die Verarbeitungstiefe, die abhängige Variable die Anzahl erinnerter Wörter.

Bei der Betrachtung des Einflusses einer einzelnen UV auf eine AV ist eine einfaktorielle ANOVA die angemessene Auswertungsmethode, unter der Voraussetzung, dass ihre Bedingungen erfüllt sind (Kap. 5.5). Die UV entspricht in diesem Fall dem Faktor A. Er unterteilt sich in unserem experimentellen Design in drei Stufen: strukturelle, emotionale und bildhafte Verarbeitung. Mit Hilfe der Varianzanalyse gilt es festzustellen, ob die Verarbeitungstiefe einen systematischen Einfluss auf die Anzahl der erinnerten Wörter hat. Mit anderen Worten: Lässt sich ein Haupteffekt des Faktors A zeigen?

Die Nullhypothese der Varianzanalyse besagt, dass die Mittelwerte der drei Gruppen gleich sind:

$$H_0 : \mu_{strukturell} = \mu_{bildhaft} = \mu_{emotional}$$

Die Alternativhypothese umfasst alle übrigen denkbaren Möglichkeiten

$$H_1 : \neg H_0$$

Den bisherigen Ausführungen folgend gilt es, zunächst die Varianzen innerhalb und zwischen zu ermitteln. Diese beiden Schätzer der Residualvarianz bilden den benötigten F-Bruch, der den F-Wert unter der Nullhypothese liefert. Ist die Wahrscheinlichkeit dieses F-Wertes kleiner als das vorher festgelegte Signifikanzniveau, wird die Nullhypothese abgelehnt und die unspezifische (!) Alternativhypothese angenommen.

Tabelle 5.4. SPSS-Output der deskriptiven Statistik bei einer einfaktoriellen Varianzanalyse

An dem Experiment haben 150 Versuchspersonen teilgenommen, in jeder Gruppe 50. Diese Daten lassen sich mit dem Programm SPSS bequem und schnell auswerten. SPSS liefert uns folgenden Output deskriptiver Werte (Tab. 5.4). Mit Hilfe dieser Option lässt sich bereits vor Bewertung des F-Werts kontrollieren, ob die Richtung der Mittelwertsunterschiede der inhaltlichen Hypothese entspricht. Der Wert in der strukturellen Bedingung ist deutlich kleiner als in den beiden anderen Bedingungen, die ihrerseits praktisch gleich groß sind. Dies entspricht den Prognosen der Levels of processing-Theorie (siehe Einleitung in Band I).

Deskriptive Statistik

Gesamtzahl erinnerter Adjektive

	N	Mittelwert	Standardabweichung	Standardfehler
strukturell	50	7,2000	3,1623	,4472
bildhaft	50	11,0000	4,1404	,5855
emotional	50	12,0200	4,2064	,5949
Gesamt	150	10,0733	4,3675	,3566

Die relevanten Quadratsummen (QS), die Freiheitsgrade (df) und die Varianzen (mittlere Quadratsummen, MQS) erscheinen im ANOVA-Fenster des SPSS Outputs (Tab. 5.5). Der F-Wert sowie die Wahrscheinlichkeit, diesen (oder einen größeren) F-Wert unter der Annahme der Nullhypothese zu erhalten, stehen in den letzten beiden Spalten in der Zeile "Zwischen den Gruppen".

Tabelle 5.5. SPSS-Output für die statistische Auswertung einer einfaktoriellen Varianzanalyse

ONEWAY ANOVA

Gesamtzahl erinnerter Adjektive

	Quadrat summe	df	Mittel der Quadrate	F	Sig.
Zwischen den Gruppen	645,213	2	322,607	21,59	,000
Innerhalb der Gruppen	2196,980	147	14,945		
Gesamt	2842,193	149			

Betrachten wir die Werte etwas genauer: In der ersten Spalte stehen die drei unterschiedlichen Quadratsummen. Diese sind additiv, also ergibt ihre Summe die QS_{total}.

$$QS_{total} = QS_{zwischen} + QS_{innerhalb} = 645{,}213 + 2196{,}98 = 2842{,}193$$

Wie sind die Werte der verschiedenen Freiheitsgrade zustande gekommen? In jeder Bedingung befinden sich 50 Versuchspersonen, also ist $n = 50$. Wir vergleichen drei Gruppen, denn Faktor A hat drei Stufen, also ist $p = 3$.

$$df_{total} = p \cdot n - 1 = 3 \cdot 50 - 1 = 149$$

$$df_{zwischen} = p - 1 = 3 - 1 = 2$$

$$df_{innerhalb} = p \cdot (n - 1) = 3 \cdot (50 - 1) = 147$$

$$df_{total} = df_{zwischen} + df_{innerhalb} = 2 + 147 = 149$$

In der dritten Spalte stehen die mittleren Quadratsummen (MQS). Sie sind die Schätzer für die Populationsvarianzen. Wie beschrieben ergeben sie sich aus den Quadratsummen, dividiert durch die Anzahl der Freiheitsgrade. Die Schätzung der Gesamtvarianz ist nicht angegeben, da sie zur Bildung des F-Bruches nicht benötigt wird und sich nicht additiv aus den Varianzen zwischen und innerhalb zusammensetzt.

$$\hat{\sigma}^2_{zwischen} = \frac{QS_{zwischen}}{df_{zwischen}} = \frac{645{,}213}{2} = 322{,}607$$

$$\hat{\sigma}^2_{innerhalb} = \frac{QS_{innerhalb}}{df_{innerhalb}} = \frac{2196{,}98}{147} = 14{,}945$$

Der F-Wert ergibt sich aus dem Verhältnis der „Varianz zwischen" zur „Varianz innerhalb".

$$F_{(2;147)} = \frac{322,607}{14,945} = 21,586$$

Die letzte Spalte in der Tabelle 5.5 zeigt die Wahrscheinlichkeit dieses F-Wertes unter der Nullhypothese an. Sie ist kleiner als die vorher festgelegte Signifikanzgrenze von 5%. Das Ergebnis ist signifikant. In der Sprache der Varianzanalyse: Der Haupteffekt des Faktors A ist signifikant. Oder anders: Der beobachtete F-Wert ist größer als der kritische.

$$F_{krit(2;14;\alpha=0,05)} = 3,07$$

Was zeigen uns die Ergebnisse bis zu diesem Punkt?

- Gemäß des „Levels of processing"-Ansatzes gibt es einen signifikanten Einfluss der Verarbeitungstiefe auf die Anzahl erinnerter Wörter.

- Die Variation der Gruppenmittelwerte ist nicht zufällig, sondern systematisch.

- Die „Varianz zwischen" schätzt nicht nur Residualvarianz, sondern auch Effektvarianz.

- Die experimentelle Manipulation ist eine statistisch bedeutsame Quelle für die Variation der Messwerte.

Zusammenfassung

Die einfaktorielle Varianzanalyse (ANOVA) ist ein Auswertungsverfahren für Daten, in denen die Wirkung eines Faktors mit mehreren Stufen auf eine intervallskalierte abhängige Variable analysiert werden soll. Die Varianzanalyse vergleicht im Gegensatz zum t-Test auch mehr als zwei Gruppen gleichzeitig miteinander. Durch diesen simultanen Mittelwertsvergleich werden die Probleme der α-Fehler-Kumulierung und der verringerten Teststärke vermieden.

Die Varianzanalyse baut auf dem Prinzip der Zerlegung der Gesamtvarianz in eine systematische und eine Residualvarianz auf. Exakt gelingt dies nur auf einer theoretischen Populationsebene. Auf Stichprobenebene schätzt die „Varianz innerhalb" der einzelnen Gruppen (bzw. Stufen des Faktors) die Residualvarianz. In der Varianz zwischen den Gruppen bzw. Stufen des Faktors ist allerdings die Effektvarianz des Faktors untrennbar mit der Residualvarianz verknüpft. Um eine Aussage über einen möglichen Effekt des Faktors A treffen zu können, vergleicht der F-Bruch die Größe der „Varianz zwischen" mit der „Varianz innerhalb".

Die Nullhypothese der Varianzanalyse lautet: Alle Gruppenmittelwerte sind gleich. Oder anders ausgedrückt: Die Effektvarianz ist gleich Null. Die „Varianz zwischen" schätzt in diesem Fall nur Residualvarianz genau wie auch die „Varianz innerhalb". Die „Varianz innerhalb" sollte in diesem Fall gleich der „Varianz zwischen" sein.

Unter dieser Annahme lässt sich eine Verteilung aller möglichen F-Werte konstruieren. Die Form der F-Verteilung ist von den Freiheitsgraden der beiden betrachteten Varianzen abhängig. Die Verteilung erlaubt die Bestimmung der Wahrscheinlichkeit des beobachteten F-Werts unter der Annahme der Nullhypothese. Ist der resultierende F-Wert hinreichend unwahrscheinlich, so ist die „Varianz zwischen" signifikant größer als die „Varianz innerhalb". Die Nullhypothese kann verworfen und die Alternativhypothese angenommen werden. Die Alternativhypothese umfasst alle möglichen Muster der Mittelwerte, die nicht der Nullhypothese entsprechen. Im Gegensatz zum t-Test bietet die ANOVA nicht die Möglichkeit, gerichtete Hypothesen zu überprüfen. Sie testet immer unspezifisch.

5.3 Die Determinanten der Varianzanalyse

Nachdem der vorangegangene Abschnitt das Grundprinzip der einfaktoriellen ANOVA erläutert hat, betrachtet dieses Unterkapitel allgemeine Zusammenhänge der ANOVA. Die Determinanten der Varianzanalyse sind das Signifikanzniveau α, die β-Fehler-wahrscheinlichkeit bzw. die Teststärke $1-\beta$, die Effektgröße und der Stichprobenumfang N. Sie entsprechen den bereits behandelten Determinanten des t-Tests. Die Zusammenhänge der Determinanten sind bereits ausführlich in Kapitel 3.4 dargestellt. Diese Erläuterungen gelten genauso für die ANOVA. Deshalb soll im folgenden Abschnitt nur die Berechnung der Determinanten für die Varianzanalyse erfolgen. Bei Verständnisschwierigkeiten oder Unsicherheiten empfiehlt es sich, Kapitel 3.4 zu wiederholen. Zunächst soll aber kurz auf die Beziehung zwischen der einfaktoriellen Varianzanalyse und dem t-Test eingegangen werden, um deutlich zu machen, dass die bekannten Konzepte fast ausnahmslos auf die Varianzanalyse zu übertragen sind.

5.3.1 Beziehung zwischen F- und t-Wert

Wie hängen der t-Test und die einfaktorielle Varianzanalyse zusammen? Zur Beantwortung dieser Frage wenden wir die Varianzanalyse auf eine Fragestellung an, die wir bisher mit einem t-Test untersucht haben: den Vergleich der Mittelwerte zweier Gruppen. Übertragen in die Sprache der Varianzanalyse entspricht die Fragestellung eines t-Tests der Untersuchung eines zweistufigen Faktors A.

Zur Veranschaulichung benutzen wir den aus Kapitel 3 bekannten Vergleich der Gruppen „strukturell" und „bildhaft" aus dem Gedächtnisexperiment. Der t-Wert ergab sich wie folgt:

$$t_{df=98} = \frac{\overline{x}_2 - \overline{x}_1}{\hat{\sigma}_{\overline{x}_2 - \overline{x}_1}} = \frac{11 - 7{,}2}{0{,}737} = 5{,}16$$

Die Berechnung des F-Werts erfordert die geschätzten Varianzen.

(Bitte zur Übung die Varianzen selbst berechnen, die fehlenden Angaben befinden sich in Kapitel 3.1.3)

Der F-Wert berechnet sich zu:

$$F_{(1;98)} = \frac{\hat{\sigma}^2_{zwischen}}{\hat{\sigma}^2_{innerhalb}} = \frac{361}{13,571} = 26,6$$

$\Rightarrow$ $26,6 = 5,16^2$

Dieser Vergleich stellt anschaulich den Sachverhalt dar, dass der F-Wert einer einfaktoriellen Varianzanalyse mit zwei Stufen genau dem quadrierten t-Wert des korrespondierenden t-Tests entspricht.

$$F = t^2$$

Der Beweis dieser Gleichung findet sich bei Bortz (2005), Seite 262f.

Der t-Test ist demnach ein Spezialfall der Varianzanalyse. Mit anderen Worten: Die Varianzanalyse ist eine Verallgemeinerung des t-Tests. Allerdings ist zu bedenken, dass die Varianzanalyse immer nur zweiseitige Hypothesen untersuchen kann. Sie entspricht deshalb in ihren Ergebnissen einem zweiseitigen t-Test. Der kritische F-Wert ist gleich dem Quadrat des kritischen t-Werts in einem zweiseitigen t-Test. (Bei einem zweiseitigen t-Test wird das α-Niveau halbiert, um den kritischen t-Wert zu bestimmen, siehe Kapitel 3.2.3).

Beispiel: $F_{krit(1;60;\alpha=0,05)} = 4,00$ $\qquad$ $t_{krit(df=60;\alpha=0,025)} = 2,00$

5.3.2 Effektstärke

Das Maß für den Populationseffekt in der Varianzanalyse ist Ω^2 („Omega Quadrat"). Es gibt den Anteil der systematischen Varianz an der Gesamtvarianz an (Kap. 3.3.2).

$$\Omega^2 = \frac{\sigma^2_{systematisch}}{\sigma^2_{Gesamt}}$$

Der Schätzer für den Populationseffekt Ω^2 ist ω^2 („klein Omega-Quadrat"). Wie bereits aus Kap. 3.3.2 bekannt, erfolgt die Schätzung über f^2 (Schätzer für Φ^2). Allerdings geht bei der ANOVA zusätzlich die Anzahl der Zählerfreiheitsgrade in die Berechnung mit ein:

$$f^2 = \frac{(F_{df_{zähler};df_{Nenner}} - 1) \cdot df_{Zähler}}{N} \qquad \omega^2 = \frac{f^2}{1 + f^2}$$

Das Quadrat des t-Werts entspricht dem F-Wert einer einfaktoriellen ANOVA mit zwei Stufen.

Ω^2 gibt den Anteil der durch einen Faktor aufgeklärten Varianz auf der Ebene der Population an.

Konventionen für Effektstärken

- kleiner Effekt: $\Omega^2 = 0,01$
- mittlerer Effekt: $\Omega^2 = 0,06$
- großer Effekt: $\Omega^2 = 0,14$

η^2 gibt den Anteil der durch einen Faktor aufgeklärten Varianz auf der Ebene der Stichprobe an.

Der F-Wert in dem Erinnerungsexperiment war $F_{(2,147)} = 21,59$. Die Anzahl der Faktorstufen ist $p = 3$. In jeder Gruppe befinden sich 50 Versuchspersonen, insgesamt ist also $N = 150$. Daraus lässt sich folgender Effekt schätzen:

$$f^2 = \frac{(F_{df_{zähler};df_{Nenner}} - 1) \cdot df_{Zähler}}{N} = \frac{(21,59 - 1) \cdot 2}{150} = 0,2745$$

$$\omega^2 = \frac{f^2}{1 + f^2} = \frac{0,2745}{1 + 0,2745} = 0,2154$$

Der Anteil der Effektvarianz des Faktors „Verarbeitungstiefe" beträgt 22%. Oder anders ausgedrückt: Der Faktor „Verarbeitungstiefe" klärt nahezu 22% der Gesamtvarianz auf. Dieser Effekt ist sehr groß.

Die Formel zur Berechnung von f^2 entspricht der bereits bekannten Formel aus dem t-Test (Kap. 3.3). Da der t-Test zwei Gruppen betrachtet, hat er einen Zählerfreiheitsgrad. Der F-Wert entspricht t^2.

$$f^2 = \frac{(t_{df}^2 - 1)}{N} = \frac{(F_{1;df} - 1) \cdot 1}{N}$$

Das Programm SPSS verwendet als Effektmaß η^2 (Eta-Quadrat). Diese Effektgröße gibt den Anteil der aufgeklärten Variabilität der Messwerte auf der Ebene der Stichprobe an. Die Berechnung erfolgt aus dem Verhältnis von Quadratsummen anstatt von Varianzen (vgl. Band I, Kapitel 3.3.5).

$$\eta^2 = \frac{QS_{zwischen}}{QS_{Gesamt}} = \frac{QS_{zwischen}}{QS_{zwischen} + QS_{innerhalb}}$$

SPSS bezeichnet die Effektstärke als partielles Eta-Quadrat. Im Fall der einfaktoriellen Varianzanalyse ohne Messwiederholung sind Eta-Quadrat und das partielle Eta-Quadrat jedoch identisch. Bei mehreren Faktoren oder bei Messwiederholung wird jedoch das partielle Eta-Quadrat verwendet. Im Unterschied zu Eta-Quadrat steht in der Formel für das partielle Eta-Quadrat im Nenner nicht die gesamte Quadratsumme, sondern die Summe aus der Quadratsumme des Effekts und der Fehlerquadratsumme (siehe Kap. 6.3.1).

Eta-Quadrat ist auch über den F-Wert bestimmbar. In der Umrechnung kommt die Effektgröße f^2 vor, die wir zur Abgrenzung von der Umrechnung des Populationseffektschätzers ω^2 mit einem Index S („Stichprobe") versehen haben.

$$f_S^2 = \frac{F_{df_{z\ddot{a}hler}; df_{Nenner}} \cdot df_{Z\ddot{a}hler}}{df_{Nenner}} \qquad \rightarrow \qquad \eta^2 = \frac{f_S^2}{1 + f_S^2}$$

Allerdings fällt der Wert von η^2 im Vergleich zum wahren Effekt auf der Ebene der Population zu groß aus. Das Effektmaß ω^2 liefert eine genauere Schätzung des Populationseffekts. Wir empfehlen deshalb, nach Möglichkeit die Effektgröße ω^2 anzugeben.

Der Anteil der aufgeklärten Variabilität auf der Ebene der Stichprobe beträgt in unserem Datenbeispiel:

$$f_S^2 = \frac{21{,}59 \cdot 2}{147} = 0{,}2937 \qquad \rightarrow \qquad \eta_p^2 = \frac{0{,}2937}{1 + 0{,}2937} = 0{,}227$$

Auf der Ebene der Stichprobe klärt der Faktor „Verarbeitungstiefe" 23% der Variabilität der Messwerte auf. Diese Angabe des Effekts fällt etwas größer als die obige Schätzung des Populationseffekts. Noch einmal: Während ω^2 den Effekt auf der Ebene der Population schätzt, macht η^2 ausschließlich Aussagen über die vorliegende Stichprobe. Im Vergleich zur Population sind die Daten in einer Stichprobe überangepasst, deshalb überschätzt η^2 den Effekt auf der Ebene der Population.

Das Programm GPower führt Effektstärkenberechnungen bequem und präzise durch. In diesem Fall ist das Menü „F-Test" und dort die Option „Calc Effectsize" zu wählen. Hier sind die Anzahl der verglichenen Gruppen, die mittlere Streuung innerhalb der Gruppen (Wurzel aus der „Varianz innerhalb") und die beobachteten Gruppenmittelwerte anzugeben. Das Programm arbeitet mit dem Effektstärkenmaß f (Wurzel aus dem von uns verwendeten f^2). Genauere Erläuterungen für die Nutzung von GPower finden Sie in den ergänzenden Dateien zum Buch im Internet sowie bei Buchner, Erdfelder & Faul (1996).

GPower: Link zu kostenlosem Download und Erläuterungen auf der Web-Seite:

http://www.quantitative-methoden.de

5.3.3 Teststärkeanalyse

Nach Durchführung einer Untersuchung kann analog zum t-Test die Teststärke a posteriori für einen inhaltlich relevanten Populationseffekt Ω^2 und die verwendete Anzahl Versuchspersonen bestimmt werden. Es kann auch der empirisch gefundene Effekt der eigenen Untersuchung als Orientierung herangezogen werden, wenn er eine inhaltlich relevante Größe erreicht hat. Die Berechnung erfolgt über den Nonzentralitätsparameter λ und ist bereits aus den Kapiteln 3.2.5 und 3.4.3 bekannt. Allerdings ist die Teststärke bzw. die Form der Verteilung der Alternativhypothese zusätzlich von den Freiheitsgraden der „Varianz zwischen" abhängig. Dies findet Ausdruck in der Abhängigkeit Lambdas von den Zählerfreiheitsgraden:

$$\lambda_{df_{Zähler}} = \Phi^2 \cdot N = \frac{\Omega^2}{1 - \Omega^2} \cdot N$$

In den TPF-Tabellen (Tabellen C in Band I) ist λ in Abhängigkeit von der Teststärke, dem gewählten Signifikanzniveau α und den Zählerfreiheitsgraden abgetragen. Dort ist zu sehen, dass der t-Test äquivalent zu einer Varianzanalyse mit einem Zählerfreiheitsgrad ist.

Die Bestimmung der Teststärke a posteriori in dem Gedächtnisexperiment mit drei Gruppen geschieht wie folgt: Der geschätzte Populationseffekt ω^2 der Untersuchung beträgt 22% (siehe oben, Kap. 5.3.2). Insgesamt haben 150 Versuchspersonen am Experiment teilgenommen. Für die Zählerfreiheitsgrade ergeben sich bei drei betrachteten Gruppen: $df_{Zähler} = p - 1 = 3 - 1 = 2$

$$\lambda_{df=2} = \frac{0,2154}{1 - 0,2154} \cdot 150 = 0,2745 \cdot 150 = 41,18$$

Die TPF-Tabellen sind nach Signifikanzniveaus geordnet. Die Teststärken für λ bei einem Signifikanzniveau von 5% in einem F-Test sind in TPF-Tabelle 6 abgetragen. (Dies ist die am häufigsten gebrauchte Tabelle bei der Teststärkebestimmung, da zumeist ein Signifikanzniveau von 5% Anwendung findet.)

Häufig ist der genaue λ-Wert nicht in der Tabelle abgetragen. In diesem Fall wird ein Bereich der Teststärke angegeben. In diesem Fall liegt sie zwischen 99,9% und 100%. Die Wahrscheinlichkeit, diesen oder einen größeren Effekt zu finden, war also fast perfekt.

Das Programm GPower kann im Gegensatz zu den TPF-Tabellen die exakte Teststärke angeben. Als Effektstärkenmaß verwendet das Programm f, das der Wurzel von f^2 bzw. Φ^2 entspricht (siehe Kap. 5.3.2). Die in dem Programm angegebenen Konventionen (Cohen, 1988) für einen kleinen (f = 0,1), mittleren (f = 0,25) und großen

Effekt ($f = 0,4$) entsprechen den Konventionen für Ω^2 nach der Umrechnung zu f.

$$f = \sqrt{\Phi^2} = \sqrt{\frac{\Omega^2}{1-\Omega^2}}$$

Das Programm SPSS gibt mittels der Option „Beobachtete Schärfe" ausschließlich die Teststärke für den aus den Daten bestimmten empirischen Effekt η^2 an. Dieser Wert für die Teststärke ist nur dann sinnvoll, wenn der empirische Effekt eine inhaltlich relevante Größe erreicht. Häufig ergeben sich bei nicht signifikanten Ergebnissen aber sehr kleine, inhaltlich nicht mehr relevante empirische Effekte. In diesen Fällen ist der von SPSS angegebene Wert für die Teststärke nicht aussagekräftig. Für die inhaltliche Bewertung eines nicht signifikanten Ergebnisses ist es weitaus wichtiger, die Teststärke einer Studie in Bezug auf inhaltlich relevante Effektgrößen zu bestimmen.

Die Größe der Teststärke einer Varianzanalyse hängt von folgenden vier Gegebenheiten ab: Größe der Residualvarianz, Größe des Effekts, Stichprobenumfang und α-Niveau. Bis auf den ersten Punkt sollten die Zusammenhänge bereits vom t-Test bekannt sein.

Größe der Residualvarianz

Je kleiner die Residualvarianz ist, desto größer fällt die Teststärke aus. Die Schätzung der Residualvarianz durch die „Varianz innerhalb" steht im Nenner des F-Bruchs, deshalb wird der resultierende F-Wert bei kleinerer Residualvarianz und gleichen Mittelwertunterschieden größer – das Ergebnis wird „leichter signifikant". Das folgende Beispiel soll diesen Sachverhalt anschaulich machen: Bei starken Nebengeräuschen ist ein leiser Ton sehr schwer zu hören, das Rauschen überdeckt das Signal. Je kleiner das Rauschen, desto eher ist das Signal zu entdecken. Im Fall der Varianzanalyse entspricht der gesuchte Effekt dem Signal und das störende Rauschen der Residualvarianz. Dies gilt analog auch für den t-Test. Je größer die „Varianz innerhalb" einer Gruppe, desto größer die Streuung des Stichprobenkennwerts und desto kleiner der t-Wert.

Je kleiner die Residualvarianz, desto größer ist die Teststärke.

41

Die Teststärke ist umso größer, je größer der gesuchte Effekt ist.

Die Teststärke ist umso größer, je größer der Umfang der Stichprobe ist.

Die Teststärke ist umso größer, je größer das festgelegte Signifikanzniveau ist.

Größe des Effekts

Je größer der existierende Populationseffekt, desto größer ist die Teststärke. Wenn sich die Populationsmittelwerte der Gruppen stärker unterscheiden bzw. der untersuchte Faktor einen großen systematischen Einfluss auf die abhängige Variable hat, wird dieser Effekt unter sonst gleichen Umständen mit einer höheren Wahrscheinlichkeit in der Untersuchung gefunden. Ein lautes Signal ist auch noch bei starkem Rauschen hörbar.

Stichprobenumfang

Je größer der Stichprobenumfang, desto größer ist die Teststärke. Das hat zwei Gründe: Erstens hängt die „Varianz zwischen" proportional von der Anzahl der Versuchspersonen in einer Bedingung ab (siehe Kap. 5.2.5). Je größer N, desto größer ist die „Varianz zwischen". Da die „Varianz zwischen" im Zähler steht, steigt oder fällt die Größe des F-Bruchs mit ihr. Je größer sie wird, desto eher kommt es zu einem signifikanten Ergebnis. Zweitens erhöhen sich die Freiheitsgrade der „Varianz innerhalb" und es kommt zu einer Verkleinerung des kritischen F-Wertes, wie aus Tabelle E in Band I ersichtlich ist. So liegt z.B. der kritische F-Wert bei einem Vergleich dreier Gruppen und einem Signifikanzniveau von $\alpha = 0{,}05$ bei 30 Nennerfreiheitsgraden bei $F_{krit(2;30)} = 3{,}32$, bei 200 Nennerfreiheitsgraden aber nur noch bei 3,04. Derselbe F-Wert von z.B. F = 3,1 wäre also einmal statistisch nicht signifikant und einmal signifikant.

Überlegung: Was bedeutet es für die Teststärke, wenn die Anzahl der verglichenen Gruppen bzw. die Anzahl der Stufen des relevanten Faktors erhöht wird? Bei gleichem Umfang betrachteter Versuchspersonen wird die Teststärke geringer, da diese von den Zählerfreiheitsgraden abhängt. Eine Erhöhung der Gesamtanzahl an Versuchspersonen beim Hinzufügen von Faktorstufen wirkt dem entgegen, wie aus der Formel für λ zu ersehen ist. Idealerweise sollte die Anzahl der Versuchspersonen pro Zelle gleich bleiben. Das bedeutet aber, dass sich die Anzahl benötigter Versuchspersonen stark erhöht, wenn man weitere Faktorstufen zu seinem Untersuchungsdesign hinzufügt.

α-Fehler

Je größer das festgelegte Signifikanzniveau, desto größer ist die Teststärke. Durch die Erhöhung des α-Fehlers steigt zwar die Wahrscheinlichkeit, die Alternativhypothese anzunehmen, obwohl sie in Wirklichkeit falsch ist. Gleichzeitig erhöht sich aber auch die Wahrscheinlichkeit, einen Effekt zu finden, falls er wirklich existiert (vgl. Kap. 3.4.2).

5.3.4 Stichprobenumfangsplanung

Die Stichprobenumfangsplanung ist einer der wichtigsten Schritte vor der Durchführung einer Untersuchung, denn nur sie gewährleistet die sinnvolle Interpretation jedes möglichen Untersuchungsergebnisses. Erfolgt keine Stichprobenumfangsplanung, so können sich zwei Probleme ergeben:

- Der Stichprobenumfang ist zu klein. Die Teststärke ist so klein, dass ein nicht signifikantes Ergebnis nicht interpretierbar ist.

- Der Stichprobenumfang ist zu groß. Es ergeben sich auch statistisch signifikante Ergebnisse bei Effekten, die für eine vernünftige inhaltliche Interpretation zu klein sind.

Das zweite Problem ist dabei natürlich das wesentlich weniger gravierende. Grundsätzlich spricht nie etwas dagegen, viele Versuchspersonen zu erheben, wenn dazu die Möglichkeit besteht. Der empirische Effekt ist in der Regel einfach zu ermitteln und somit ist – im Gegensatz zum ersten Problem – eine sinnvolle Interpretation des Ergebnisses noch immer möglich. „Optimal" ist der Stichprobenumfang dann nicht mehr, wenn er nach einem signifikanten Ergebnis nicht mehr direkt auf einen a priori angestrebten Effekt schließen lässt, ohne den Umweg über die manuelle Berechnung des empirischen Effekts (Kap. 3.4.3).

Wie beim t-Test erfordert die Stichprobenumfangsplanung eine Festlegung des interessierenden Populationseffekts, des Signifikanzniveaus α und der a priori gewünschten Teststärke $1-\beta$.

Die Berechnung erfolgt über den Nonzentralitätsparameter λ.

$$N = \frac{\lambda_{(df_{Zähler};1-\beta;\alpha)}}{\Phi^2}$$

wobei gilt: $\Phi^2 = \frac{\Omega^2}{1-\Omega^2}$

N umfasst alle betrachteten Versuchspersonen. In der einfaktoriellen ANOVA ergibt sich N bei gleicher Versuchspersonenanzahl pro Zelle nach:

$$N = p \cdot n$$

Für die Stichprobenumfangsplanung ist die Festlegung der Stärke des gesuchten Effekts, der gewünschten Teststärke und des Signifikanzniveaus notwendig.

Die Bestimmung des λ-Wertes geschieht durch die TPF-Tabellen (Tabelle C in Band I), in denen die Werte nach Zählerfreiheitsgraden $df_{Zähler}$, Teststärke $1-\beta$ und Signifikanzniveau α geordnet verzeichnet sind.

Zu einer sauberen Untersuchung zum Einfluss der Verarbeitungstiefe auf die Anzahl erinnerter Wörter hätte natürlich ebenfalls eine Stichprobenumfangsplanung gehört. Nehmen wir an, wir suchten nach einem Effekt der Größe $\Omega^2 = 0{,}1$ bei einer Teststärke von $1-\beta = 0{,}9$. Das Signifikanzniveau legen wir auf $\alpha = 0{,}05$ fest. Die benötigte Anzahl Versuchspersonen folgt aus der besprochenen Formel:

$$N = \frac{\lambda_{(df_{Zähler}=2;1-\beta=0,9;\alpha=0,05)}}{\left(\dfrac{\Omega^2}{1-\Omega^2}\right)} = \frac{12{,}65}{\left(\dfrac{0{,}1}{1-0{,}1}\right)} = 113{,}85$$

$$n = \frac{N}{p} = \frac{113{,}85}{3} = 37{,}95 \qquad \Rightarrow \qquad 38 \text{ Personen pro Bedingung}$$

Für eine Untersuchung mit der Teststärke $1-\beta = 0{,}9$ wären also nur 114 Versuchspersonen statt 150 notwendig gewesen.

Zusammenfassung

Dieses Unterkapitel stellt die Varianzanalyse als Verallgemeinerung des t-Tests vor. Aus diesem Grund können die vom t-Test bekannten Konzepte der Determinanten des statistischen Tests (α-/β-Fehler, Effektgröße und Stichprobenumfang) und ihre Zusammenhänge direkt auf die Varianzanalyse übertragen werden. Unterschiede zeigen sich bei den Berechnungen nur durch die höhere Anzahl der betrachteten Gruppen und dem daraus folgenden Einbezug der Zählerfreiheitsgrade.

5.4 Post-Hoc-Analysen

Die Varianzanalyse testet, ob die Nullhypothese („Alle Populationsmittelwerte sind gleich.") zutrifft oder nicht. Ein signifikantes Ergebnis führt zur Ablehnung dieser Nullhypothese und zur Annahme der Alternativhypothese. Diese Alternativhypothese ist aber völlig unspezifisch. Sie macht keine Aussage darüber, welche Gruppen sich voneinander unterscheiden, sondern umfasst alle Möglichkeiten, die nicht der Nullhypothese entsprechen.

$$H_0: \quad \mu_1 = \mu_2 = ... = \mu_p$$

$$H_1: \neg H_0$$

Liegt ein signifikantes Ergebnis nach einer Varianzanalyse vor, ist zunächst nur gesichert, dass sich die Gruppe mit dem kleinsten Mittelwert von der mit dem größten Mittelwert statistisch bedeutsam unterscheidet. Darüber hinaus umfasst eine so global formulierte H_1 alle möglichen Kombinationen von Unterschieden der betrachteten Gruppen. Bei drei Gruppen gibt es bereits 18 verschiedene Möglichkeiten.

In sehr vielen Untersuchungen ist aber die genaue Struktur der Alternativhypothese von großem Interesse. Auch in dem Gedächtnisexperiment (vgl. Einleitung in Band I) macht die Theorie der Levels of Processing eine genaue Vorhersage über die Relation der Mittelwerte: in der Bedingung „strukturell" werden weniger Wörter erinnert als in den Bedingungen „emotional" und „bildhaft", während kein Unterschied zwischen letzteren besteht. Wie lässt sich eine solche spezifische Alternativhypothese überprüfen? Wie lässt sich entscheiden, welche Gruppen sich signifikant voneinander unterscheiden und welche nicht?

In der Einführung in die Varianzanalyse zu Beginn dieses Kapitels wurde deutlich, dass der paarweise Vergleich der Gruppen über mehrere t-Tests aufgrund der α-Fehlerkumulierung und dem Verlust an Teststärke wissenschaftlichen Ansprüchen nicht gerecht wird. Die Analyse der Struktur der Alternativhypothese erfolgt deshalb mit Hilfe besonderer Verfahren, die diese Probleme berücksichtigen. Sie heißen Post-Hoc-Verfahren. Davon gibt es viele verschiedene, SPSS

Die Struktur der Alternativhypothese beschreibt das genaue Verhältnis der Populationsmittelwerte der Gruppe zueinander.

Post-Hoc-Verfahren analysieren die Struktur der Alternativhypothese.

Der Tukey HSD-Test ermöglicht einen paarweisen Vergleich der Gruppenmittelwerte.

Der Tukey HSD-Test berechnet die kleinste noch signifikante Differenz zwischen zwei Gruppenmittelwerten.

bietet insgesamt 18 an (SPSS Version 14). Wir beschränken uns in diesem Buch auf die Vorstellung eines Verfahrens, des Tukey HSD-Tests.

5.4.1 Der Tukey HSD-Test

Der Tukey HSD-Test eröffnet die Möglichkeit, einzelne Gruppen einer Untersuchung paarweise miteinander zu vergleichen, ohne dass der α-Fehler kumuliert oder die Teststärke abnimmt. Dieses Post-Hoc-Verfahren beantwortet die folgende Frage: Wie groß muss die Differenz zwischen den Mittelwerten zweier Gruppen mindestens sein, damit diese Differenz auf einem kumulierten α-Niveau signifikant ist, das nicht die zuvor festgesetzte Grenze (zumeist 5%) überschreitet? Aus dieser Überlegung erhielt der Test auch seinen Namen: er berechnet die „Honest Significant Difference" zwischen zwei Gruppen, also denjenigen Mittelwertsunterschied, der mindestens erforderlich ist, um auf dem Gesamt-α-Niveau ein signifikantes Ergebnis zu erzielen. Ist die tatsächliche Differenz zwischen zwei Gruppen größer als der vom Tukey HSD-Test berechnete kritische Wert, so besteht ein signifikanter Unterschied zwischen diesen beiden Gruppen. Ist die tatsächliche Differenz kleiner, so ist die beobachtete Differenz nicht signifikant und die Populationsmittelwerte der Gruppen dürfen, gegeben eine hinreichende Teststärke, als gleich betrachtet werden. Die Teststärke des Tukey HSD-Tests ist mindestens so hoch wie die Teststärke des getesteten Haupteffekts in der Varianzanalyse. Es entsteht also trotz der Einzelvergleiche kein Verlust an Power.

Die Honest Significant Difference ergibt sich über den Kennwert q. Er übernimmt in diesem Fall des Vergleichs mehrerer Mittelwerte die Funktion des t-Wertes beim t-Test. Daher ist er auch ähnlich definiert. Für jeden paarweisen Vergleich gilt:

$$q_{(r;df_{innerhalb})} = \frac{\overline{x}_2 - \overline{x}_1}{\sqrt{\dfrac{\hat{\sigma}^2_{innerhalb}}{n}}}$$

q : Kennwert, abhängig von der Zahl der Mittelwerte r und den Fehlerfreiheitsgraden

n : Anzahl der Versuchspersonen pro Zelle

Da er sich auf multiple Mittelwertsvergleiche bezieht, liegt dem q-Wert eine eigene Verteilung zu Grunde, die „studentized range" Verteilung. In dieser Verteilung ist es im Gegensatz zum t-Test möglich, einen kritischen q-Wert in Abhängigkeit von der Anzahl der betrachteten Mittelwerte zu bestimmen. Dadurch wird eine α-Kumulation verhindert. Durch Einsetzen dieses kritischen q-Wertes und Umstellen der Formel ist es möglich, eine kritische Differenz zu bestimmen, die Honest Significant Difference, mit der dann die tatsächlichen Differenzen zwischen den Gruppenmittelwerten verglichen werden. Der Zähler des obigen Bruches bildet genau diese HSD ab. Eine Multiplikation des Bruches mit dem Nenner genügt also, um sie zu isolieren:

$$HSD = q_{krit(\alpha;r;df_{innerhalb})} \cdot \sqrt{\frac{\hat{\sigma}^2_{innerhalb}}{n}}$$

α : α-Niveau des F-Tests
r : Anzahl der betrachteten Zellmittelwerte
n : Versuchspersonen pro Zelle

Formel zur Berechnung der kleinsten noch signifikanten Differenz (HSD)

Die kritischen q-Werte stehen in Tabelle F in Band I. Sie hängen ab von der Anzahl der betrachteten Gruppen, dem festgelegten Signifikanzniveau und den Freiheitsgraden der „Varianz innerhalb".

Die erzielten Mittelwerte der drei Verarbeitungsbedingungen des Erinnerungsexperiments in dem Datensatz mit N = 150 stehen in Tabelle 5.6.

Der Haupteffekt des Faktors „Verarbeitungstiefe" ist signifikant (siehe oben). Das bedeutet aber lediglich, dass der größte Mittelwert von dem kleinsten signifikant verschieden ist. Wie steht es jedoch mit den beiden Gruppen strukturell und bildhaft? Die Post-Hoc-Analyse dieser Daten mit Hilfe des Tukey HSD ist im Folgenden Schritt für Schritt dargestellt.

Tabelle 5.6. Mittelwerte der drei Gruppen in dem Datensatz mit N = 150

strukturell	bildhaft	emotional
7,2	11,0	12,02

Die Bestimmung des kritischen q-Wertes benötigt folgende drei Angaben:

- Signifikanzniveau: $\alpha = 0{,}05$
- Anzahl der betrachteten Mittelwerte: $r = 3$
- Fehlerfreiheitsgrade: $df_{innerhalb} = 147$

In der Tabelle der q_{krit}-Werte (Tabelle F in Band I) greifen wir auf die nächst kleinere verzeichnete Anzahl an Fehlerfreiheitsgraden zurück: $df_{innerhalb} = 120$

$$q_{krit(\alpha=0{,}05; r=3; df_{innerhalb}=120)} = 3{,}36$$

In jeder Gruppe wurden 50 Versuchspersonen untersucht. Die „Varianz innerhalb" beträgt:

$$\hat{\sigma}^2_{innerhalb} = 14{,}954$$

Die kleinste noch signifikante Differenz errechnet sich somit zu:

$$HSD = q_{krit(\alpha; r; df_{innerhalb})} \cdot \sqrt{\frac{\hat{\sigma}^2_{innerhalb}}{n}} = 3{,}36 \cdot \sqrt{\frac{14{,}954}{50}} = 1{,}84$$

Um die einzelnen Differenzen auf einen Blick erkennen zu können, tragen wir alle beobachteten Differenzen in eine Tabelle ein (siehe Tabelle 5.7).

Der Vergleich der beobachteten Differenzen mit der HSD ergibt, dass sich die Gruppe der strukturellen Verarbeitung in der Erinnerungsleistung signifikant von den beiden anderen Gruppen unterscheidet. Dies gilt auf einem α-Niveau von 5%! Die Differenz zwischen den Gruppen „bildhaft" und „emotional" ist kleiner als die HSD und deshalb nicht signifikant, sie unterscheiden sich nicht. Die empirischen Daten sprechen also auch in ihrer speziellen Struktur der Mittelwerte für die Vorhersagen der Theorie der Levels of Processing.

5.5 Voraussetzungen der Varianzanalyse

Die Varianzanalyse gehört – ebenso wie der t-Test – zu den parametrischen Verfahren in der Statistik. Die Grundvoraussetzung für die Anwendung solcher Verfahren bildet die Intervallskalenqualität der abhängigen Variablen. Für Messdaten auf Ordinal-

Tabelle 5.7. Differenzen zwischen den Gruppenmittelwerten und die Bewertung ihrer Signifikanz

	bildhaft	emotional
strukturell	3,8*	4,82*
bildhaft	-	1,02 n.s.

oder Nominalskalenniveau gibt es gesonderte Verfahren, die die Kapitel 8 und 9 besprechen. Zusätzlich zur Intervallskalenqualität müssen für die mathematisch korrekte Herleitung der Varianzanalyse ohne Messwiederholung und des t-Tests für unabhängige Stichproben weitere Voraussetzungen erfüllt sein (vgl. Kap. 3.1.8). Insgesamt gelten folgende Voraussetzungen:

1.) Die abhängige Variable ist intervallskaliert.

2.) Das untersuchte Merkmal ist in der Population normal verteilt.

3.) Varianzhomogenität: Die Varianzen der Populationen der untersuchten Gruppen sind gleich.

4.) Die Messwerte in allen Bedingungen sind voneinander unabhängig.

Wie auch der t-Test verhält sich die Varianzanalyse gegen die Verletzung der zweiten und dritten Voraussetzung weitgehend robust. Das bedeutet, sie liefert trotz Abweichungen von der Normalverteilungsannahme des Merkmals oder der Varianz-homogenität in den meisten Fällen zuverlässige Ergebnisse. Probleme ergeben sich in solchen Fällen, in denen der Stichprobenumfang sehr klein ist oder sich stark ungleich auf die untersuchten Gruppen verteilt. Bei mittlerem Stichprobenumfang und gleicher Versuchsper-sonenanzahl pro Bedingung ergeben sich dagegen selten Probleme.

Die Erfüllung der vierten Voraussetzung wird durch eine randomisierte Zuweisung der Versuchspersonen zu den Faktorstufen erreicht. Jede Versuchsperson wird so einer konkreten Bedingung und nur dieser zugeordnet. In vielen Fällen ist es allerdings sinnvoll, dieselben Versuchspersonen unter mehreren Bedingungen zu testen (siehe t-Test für abhängige Stichproben, Kap. 3.5). In einer solchen Messwiederholung sind die Werte der betrachteten Gruppen nicht mehr voneinander unabhängig, sondern korrelieren. Untersuchungen mit Messwiederholungen verletzen also die vierte Voraussetzung und erfordern deshalb eine spezielle „Varianzanalyse mit Messwiederholung", deren Erörterung in Kapitel 7 folgt.

Zusammenfassung

Die einfaktorielle Varianzanalyse ist ein Verfahren zur statistischen Analyse von Mittelwertsunterschieden. Sie eignet sich besonders zur Analyse von mehr als zwei untersuchten Gruppen. Diese Gruppen oder Bedingungen müssen voneinander unabhängig sein. Weitere Voraussetzungen zur Anwendung der ANOVA sind intervallskalierte Daten, Normalverteilung des untersuchten Merkmals in der Population und Varianzhomogenität der Populationsvarianzen innerhalb der Gruppen.

Das Grundprinzip der ANOVA besteht in der Zerlegung der Gesamtvarianz aller Messwerte in zwei Komponenten: die systematische Varianz und die Residualvarianz. Das Auftreten von unaufgeklärter oder Residualvarianz liegt an vielfachen Ursachen, die nicht durch das Experiment erfassbar sind. Die Residualvarianz wird geschätzt durch die durchschnittliche „Varianz innerhalb" der Bedingungen. Das Auftreten von systematischer Varianz ist auf den Einfluss des experimentellen Faktors zurückzuführen. Sie wird durch die Varianz zwischen den Bedingungen geschätzt. Die Schätzung der systematischen Varianz ist mit „Messfehlern" behaftet, da die zur Schätzung verwendeten Mittelwerte selbst wiederum aus Daten geschätzte Parameter sind. In der Varianz zwischen den Gruppen ist deshalb die systematische Varianz untrennbar mit der Residualvarianz verknüpft.

Die Zwischenvarianz wird in der ANOVA an der geschätzten Residualvarianz („Varianz innerhalb") mittels des F-Bruchs geprüft. Unter der Nullhypothese ist die systematische Varianz gleich Null. In diesem Fall schätzt die Zwischenvarianz nur Residualvarianz, der erwartete F-Wert ist Eins. Ist die Zwischenvarianz signifikant größer als die geschätzte Residualvarianz, so enthält sie offensichtlich nicht nur Residualvarianz, sondern auch systematische Varianz. Der F-Wert ist signifikant größer als Eins, es gibt einen systematischen Unterschied zwischen den untersuchten Gruppen. Die Varianzanalyse testet immer zweiseitig, die Alternativhypothese kann also nur unspezifisch überprüft werden. Die Signifikanzprüfung erfolgt über die Verteilung des F-Werts unter der Nullhypothese. Ist die Wahrscheinlichkeit des empirischen F-Werts kleiner als das festgelegte α-Niveau, oder ist der empirische F-Wert größer als der kritische, so ist das Ergebnis signifikant.

Da der t-Test ein Spezialfall der Varianzanalyse ist, treffen die bekannten Konzepte der Determinanten des statistischen Tests wie Effektstärke, Teststärke und Stichprobenumfangsplanung auf die Varianzanalyse ebenso zu. Auch für eine gut geplante ANOVA ist eine Stichprobenumfangsplanung erforderlich. Ist der Stichprobenumfang nicht geplant, so sollte bei einem signifikanten Ergebnis zur Abschätzung der inhaltlichen Bedeutsamkeit die Effektstärke berechnet werden. Bei einem nicht signifikanten Ergebnis ist für eine Annahme der Nullhypothese die Teststärke heranzuziehen.

Ein signifikantes Ergebnis der Varianzanalyse sagt lediglich aus, dass sich mindestens eine Stufe des Faktors von mindestens einer anderen unterscheidet. Post-Hoc-Analysen dienen zur Untersuchung der genauen Struktur der Mittelwertsunterschiede. Der Tukey HSD-Test bestimmt die kleinste noch signifikante Differenz zweier Mittelwerte und erlaubt so einen paarweisen Vergleich der untersuchten Gruppen bzw. Bedingungen.

Aufgaben zu Kapitel 5

Verständnisaufgaben

a) Was ist das Grundprinzip der Varianzanalyse?

b) Erklären Sie die Vorteile der ANOVA gegenüber mehreren t-Tests bei der Analyse von mehr als zwei Gruppen.

c) Welche Abweichungen werden von folgenden Varianzen betrachtet:

    1.) Gesamtvarianz
    2.) Systematische Varianz
    3.) Residualvarianz

d) Welche Varianzen müssen gleich sein, damit die Voraussetzung der Varianzhomogenität erfüllt ist?

e) Wie lautet der Erwartungswert der Varianz zwischen den Bedingungen?

f) Wie lauten die statistischen Hypothesen einer Varianzanalyse mit einem vierstufigen Faktor? Drücken Sie die Hypothesen sowohl über Mittelwerte als auch über Varianzen aus.

g) Welchen Wert sollte der F-Bruch bei Zutreffen der Nullhypothese theoretisch annehmen und warum?

h) Was ist der Unterschied zwischen einem Klassifikationsfaktor und einem Treatmentfaktor?

i) Wann und warum sind Post-Hoc-Analysen bei der Varianzanalyse notwendig?

j) Wie funktioniert die Post-Hoc-Analyse mit dem Tukey HSD-Test?

Anwendungsaufgaben

Aufgabe 1

Ein einfaktorieller Versuchsplan hat fünf Stufen auf dem Faktor A mit $n = 13$ Versuchspersonen pro Zelle. Wie lautet der kritische F-Wert bei $\alpha = 0,1$?

Aufgabe 2

Gegeben sei eine einfaktorielle Varianzanalyse mit vier Stufen und insgesamt 100 Versuchspersonen. Die inhaltliche Hypothese entspricht der H_0, das akzeptierte α-Niveau liegt bei 1%. Man legt fest: „Falls es einen Effekt gibt, so darf er maximal 5% betragen, um die Gültigkeit der H_0 nicht zu verletzen". Berechnen Sie die Teststärke des Haupteffekts.

Aufgabe 3

Wie viele Versuchspersonen braucht man insgesamt, um bei einer einfaktoriellen VA mit drei Stufen auf dem Faktor A einen Effekt von 25% mit 90%-iger Wahrscheinlichkeit zu finden, falls dieser tatsächlich existiert ($\alpha = 0,05$)?

Aufgabe 4

Vier Gruppen werden mit Hilfe einer einfaktoriellen Varianzanalyse miteinander verglichen. In jeder Gruppe befinden sich 20 Versuchspersonen.

a) Wie müssten die Daten der Versuchspersonen aussehen damit ein F-Wert von Null resultiert?
b) Wie müssten die Daten der Versuchspersonen aussehen, damit der F-Wert unendlich groß wird?
c) Wie groß muss der empirische F-Wert mindestens sein, damit die H_0 auf dem 5% Niveau verworfen werden kann?

Aufgabe 5

Die nachfolgende Tabelle zeigt die Werte von Versuchspersonen von vier unabhängigen Stichproben. Trotz der geringen Versuchspersonenanzahl soll mit einer einfaktoriellen ANOVA untersucht werden, ob sich die Mittelwerte der Stichproben unterscheiden.

Gruppe 1	Gruppe 2	Gruppe 3	Gruppe 4
2	5	9	3
6	4	8	5
5	7	12	1
1	2	6	4
6	7	5	2

Berechnen Sie die QS_{total}, die $QS_{zwischen}$ und die $QS_{innerhalb}$. Berechnen Sie die jeweiligen Freiheitsgrade, schätzen Sie die Varianzen, berechnen Sie den F-Wert und prüfen Sie ihn auf Signifikanz.

Aufgabe 6

Bei einer einfaktoriellen Varianzanalyse ergab sich folgendes Ergebnis:

Quelle der Variation	QS	df	MQS	F
Zwischen	140			
Innerhalb		397		
Total	2125	399		

a) Berechnen Sie die in der Tabelle fehlenden Werte. Ist das Ergebnis signifikant ($\alpha = 0{,}05$)?
b) Berechnen Sie den Effekt!
c) Erklären Sie die Diskrepanz zwischen dem großen F-Wert und dem kleinen Effekt.

Aufgabe 7

In einem Experiment wird der Einfluss von Stimmungen auf das Schätzen von Distanzen untersucht. Die Versuchspersonen dürfen sich ein in einiger Entfernung aufgestelltes Baustellenhütchen kurz anschauen, dann werden ihnen die Augen verbunden und sie müssen zu dem Platz laufen, an dem sie das Hütchen vermuten (das natürlich in der Zwischenzeit entfernt wird). Die abhängige Variable ist die prozentuale Abweichung der gelaufenen Strecke von der tatsächlichen Distanz. In jeder Gruppe befinden sich 18 Versuchspersonen, die Residualvarianz beträgt 62,8.

Ergebnis (in Prozent): $\quad \bar{x}_{positiv} = -6 \qquad \bar{x}_{neutral} = -11 \qquad \bar{x}_{negativ} = -13$

a) Berechnen Sie die „Varianz zwischen"!
b) Wird die einfaktorielle Varianzanalyse auf dem 5% Niveau signifikant?
c) Wie groß ist der empirische Effekt?
d) Prüfen Sie mit Hilfe des Tukey HSD-Tests, welche Gruppen sich signifikant voneinander unterscheiden.

Aufgabe 8

In einer Studie geht es um die Frage, wie gut Versuchspersonen emotionale Zustände in bestimmten Situationen vorhersagen können. Versuchspersonen wurden gefragt, ob sie bereits einmal von einem Partner oder einer Partnerin verlassen worden sind. Die „Verlassenen" wurden nach der zeitlichen Entfernung der Trennung in „frisch Verlassene" und „alte Verlassene" eingeteilt und befragt, wie sie sich im Moment fühlen. Die Versuchspersonen, die noch nie verlassen wurden (die „Glücklichen") wurden gefragt, wie sie sich fühlen würden, nachdem sie von einem Partner oder einer Partnerin verlassen worden wären. Die abhängige Variable ist die Positivität der Emotion. Es ergaben sich folgende Ergebnisse:

Frisch Verlassene (n = 36)	Alte Verlassene (n = 302)	Vorhersage der Glücklichen (n = 194)
5,42	5,46	3,89

$\hat{\sigma}^2_{innerhalb} = 1,6$; $\hat{\sigma}^2_{zwischen} = 151,43$

a) Wird das Ergebnis signifikant ($\alpha = 0,05$; $df_{innerhalb} = (n_1 - 1) + (n_2 - 1) + (n_3 - 1)$?
b) Wie groß ist der Effekt?
c) Wie viele Versuchspersonen wären notwenig gewesen, um einen Effekt der Größe $\Omega^2 = 0,25$ mit einer Wahrscheinlichkeit von 90% zu finden?

6 Zweifaktorielle Varianzanalyse

Im vorherigen Kapitel haben wir den Einfluss eines Faktors auf eine abhängige Variable untersucht. Menschliches Verhalten wird aber fast immer von mehr als einem Faktor bestimmt. Deshalb interessiert Sozialwissenschaftler oft die Wirkung von nicht nur einem, sondern mehreren Faktoren auf eine abhängige Variable. Von ganz besonderem Interesse ist ein mögliches Zusammenwirken der betrachteten Faktoren, das als Wechselwirkung zwischen zwei Faktoren bezeichnet wird. Weiterhin kann das Hinzuziehen eines zusätzlichen Faktors versuchsplanerische Gründe haben: Bei gegebenem systematischen Einfluss erklärt ein zusätzlicher Faktor einen Teil der Residualvarianz. Durch die Verkleinerung des unaufgeklärten Varianzanteils hebt sich ein möglicher Effekt des eigentlich interessierenden Faktors stärker heraus. Außerdem ist die gleichzeitige Betrachtung mehrerer Faktoren ökonomisch, da die Erhebung von Versuchspersonen oft sehr aufwändig ist.

Für das in den vorangehenden Kapiteln betrachtete Gedächtnisexperiment (vgl. Einleitung in Band I) wäre ein denkbarer zweiter Faktor z.B. das Geschlecht: Gibt es einen generellen Unterschied in der Erinnerungsleistung zwischen Frauen und Männern? Oder reagieren Frauen nur in einer bestimmten Stufe der Verarbeitungstiefe, etwa in der strukturellen Verarbeitung, anders als Männer? Derartige Problemstellungen lassen sich mit der zweifaktoriellen Varianzanalyse bearbeiten und auswerten.

Die meisten Erkenntnisse aus Kapitel 5 können wir in dieses Kapitel übertragen. Neu ist allerdings das Konzept der Wechselwirkung zwischen zwei Faktoren. Höherfaktorielle Varianzanalysen sind nicht mehr Teil dieses Buches. Sie lassen sich aber aufgrund der Ähnlichkeit mit den hier vorgestellten Konzepten verstehen.

Zu Beginn dieses Kapitels erfolgt eine kurze Darstellung der Bezeichnungen in einer zweifaktoriellen ANOVA. Auch sie ist zu Teilen schon bekannt aus dem vorangehenden Kapitel 5.

6.1 Nomenklatur

In einer zweifaktoriellen Varianzanalyse wird der erste betrachtete Faktor mit dem Buchstaben A, der zweite Faktor mit B gekennzeichnet. Welche inhaltliche Variable diesen Buchstaben zugeordnet wird, ist gleichgültig. Die Angabe der Stufenanzahl der Faktoren erfolgt durch zwei unterschiedliche Indizes:

- Faktor A hat p Stufen (Laufindex i)

- Faktor B hat q Stufen (Laufindex j)

Eine Beschreibung der verwendeten Auswertungsmethode in der Literatur beinhaltet immer auch die Angabe der Stufenanzahl der betrachteten Faktoren. Bei einer zweifaktoriellen ANOVA lautet die Bezeichnung:

- p×q Varianzanalyse

Jeder dieser p×q Stufenkombinationen oder Zellen werden n Versuchspersonen zugeordnet. Das kleine n gibt die Anzahl der Versuchspersonen pro Zelle an. Ist n in jeder Zelle gleich groß, so ergibt sich die Gesamtanzahl der Versuchspersonen zu $N = p \cdot q \cdot n$.

In einer Tabelle einer zweifaktoriellen Varianzanalyse stehen üblicherweise nicht alle Werte der einzelnen Versuchspersonen, sondern es werden nur die Mittelwerte der Zellen angegeben. Beim Umgang mit dieser Art der Darstellung ist immer zu bedenken, dass die Zahlen in den Zellen Mittelwerte sind und sich hinter diesen Mittelwerten immer die Werte mehrerer Versuchspersonen verbergen. Tabelle 6.1 zeigt die allgemeine Darstellung einer zweifaktoriellen Varianzanalyse. Zum Aufbau: Faktor A wird im Gegensatz zum einfaktoriellen Fall (siehe z.B. Tabelle 5.3) nun als Zeilenfaktor eingeführt, Faktor B kommt als Spaltenfaktor hinzu. Für die Nummerierung der Indizes gilt das Prinzip „Zeile vor Spalte".

Bezeichnungen der Mittelwerte:

- Mittelwerte der einzelnen Stufen des Faktors A: $\overline{A}_i$

- Mittelwerte der Stufen des Faktors B: $\overline{B}_j$

- Zellmittelwerte der Kombination der Faktorstufen: $\overline{AB}_{ij}$.

Bedingung	B_1	B_2	...	B_q	
A_1	$\overline{AB}_{11}$	$\overline{AB}_{12}$	...	$\overline{AB}_{1q}$	$\overline{A}_1$
A_2	$\overline{AB}_{21}$	$\overline{AB}_{22}$	...	$\overline{AB}_{2q}$	$\overline{A}_2$
...	...	...	...	...	...
A_p	$\overline{AB}_{p1}$	$\overline{AB}_{p2}$	...	$\overline{AB}_{pq}$	$\overline{A}_p$
	$\overline{B}_1$	$\overline{B}_2$	...	$\overline{B}_q$	$\overline{G}$

Tabelle 6.1. Allgemeine Darstellung von Zellmittelwerten in einer zweifaktoriellen Varianzanalyse

Zur Veranschaulichung betrachten wir wieder den Beispieldatensatz des Gedächtnisexperiments aus Kapitel 5.2. Zusätzlich zu dem Faktor „Verarbeitungstiefe" fügen wir den Faktor „Geschlecht" hinzu. Der Faktor „Verarbeitungstiefe" ist als Faktor A gekennzeichnet und hat p = 3 Stufen. Der Faktor „Geschlecht" (B) hat q = 2 Stufen (männlich/weiblich). Die verwendete Auswertungsmethode ist demzufolge eine 3×2 Varianzanalyse. Um die Darstellung einfach zu halten, ordnen wir jeder Zelle nur 2 Versuchspersonen zu. Die Größe der Gesamtstichprobe ist also N = p · q · n = 3 · 2 · 2 = 12. Die Versuchspersonen erzielten die folgenden Werte (Tab. 6.2):

Bedingung	männlich	weiblich	Mittelwerte
strukturell	7 8	6 7	7
bildhaft	10 11	11 12	11
emotional	11 12	12 13	12
Mittelwerte	9,83	10,17	10

Tabelle 6.2. Messwerte des Beispieldatensatzes des Erinnerungsexperiments mit N = 12

Die allgemeine Schreibweise einer 3×2 Varianzanalyse angewandt auf das Zahlenbeispiel der vorangehenden Seite zeigt Tabelle 6.3:

Bedingung	B_1: männlich	B_2: weiblich	Mittelwerte
A_1: strukturell	$\overline{AB}_{11} = 7,5$	$\overline{AB}_{12} = 6,5$	$\overline{A}_1 = 7$
A_2: bildhaft	$\overline{AB}_{21} = 10,5$	$\overline{AB}_{22} = 11,5$	$\overline{A}_2 = 11$
A_3: emotional	$\overline{AB}_{31} = 11,5$	$\overline{AB}_{32} = 12,5$	$\overline{A}_3 = 12$
Mittelwerte	$\overline{B}_1 = 9,83$	$\overline{B}_2 = 10,17$	$\overline{G} = 10$

Tabelle 6.3. Darstellung der Zellmittelwerte einer 3×2 Varianzanalyse mit den Beispieldaten

Hinter jedem Zellmittelwert verbergen sich in diesem Beispiel jeweils die Werte von zwei Versuchspersonen.

Diese Tabelle macht deutlich, dass es in einer zweifaktoriellen Varianzanalyse viele Mittelwerte gibt, deren Unterschiede auf Signifikanz überprüft werden müssen.

Zum einen können sich die Gruppenmittelwerte des Faktors A unterscheiden. Ebenso ist ein Unterschied der Gruppenmittelwerte des Faktors B denkbar. Und drittens ist eine Prüfung des zusätzlichen Zusammenwirkens spezieller Stufen der beiden Faktoren nötig. Eine solche Wechselwirkung zwischen A und B zeigt sich in dem Vergleich der Unterschiede zwischen den Zellmittelwerten über die verschiedenen Stufen des Faktors A oder B (siehe nächsten Abschnitt).

6.2 Effektarten

Die zweifaktorielle Varianzanalyse entspricht in ihrer Vorgehensweise der bereits bekannten einfaktoriellen ANOVA: Sie überprüft Mittelwertsunterschiede mit dem F-Test auf Signifikanz. Allerdings gibt es nun durch das Hinzufügen eines weiteren Faktors insgesamt drei Arten von Mittelwertsunterschieden (vgl. Tab. 6.1):

1. Mittelwertsunterschiede in den Stufen des Faktors A ($\overline{A}_i$)

2. Mittelwertsunterschiede in den Stufen des Faktors B ($\overline{B}_j$)

3. Mittelwertsunterschiede in den Bedingungskombinationen ($\overline{AB}_{ij}$), die nicht durch 1. und 2. erklärbar sind.

Bei einer zweifaktoriellen Varianzanalyse lassen sich deshalb drei Effekte unterscheiden: der Haupteffekt A, der Haupteffekt B und die Wechselwirkung der beiden Faktoren A×B.

Haupteffekt A

Der Haupteffekt A kennzeichnet den Einfluss des Faktors A auf die AV unabhängig von Faktor B. Er beschreibt die Unterschiede zwischen den Stufenmittelwerten des Faktors A, gemittelt über die Stufen des Faktors B. Der Haupteffekt A entspricht also in der Interpretation und den Mittelwerten dem bekannten Haupteffekt A der einfaktoriellen Varianzanalyse aus Kapitel 5. Unabhängig vom Geschlecht ist es hier weiterhin möglich, den Einfluss der Verarbeitungstiefe auf die Erinnerungsleistung zu betrachten. In Tabelle 6.2 ist zu erkennen, dass sich an den Mittelwerten des Faktors A (Verarbeitungstiefe) im Vergleich zur einfaktoriellen ANOVA nichts geändert hat (Kap. 5.2).

Haupteffekt B

Der Haupteffekt B kennzeichnet den Einfluss des Faktors B auf die AV unabhängig von Faktor A. Er beschreibt die Unterschiede zwischen den Stufenmittelwerten des Faktors B gemittelt über die Stufen des Faktors A. Dies entspricht einer einfaktoriellen Betrachtungsweise des Faktors B. Unabhängig vom Faktor „Verarbeitungstiefe" ist es nun zusätzlich möglich, die Erinnerungsleistung von Frauen und Männern zu vergleichen.

In der zweifaktoriellen Varianzanalyse gibt es drei Arten von Effekten:
- Haupteffekt A
- Haupteffekt B
- Wechselwirkung A×B

Der Haupteffekt A beschreibt den Einfluss des Faktors A auf die Messwerte.

Der Haupteffekt B beschreibt den Einfluss des Faktors B auf die Messwerte.

Die Wechselwirkung beschreibt den Einfluss der Kombination bestimmter Stufen der Faktoren A und B, der nicht durch die Wirkung der Faktoren allein zu erklären ist.

Abb. 6.1. Zerlegung der Gesamtvarianz in einer zweifaktoriellen Varianzanalyse ohne Messwiederholung

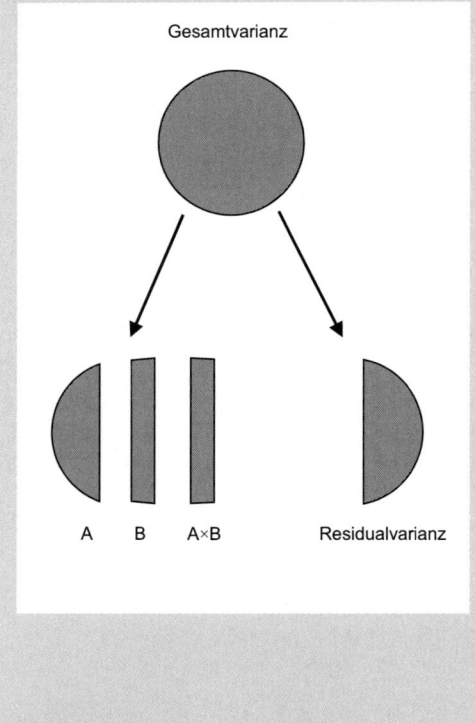

Wechselwirkung A×B

Die Wechselwirkung A×B oder Interaktion beschreibt den gemeinsamen Einfluss von bestimmten Stufen der zwei Faktoren auf die AV. Sie erfasst das Zusammenwirken von Faktorstufen. Mit anderen Worten: Die Interaktion verzeichnet die Einflüsse auf die AV, die nur durch die gemeinsame und gleichzeitige Wirkung zweier Faktorstufen entstehen und die nicht durch den generellen Einfluss der zwei Faktoren erklärt werden können. Mit anderen Worten: Es wird überprüft, ob die Wirkung des Faktors A auf allen Stufen des Faktors B identisch ist oder nicht, bzw. ob die Wirkung des Faktors B auf allen Stufen des Faktors A identisch ist oder nicht. Die Wechselwirkung ist deshalb unabhängig von den zwei Haupteffekten. Sie berechnet die Unterschiede zwischen den beobachteten Zellmittelwerten und den aufgrund der Haupteffekte erwarteten Werten.

Haupteffekt A, Haupteffekt B und Wechselwirkung sind voneinander unabhängig und können deshalb auch getrennt voneinander untersucht werden. Jeder Effekt kann allein oder in Kombination mit einem oder beiden anderen Effekten in einer Untersuchung auftreten.

6.2.1 Prüfung der Effekte

Die Prüfung der Effekte auf Signifikanz erfordert eine Zerlegung der Gesamtvarianz (Abb. 6.1). In der zweifaktoriellen Varianzanalyse teilt sich die Gesamtvarianz ebenfalls in systematische Varianz und Residualvarianz auf. Allerdings wird die systematische Varianz nicht mehr allein durch einen Haupteffekt A erzeugt, sondern der Haupteffekt B und die Wechselwirkung A×B treten hinzu. Die systematische Varianz enthält also auf Populationsebene drei Komponenten bzw. Effektvarianzen:

$$\sigma_{sys}^2 = \sigma_{\alpha}^2 + \sigma_{\beta}^2 + \sigma_{\alpha \times \beta}^2$$

Um die drei in der systematischen Varianz enthaltenen Effekte getrennt voneinander untersuchen zu können, benötigen wir drei Schätzer. Wie bereits bei der einfaktoriellen Varianzanalyse ist die Residualvarianz in den einzelnen Schätzern der Effektvarianz mit enthalten. Es gibt neben der globalen Zwischenvarianz nun Zwischenvarianzen zu jedem der drei möglichen Effekte.

Zur Unterscheidung bezeichnen wir diese drei Zwischenvarianzen mit den jeweiligen Buchstaben der zugehörigen Effekte A, B oder A×B. In den Erwartungswerten ist jeweils die Effektvarianz zur Residualvarianz addiert. Die Erwartungswerte der geschätzten Varianzen lauten:

- Haupteffekt A:

$$E(\hat{\sigma}_A^2) = n \cdot q \cdot \sigma_\alpha^2 + \sigma_\varepsilon^2$$

- Haupteffekt B:

$$E(\hat{\sigma}_B^2) = n \cdot p \cdot \sigma_\beta^2 + \sigma_\varepsilon^2$$

- Wechselwirkung A×B:

$$E(\hat{\sigma}_{A \times B}^2) = n \cdot \sigma_{\alpha \times \beta}^2 + \sigma_\varepsilon^2$$

Die Prüfvarianz wird wie bei der einfaktoriellen Varianzanalyse aus der „Varianz innerhalb" bzw. Residualvarianz geschätzt.

- Prüfvarianz:

$$E(\hat{\sigma}_{Res}^2) = \sigma_\varepsilon^2$$

Die drei geschätzten Zwischenvarianzen enthalten neben der Effektvarianz immer auch Residualvarianz.

Die Signifikanzprüfung der einzelnen Effekte verläuft nach dem bereits bekannten Grundprinzip der F-Bruchbildung (Kap. 5.2.7): Der F-Bruch muss so gebildet werden, dass sich der Erwartungswert der Varianz im Zähler nur in dem gesuchten Effekt von dem Erwartungswert der Nennervarianz unterscheidet. So lässt sich mit Hilfe der oben vorgestellten Erwartungswerte der Varianzen für jeden der drei Effekte ein F-Bruch konstruieren, der dieser Bedingung genügt (für die Herleitung vgl. Kap. 5.2.7).

Die Zwischenvarianzen werden einzeln an der geschätzten Residualvarianz auf Signifikanz geprüft.

- Haupteffekt A:

$$F_{A(df_A; df_{Res})} = \frac{\hat{\sigma}_A^2}{\hat{\sigma}_{Res}^2} \qquad \text{mit } df_A = p - 1$$

- Haupteffekt B:

$$F_{B(df_B; df_{Res})} = \frac{\hat{\sigma}_B^2}{\hat{\sigma}_{Res}^2} \qquad \text{mit } df_B = q - 1$$

- Wechselwirkung A×B:

$$F_{A \times B(df_{A \times B}; df_{Res})} = \frac{\hat{\sigma}^2_{A \times B}}{\hat{\sigma}^2_{Res}} \qquad \text{mit } df_{A \times B} = (p - 1) \cdot (q - 1)$$

Die Nennerfreiheitsgrade berechnen sich zu: $df_{Res} = p \cdot q \cdot (n - 1)$

Die Prüfung auf Signifikanz erfolgt anhand der Tabellen E in Band I, in denen die Wahrscheinlichkeiten der jeweiligen F-Werte unter Annahme der Nullhypothese in Abhängigkeit von Zähler- und Nennerfreiheitsgraden abgetragen sind. Der folgende Abschnitt erläutert ausführlich die genaue Durchführung sowie die Berechnung der einzelnen Varianzen. Er behandelt die einzelnen Tests der drei Effekte in einer zweifaktoriellen Varianzanalyse, ihre Nullhypothesen, die Berechnung der Varianzen mit Hilfe der Quadratsummen und ihren Freiheitsgraden sowie die Bestimmung der Wahrscheinlichkeit der F-Werte. Als illustrierendes Beispiel dient uns wieder das bekannte Gedächtnisexperiment.

6.2.2 Die Schätzung der Residualvarianz

Auch in der zweifaktoriellen Varianzanalyse schätzt die „Varianz innerhalb" die Residualvarianz. Sie ist wie bei der einfaktoriellen ANOVA ein Maß für die mittlere quadrierte Abweichung der einzelnen Personenwerte von ihrem Gruppenmittelwert. Sie berechnet sich aus der Abweichung jedes einzelnen Wertes von seinem jeweiligen Zellmittelwert. Diese Varianzen werden addiert und durch die Anzahl der Zellen geteilt, also ihr Mittelwert gebildet. Das Ergebnis heißt „Varianz innerhalb" bzw. geschätzte Residualvarianz.

Die Residualvarianz in der Population wird durch die durchschnittliche Varianz innerhalb der Bedingungskombinationen geschätzt.

$$\hat{\sigma}^2_{Res} = \hat{\sigma}^2_{innerhalb} = \frac{\hat{\sigma}^2_{11} + \hat{\sigma}^2_{12} + ... + \hat{\sigma}^2_{1q} + \hat{\sigma}^2_{21} + ... + \hat{\sigma}^2_{pq}}{p \cdot q}$$

Nach der mathematischen Voraussetzung der Varianzhomogenität sollten die Residualvarianzen in jeder Zelle bzw. Bedingungskombination theoretisch gleich groß sein. Da sie das empirisch meistens nicht genau sind, wird hier zur Schätzung der Residualvarianz die durchschnittliche Varianz innerhalb der Zellen gebildet.

Wie ergeben sich die Freiheitsgrade der geschätzten Residualvarianz in einer zweifaktoriellen Varianzanalyse? Jede einzelne

Residualvarianz innerhalb einer Zelle hat $n - 1$ Freiheitsgrade, d.h. $n - 1$ Summanden können pro Zellvarianz frei variieren. Insgesamt hat die geschätzte Residualvarianz deshalb folgende Freiheitsgrade:

$$df_{Res} = p \cdot q \cdot (n - 1)$$

Auch in diesem Kapitel sollen analog zu Kapitel 5 die Berechnungen der einzelnen Varianzen über die Quadratsummen vorgestellt werden. Zuerst erfolgt die Aufspaltung der einzelnen Residualvarianzen aus der obigen Formel in Quadratsummen und Freiheitsgrade. Unter der Annahme, dass die Anzahl der Versuchspersonen in jeder Gruppe gleich ist, lässt sich n-1 mit in den Nenner aufnehmen:

$$\hat{\sigma}_{Res}^2 = \frac{\dfrac{QS_{11}}{n-1} + \dfrac{QS_{12}}{n-1} + ... + \dfrac{QS_{pq}}{n-1}}{p \cdot q} = \frac{\displaystyle\sum_{i=1}^{p}\sum_{j=1}^{q} QS_{ij}}{p \cdot q \cdot (n-1)}$$

Durch Einsetzen der Formel der Quadratsumme ergibt sich die Berechnung der geschätzten Residualvarianz folgendermaßen:

$$\hat{\sigma}_{Res}^2 = \frac{\displaystyle\sum_{i=1}^{p}\sum_{j=1}^{q}\sum_{m=1}^{n}(x_{ijm} - \overline{AB}_{ij})^2}{p \cdot q \cdot (n-1)} = \frac{QS_{Res}}{df_{Res}}$$

Der Zähler dieses Bruches, die QS_{Res} drückt aus, dass von jedem Messwert sein jeweiliger Zellmittelwert abgezogen wird. Das geschieht innerhalb jeder Zelle, also jeder Kombination der Faktorstufen. Zur Veranschaulichung berechnen wir die geschätzte Residualvarianz aus obigem Beispiel. Die Werte entstammen den Tabellen 6.2 und 6.3.

$$\hat{\sigma}_{Res}^2 = \frac{(7-7,5)^2 + (8-7,5)^2 + (6-6,5)^2 + ... + (13-12,5)^2}{3 \cdot 2 \cdot (2-1)}$$

$$\hat{\sigma}_{Res}^2 = \frac{0,25 + 0,25 + 0,25 + ... + 0,25}{6} = 0,5$$

Die Freiheitsgrade belaufen sich zu $df_{Res} = 3 \cdot 2 \cdot (2-1) = 6$

Schätzung der Residualvarianz über ihre Quadratsumme und Freiheitsgrade

6.2.3 Prüfung des Haupteffekts A auf Signifikanz

Der vom Faktor B unabhängige systematische Einfluss des Faktors A auf die AV heißt Haupteffekt A. Die Nullhypothese dieses Haupteffekts lautet bei p Stufen des Faktors A (analog zur einfaktoriellen ANOVA): Alle Populationsmittelwerte der Stufen des Faktors A (gemittelt über die Stufen des Faktors B) sind gleich:

Hypothesenpaar zum Haupteffekt A

H_0: $\mu_1 = \mu_2 = ... = \mu_p$

H_1: $\neg H_0$

Die Hypothesen lassen sich auch über Varianzen ausdrücken:

H_0: $\sigma_\alpha^2 = 0$

H_1: $\sigma_\alpha^2 > 0$

Die Alternativhypothese ist wie bei allen Varianzanalysen zweiseitig formuliert, da Varianzen aufgrund ihrer Quadrierung nur positive Werte annehmen können und so keine Aussage über die Richtung der Abweichungen zulassen. Der F-Bruch für die Prüfung des Haupteffekts A ist (siehe Kap. 6.2.1):

F-Bruch für den Haupteffekt A

$$F_{A(df_A; df_{Res})} = \frac{\hat{\sigma}_A^2}{\hat{\sigma}_{Res}^2}$$

Trifft die Nullhypothese zu, so sollte der F-Wert den Wert Eins annehmen, da die geschätzte Varianz des Haupteffekts A unter dieser Annahme nur aus Residualvarianz besteht. Allerdings können die Mittelwerte zufällig variieren und so die Zwischenvarianz des Faktors A erhöhen. Die F-Verteilung der Nullhypothese gibt Auskunft, wie wahrscheinlich ein empirischer F-Wert unter Annahme der Nullhypothese ist. Ist er hinreichend unwahrscheinlich, wird die Nullhypothese verworfen und die Alternativhypothese angenommen. Der Haupteffekt A ist signifikant. Ein signifikanter Haupteffekt A bedeutet, dass der Faktor A (mit einer tolerierten Fehlerwahrscheinlichkeit) in irgendeiner Weise einen systematischen Einfluss auf die abhängige Variable hat.

Die Berechnung im Einzelnen:

$\hat{\sigma}_A^2$ resultiert aus der QS_A und ihren Freiheitsgraden:

$$\hat{\sigma}_A^2 = \frac{QS_A}{df_A}$$

Die Quadratsumme des Faktors A entspricht der quadrierten Abweichung der Mittelwerte in den Stufen des Faktors A vom Gesamtmittelwert, multipliziert mit n und der Anzahl der Bedingungen des Faktors B:

$$QS_A = \sum_{i=1}^{p} n \cdot q \cdot (\overline{A_i} - \overline{G})^2$$

Die Freiheitsgrade ergeben sich aus der Anzahl der Summanden der QS_A minus Eins. Die Anzahl der Summanden entspricht der Anzahl der Stufen des Faktors A:

$$df_A = p - 1$$

In unserem Beispiel hat der Faktor A „Verarbeitungstiefe" p = 3 Stufen. Wir wollen die Frage prüfen, ob die Verarbeitungsbedingung einen systematischen Einfluss auf die Erinnerungsleistung hat. Die abhängige Variable ist die Anzahl erinnerter Wörter.

Die Nullhypothese behauptet, dass die Versuchspersonen in allen drei Bedingungen im Mittel die gleiche Anzahl Wörter erinnern. Die Alternativhypothese nimmt an, dass sie in den drei Bedingungen unterschiedlich viele Wörter erinnern.

Schätzung der Zwischenvarianz des Faktors A über die Quadratsummen und Freiheitsgrade

Das Hypothesenpaar des Haupteffekts A, ausgedrückt in Mittelwerten, lautet deshalb (siehe auch oben):

H_0: $\mu_{strukturell} = \mu_{bildhaft} = \mu_{emotional}$

H_1: $\neg H_0$

Die Hypothesen, ausgedrückt in Varianzen:

H_0: $\sigma_\alpha^2 = 0$

H_1: $\sigma_\alpha^2 > 0$

Mit diesen Informationen lässt sich die Zwischenvarianz für den Haupteffekt A berechnen:

$$\hat{\sigma}_A^2 = \frac{QS_A}{df_A} = \frac{\sum_{i=1}^{p} n \cdot q \cdot (\overline{A}_i - \overline{G})^2}{p-1}$$

$$\hat{\sigma}_A^2 = \frac{2 \cdot 2 \cdot [(7-10)^2 + (11-10)^2 + (12-10)^2]}{3-1} = 28$$

Die Freiheitsgrade ergeben sich zu $df_A = p - 1 = 2$.

Die geschätzte Residualvarianz in unserem Beispiel beträgt:

$\hat{\sigma}_{Res}^2 = 0{,}5$ (Rechnung in Kap. 6.2.2)

Es resultiert folgender F-Bruch:

$$F_{A(2;6)} = \frac{\hat{\sigma}_A^2}{\hat{\sigma}_{Res}^2} = \frac{28}{0{,}5} = 56$$

Die Wahrscheinlichkeit, dass ein F-Wert von $F_{(2;6)} = 56$ unter Gültigkeit der Nullhypothese auftritt, ist $p < 0{,}001$. Diese Wahrscheinlichkeit ist kleiner als das von uns a priori festgesetzte α-Niveau von 5%. Oder anders betrachtet: Der empirische F-Wert ist größer als der kritische F-Wert von $F_{(2;6)} = 5{,}14$. Das Ergebnis ist signifikant. Wir können die Nullhypothese verwerfen und die Alternativhypothese annehmen: Die Verarbeitungstiefe hat einen (irgendwie gearteten) Einfluss auf die Anzahl der Wörter, die die Versuchspersonen erinnern. Es bleibt weiteren Analysen überlassen, die genaue Struktur des systematischen Einflusses von Faktor A zu untersuchen, über die die bloße Feststellung eines signifikanten Haupteffekts keinerlei Aussage macht.

Das Ergebnis entspricht nicht genau der in Kapitel 5 ermittelten Wahrscheinlichkeit des Haupteffekts A aus der einfaktoriellen Varianzanalyse. Das liegt an der Veränderung der Größe der Residualvarianz beim Hinzuziehen eines weiteren Faktors. Die Zusammenhänge zwischen dem Einbezug mehrerer Faktoren in eine Auswertung und der Veränderung der Residualvarianz erläutert Abschnitt 6.6. Die Zwischenvarianz des Faktors A ist trotz Hinzufügen weiterer Faktoren immer mit der „Varianz zwischen" im einfaktoriellen Fall identisch.

6.2.4 Prüfung des Haupteffekts B auf Signifikanz

Der vom Faktor A unabhängige systematische Einfluss des Faktors B auf die AV heißt Haupteffekt B. Die Prüfung des Haupteffekts B erfolgt nach demselben Muster wie die im vorangehenden Abschnitt erläuterte Prüfung des Haupteffekts A. Die Nullhypothese dieses Haupteffekts lautet bei q Stufen des Faktors B: Alle Populationsmittelwerte der Stufen des Faktors B (gemittelt über die Stufen des Faktors A) sind gleich:

$H_0:$ $\quad \mu_1 = \mu_2 = ... = \mu_q$ $\qquad$ oder $\quad \sigma_\beta^2 = 0$

$H_1:$ $\quad \neg H_0$ $\qquad\qquad$ oder $\quad \sigma_\beta^2 > 0$

Hypothesenpaar zum Haupteffekt B

Bildung des F-Bruchs:

$$F_{B(df_B; df_{Res})} = \frac{\hat{\sigma}_B^2}{\hat{\sigma}_{Res}^2}$$

F-Bruch für den Haupteffekt B

Schätzung der Zwischenvarianz des
Haupteffekts B durch Quadratsumme
und Freiheitsgrade

Die Berechnung der Zwischenvarianz des Faktors B durch die Quadratsumme und Freiheitsgrade verläuft nach folgendem Muster:

$$\hat{\sigma}_B^2 = \frac{QS_B}{df_B}$$

$$QS_B = \sum_{j=1}^{q} n \cdot p \cdot (\overline{B}_j - \overline{G})^2 \qquad df_B = q - 1$$

In unserem Beispiel hat der Faktor B „Geschlecht" $q = 2$ Stufen. Gibt es einen bedeutsamen Unterschied in der Erinnerungsleistung zwischen Männern und Frauen? Die abhängige Variable ist ebenfalls die Anzahl erinnerter Wörter. Die Nullhypothese geht davon aus, dass Männer und Frauen im Durchschnitt gleich viele Wörter erinnern, die Alternativhypothese behauptet das Nichtzutreffen dieser Aussage.

H_0: $\mu_{männlich} = \mu_{weiblich}$ \qquad oder \quad $\sigma_\beta^2 = 0$

H_1: $\mu_{männlich} \neq \mu_{weiblich}$ \qquad oder \quad $\sigma_\beta^2 > 0$

Auch die Berechnung der Zwischenvarianz des Faktors B verläuft analog zu der von Faktor A im letzten Abschnitt:

$$\hat{\sigma}_B^2 = \frac{QS_B}{df_B}$$

$$\hat{\sigma}_B^2 = \frac{\sum_{i=1}^{q} n \cdot p \cdot (\overline{B}_j - \overline{G})^2}{q - 1} = \frac{2 \cdot 3 \cdot [(9{,}83 - 10)^2 + (10{,}17 - 10)^2]}{2 - 1} = 0{,}35$$

$df_B = q - 1$

$$\hat{\sigma}_{Res}^2 = 0{,}5$$

$$F_{B(1;6)} = \frac{\hat{\sigma}_B^2}{\hat{\sigma}_{Res}^2} = \frac{0{,}35}{0{,}5} = 0{,}7$$

Der empirische F-Wert $F_{(1;6)} = 0,7$ ist kleiner als Eins. Ein F-Wert von Eins bedeutet, dass kein systematischer Einfluss des betrachteten Faktors vorliegt, die Zwischenvarianz besteht ausschließlich aus Residualvarianz (Kap. 5.2.5). In der Theorie ist ein F-Wert kleiner als Eins nicht möglich. Durch das Arbeiten mit Schätzern und deren Ungenauigkeiten kann ein solches Ergebnis aber in der Empirie durchaus vorkommen, wie an der Verteilung der F-Werte in Kapitel 5.2.8 deutlich zu sehen ist. Ein empirischer F-Wert von kleiner Eins ist aber per definitionem niemals statistisch signifikant. Der kritische F-Wert liegt bei einem Signifikanzniveau von 5% bei $F_{krit(1;6)} = 5,99$. Trotz dieser deutlichen Nicht-Signifikanz muss vor der Ablehnung der Nullhypothese die Berechnung der Teststärke erfolgen. Die Vorgehensweise dafür erläutert Kapitel 6.3.2.

6.2.5 Prüfung der Wechselwirkung A×B auf Signifikanz

Die Wechselwirkung A×B entspricht dem Effekt, der durch das Zusammenwirken bestimmter Stufen der beiden Faktoren auf die abhängige Variable ausgeübt wird. Sie beschreibt jene Variabilität der Zellmittelwerte, die nicht durch die zwei Haupteffekte A und B erklärt werden kann. Mit anderen Worten: Die Wechselwirkung betrachtet die Abweichungen der beobachteten Zellmittelwerte von den aufgrund der Haupteffekte zu erwartenden Zellmittelwerte. Eine solche Abweichung entsteht durch einen Einfluss auf die abhängige Variable, der allein auf die Kombination bestimmter Stufen der Faktoren A und B zurückzuführen ist.

Eine derartige Wechselwirkung bestünde in unserem Beispieldatensatz z.B. dann, wenn Frauen bei struktureller Verarbeitung signifikant bessere Erinnerungsleistungen zeigen würden als Männer, in den anderen Verarbeitungsbedingungen jedoch nicht. Diese inhaltliche Aussage beschreibt die Wechselwirkung des Faktors A „Verarbeitungstiefe" mit dem Faktor B „Geschlecht".

Welche Werte sind aufgrund der Haupteffekte zu erwarten? Um diese Frage beantworten zu können, ist es notwendig, die Wirkung der Faktoren im Einzelnen zu betrachten. Jede Stufe eines Faktors verkörpert eine andere Manipulation und kann so einen bestimmten Einfluss auf die Abweichung der Werte vom Gesamtmittelwert nehmen. Die Größe dieses Einflusses wird durch die Differenz des

Gruppenmittelwerts vom Gesamtmittelwert geschätzt.

$$\hat{\alpha}_i = \overline{A}_i - \overline{G}$$

Auf jede Zelle wirkt aber auch die jeweilige Stufe des Faktors B:

$$\hat{\beta}_j = \overline{B}_j - \overline{G}$$

Welche Werte erwarten wir in jeder einzelnen Zelle? Zunächst ist der Gesamtmittelwert G der beste Schätzer. Wir wissen allerdings zusätzlich um den Einfluss der Haupteffekte der Faktoren A und B auf die Zellen des Versuchsplans. Folglich addieren wir diese zum Gesamtmittelwert, um die erwarteten Werte für den Fall zu erhalten, dass es keine weiteren Einflussfaktoren auf jeden einzelnen Wert außer den Haupteffekten gibt:

$$\overline{AB}_{ij(erwartet)} = \overline{G} + \hat{\alpha}_i + \hat{\beta}_j = \overline{G} + (\overline{A}_i - \overline{G}) + (\overline{B}_j - \overline{G}) = \overline{A}_i + \overline{B}_j - \overline{G}$$

Zur Bestimmung der erwarteten Zellmittelwerte betrachten wir wieder die Tabelle 6.3. Sie geht in der folgenden Tabelle 6.4 auf, ergänzt um die jeweils in den Zellen aufgrund der Haupteffekte erwarteten Werte (in Klammern).

Tabelle 6.4. Beobachtete und aufgrund der Haupteffekte erwartete Zellmittelwerte in Klammern

Bedingung	männlich	weiblich	
strukturell	7,5 (6,83)	6,5 (7,17)	7
bildhaft	10,5 (10,83)	11,5 (11,17)	11
emotional	11,5 (11,83)	12,5 (12,17)	12
Mittelwerte	9,83	10,17	10

Die Berechnung erfolgt gemäß obiger Gleichung durch die Addition der jeweiligen Stufenmittelwerte beider Faktoren minus dem Gesamtmittelwert. So ergibt sich der erwartete Mittelwert für Männer in der strukturellen Verarbeitungsbedingung zu

$$\overline{AB}_{11(erwartet)} = 7 + 9{,}83 - 10 = 6{,}83 \, .$$

Die Abweichungen der erwarteten von den beobachteten Werten ist in Abbildung 6.2 graphisch dargestellt.

Die beobachteten Zellmittelwerte weichen von den aufgrund der Haupteffekte erwarteten Werten ab. Möglicherweise liegt eine Wechselwirkung zwischen dem Geschlecht und der Verarbeitungsbedingung vor. D.h. es könnte sein, dass sich Männer in einer bestimmten Stufe der Verarbeitungsbedingungen in ihrer Erinnerungsleistung von Frauen unterschieden. Doch ist diese Abweichung statistisch signifikant? Oder beruht sie auf reinem Zufall? Diese Frage beantwortet der F-Test der Wechselwirkung.

Die Nullhypothese der Wechselwirkung behauptet, dass alle beobachteten Zellmittelwerte mit den aufgrund der Haupteffekte zu erwartenden Zellmittelwerten übereinstimmen. Mit anderen Worten: Die Unterschiedlichkeit der Zellmittelwerte wird allein durch die Haupteffekte der Faktoren verursacht.

Die Alternativhypothese besagt, dass die beobachteten Zellmittelwerte systematisch von den erwarteten Zellmittelwerten abweichen. Die Ursache der Variation der Zellmittelwerte liegt nicht allein in den Haupteffekten, sondern das Zusammentreffen bestimmter Stufen der beiden Faktoren ruft zusätzliche systematische Abweichungen hervor. Um die Nullhypothese abzulehnen und die Alternativhypothese anzunehmen genügt es, wenn nur zwei Zellmittelwerte von ihren aufgrund der Haupteffekte zu erwartenden Werten abweichen. Das Hypothesenpaar zur Wechselwirkung lautet:

$$H_0: \quad \mu_{ij(beobachtet)} - \mu_{ij(erwartet)} = 0 \quad \text{oder} \quad \mu_{ij} - (\mu_i + \mu_j - \mu_{ges}) = 0$$

$$H_1: \quad \neg H_0$$

Die Hypothese, ausgedrückt in Varianzen:

$$H_0: \quad \hat{\sigma}^2_{\alpha \times \beta} = 0$$

$$H_1: \quad \hat{\sigma}^2_{\alpha \times \beta} > 0$$

Die Varianzanalyse testet den Effekt der Wechselwirkung unspezifisch. Eine signifikante Wechselwirkung bedeutet also nur, dass in irgendwelchen Zellen die beobachteten Zellmittelwerte von den erwarteten abweichen. Welche Zellmittelwerte das sind, d.h. wie

Abb. 6.2. Graphische Darstellung von beobachteten und erwarteten Zellmittelwerten

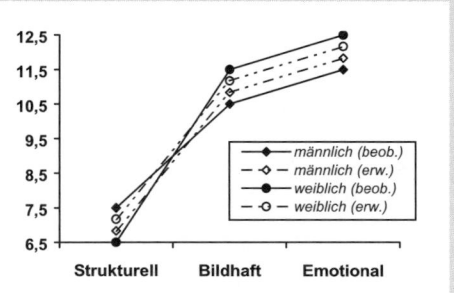

Die Nullhypothese der Wechselwirkung nimmt an, dass die beobachteten mit den erwarteten Zellmittelwerten übereinstimmen.

Die Alternativhypothese der Wechselwirkung nimmt an, dass die beobachteten von den erwarteten Zellmittelwerten abweichen.

Hypothesenpaar der Wechselwirkung

Schätzung der Zwischenvarianz der Wechselwirkung durch Quadratsummen und Freiheitsgrade.

F-Bruch der Wechselwirkung

die genaue Wechselwirkungsstruktur aussieht, kann nur mit einem Folgetest (z.B. dem Tukey HSD-Test) analysiert werden (Kap. 6.5).

Die Berechnung der Quadratsumme der Wechselwirkung erfolgt über die Differenz der beobachteten Zellmittelwerte und der erwarteten Zellmittelwerte.

$$\hat{\sigma}^2_{A \times B} = \frac{QS_{A \times B}}{df_{A \times B}}$$

$$QS_{A \times B} = \sum_{i=1}^{p} \sum_{j=1}^{q} n \cdot [\overline{AB}_{ij} - (\overline{A}_i + \overline{B}_j - \overline{G})]^2$$

Im Fall der Wechselwirkung sind die Summanden durch zwei Bedingungen bereits festgelegt: die Zellmittelwerte sind sowohl durch die Spaltenmittelwerte als auch durch die Zeilenmittelwerte in ihren Freiheitsgraden eingeschränkt. Es wird also bei der Berechnung der Freiheitsgrade von der Spaltenanzahl und der Zeilenzahl jeweils Eins abgezogen. Daraus berechnen sich die Anzahl der restlichen Zellen bzw. der Werte, die frei variieren können, zu:

$$df_{A \times B} = (p - 1) \cdot (q - 1)$$

Die Signifikanzprüfung erfolgt durch den bekannten F-Bruch:

$$F_{A \times B (df_{A \times B}; df_{Res})} = \frac{\hat{\sigma}^2_{A \times B}}{\hat{\sigma}^2_{Res}}$$

Prüfen wir nun die Wechselwirkung Verarbeitungstiefe×Geschlecht in dem bekannten Beispiel. Das Hypothesenpaar lässt sich hier nur allgemein formulieren:

$$H_0: \quad \mu_{ij(\text{beobachtet})} - \mu_{ij(\text{erwartet})} = 0 \quad \text{oder} \quad \mu_{ij} - (\mu_i + \mu_j - \mu_{ges}) = 0$$

$$H_1: \quad \neg H_0$$

bzw.

$$H_0: \quad \hat{\sigma}^2_{\text{Verarbeitungsbedingung×Geschlecht}} = 0$$

$$H_1: \quad \hat{\sigma}^2_{\text{Verarbeitungsbedingung×Geschlecht}} > 0$$

$$\hat{\sigma}^2_{A \times B} = \frac{QS_{A \times B}}{df_{A \times B}} = \frac{QS_{A \times B} = \sum_{i=1}^{p} \sum_{j=1}^{q} n \cdot [\overline{AB}_{ij} - (\overline{A}_i + \overline{B}_j - \overline{G})]^2}{(p-1) \cdot (q-1)}$$

$$\hat{\sigma}^2_{A \times B} = \frac{[7,5 - (7 + 9,83 - 10)]^2 + \dots + [12,5 - (12 + 10,17 - 10)]^2}{(3-1) \cdot (2-1)} = 1,33$$

$$\hat{\sigma}^2_{Res} = 0,5$$

$$F_{A \times B(2;6)} = \frac{\hat{\sigma}^2_{A \times B}}{\hat{\sigma}^2_{Res}} = \frac{1,33}{0,5} = 2,67$$

Die Wahrscheinlichkeit des Werts $F_{(2;6)} = 2{,}67$ unter Annahme der Nullhypothese liegt zwischen $0{,}10 < p < 0{,}25$. Die Wahrscheinlichkeit ist größer als das Signifikanzniveau von $\alpha = 0{,}05$. Der F-Wert ist kleiner als der kritische F-Wert von $F_{(2;6)} = 5{,}14$. Die Wechselwirkung ist nicht signifikant. Bevor jedoch die Entscheidung für die Nullhypothese getroffen werden kann, ist auch hier erst eine Berechnung der Teststärke erforderlich (siehe Kap. 6.3.2).

6.2.6 Datenbeispiel

Der in den vorangegangenen Abschnitten benutzte kleine Datensatz diente nur der Veranschaulichung der relevanten Konzepte. Für eine sinnvolle Anwendung der ANOVA sind minimal 10 Versuchspersonen pro Zelle erforderlich. Im Folgenden soll die zweifaktorielle Varianzanalyse noch einmal an dem kompletten Datensatz des Erinnerungsexperiments (vgl. Einleitung in Band I) mit insgesamt 150 Versuchspersonen mit Hilfe des Statistikprogramms SPSS berechnet werden. Die betrachteten Faktoren sind die Verarbeitungstiefe und das Geschlecht. Bei der Analyse eines großen Datensatzes ist es prinzipiell ratsam, sich zunächst die Deskriptivstatistiken von dem verwendeten Statistikprogramm ausgeben zu lassen. Im Falle einer zweifaktoriellen Varianzanalyse sieht die Auflistung der deskriptiven Werte in SPSS aus wie in Tabelle 6.5. Selbstverständlich berechnet das Programm auf Wunsch noch eine Reihe weiterer Kennwerte.

Tabelle 6.5. SPSS-Output der deskriptiven Statistiken einer 3×2 Varianzanalyse

Download der Daten unter

http://www.quantitative-methoden.de

Deskriptive Statistiken

Abhängige Variable: Gesamtzahl erinnerter Adjektive

Verarbeitungsbedingung	Geschlecht	Mittelwert	Standardabweichung	N
strukturell	maennlich	6,3750	2,8954	16
	weiblich	7,5882	3,2485	34
	Gesamt	7,2000	3,1623	50
bildhaft	maennlich	10,0667	3,6148	15
	weiblich	11,4000	4,3332	35
	Gesamt	11,0000	4,1404	50
emotional	maennlich	10,7143	4,0143	21
	weiblich	12,9655	4,1532	29
	Gesamt	12,0200	4,2064	50
Gesamt	maennlich	9,1923	4,0051	52
	weiblich	10,5408	4,4978	98
	Gesamt	10,0733	4,3675	150

Zur besseren Übersicht übertragen wir die Zell- und Gruppenmittelwerte in die uns bekannte Tabellenform:

Tabelle 6.6. Zellmittelwerte des Erinnerungsexperiments mit N = 150

Bedingung	männlich	weiblich	Mittelwerte
strukturell	6,3750	7,5882	**7,2**
bildhaft	10,0667	11,4000	**11**
emotional	10,7143	12,9655	**12,02**
Mittelwerte	**9,1923**	**10,5408**	**10**

Aus Tabelle 6.6 lassen sich bereits auf deskriptiver Ebene diverse Informationen entnehmen: Die Verarbeitungsbedingungen haben einen Einfluss auf die Erinnerungsleistung. Die Wirkung der drei Stufen des Faktors „Verarbeitungstiefe" scheint bei Männern und Frauen ähnlich zu sein. Außerdem erinnern Frauen generell etwas mehr Wörter. Dies zeigt sich in allen Stufen des Faktors „Verarbeitungstiefe" gleichermaßen. Zusammengefasst lässt sich bereits vermuten, dass der Haupteffekt A, die Verarbeitungstiefe, am ehesten signifikant wird sowie möglicherweise der Haupteffekt B, das Geschlecht. Eine Wechselwirkung der Faktoren scheint dagegen nicht vorzuliegen, die Wirkung der Faktoren zeigt sich in allen Zellen in ähnlicher Weise.

Die Betrachtung der deskriptiven Werte ist wichtig, um über die Richtung der Unterschiede aufgeklärt zu sein. Die Beantwortung der Frage, ob diese deskriptiv gefundenen Unterschiede auch statistisch bedeutsam sind, bleibt allerdings allein dem jeweiligen Signifikanztest überlassen. Die Frage der inhaltlichen Bedeutsamkeit der vorgefundenen Unterschiede ist schließlich primär den Bewertungen des Forschers überlassen. Hierbei bieten deskriptive und statistische Werte sowie vor allem empirische Effektgrößen eine wichtige Hilfestellung.

Die statistische Prüfung der drei Effekte der zweifaktoriellen Varianzanalyse zeigt Tabelle 6.7:

Tests der Zwischensubjekteffekte

Abhängige Variable: Gesamtzahl erinnerter Adjektive

Quelle	Quadrat-summe vom Typ III	df	Mittel der Quadrate	F	Sig.	Partielles Eta-Quadrat	Beobachtete Schärfe
Korrigiertes Modell	741,623	5	148,325	10,168	,000	,261	1,000
Konstanter Term	12976,548	1	12976,5	889,6	,000	,861	1,000
bed	583,122	2	291,561	19,987	,000	,217	1,000
sex	85,492	1	85,492	5,861	,017	,039	,672
bed * sex	7,514	2	3,757	,258	,773	,004	,090
Fehler	2100,570	144	14,587				
Gesamt	18063,000	150					
Korrigierte Gesamtvariation	2842,193	149					

Tabelle 6.7. SPSS-Output der Signifikanztests einer 3 x 2 Varianzanalyse

„bed" ist die Abkürzung für den Faktor Verarbeitungstiefe, „sex" die Abkürzung für den Faktor Geschlecht. „bed * sex" bezeichnet die Wechselwirkung der beiden Faktoren, „Fehler" die Residualvarianz. Die übrigen Zeilen sind für die hier vorgenommene Auswertung unwesentlich.

In der zweiten Spalte stehen die jeweiligen Quadratsummen, in der dritten die dazugehörigen Freiheitsgrade. Die vierte Spalte zeigt die aus den Quadratsummen und Freiheitsgraden geschätzten Varianzen (Mittel der Quadrate). In den nächsten beiden Spalten sind der resultierende F-Wert sowie dessen Wahrscheinlichkeit unter der Nullhypothese angegeben. Ganz außen schließlich erscheint das Effektstärkenmaß η_p^2 und die Teststärke für das aus den Daten bestimmte η_p^2 (siehe Kap. 6.3.1).

Beispielhaft berechnen wir mit Hilfe von Tabelle 6.7 den F-Wert des Haupteffekts Geschlecht:

$$F_{Sex(1;144)} = \frac{\hat{\sigma}^2_{Sex}}{\hat{\sigma}^2_{Res}} = \frac{\dfrac{QS_{Sex}}{df_{Sex}}}{\dfrac{QS_{Res}}{df_{Res}}} = \frac{\dfrac{85,492}{1}}{\dfrac{2100,57}{144}} = \frac{85,492}{14,587} = 5,861$$

Der kritische F-Wert bei einem Signifikanzniveau von $\alpha = 0,05$ ist $F_{(1;120)} = 3,92$. Die Wahrscheinlichkeit von $F_{(1;144)} = 5,861$ unter der Nullhypothese ist von SPSS mit 0,017 angegeben. Der Haupteffekt ist auf dem 5%-Niveau signifikant. Der Haupteffekt Verarbeitungstiefe ist sogar auf dem 1‰-Niveau signifikant ($F_{(2;144)} = 19,987$, $p < 0,001$). Die Prüfung der Wechselwirkung A×B führt dagegen zu keinem signifikanten Ergebnis. Ob für diese Prüfung allerdings die Teststärke groß genug war, um eine Wechselwirkung mit hinreichender Wahrscheinlichkeit ausschließen zu können, bleibt weiteren Analysen überlassen (siehe dazu Kap. 6.3.2).

Wie lassen sich die Ergebnisse graphisch darstellen? Eine Möglichkeit der Präsentation der Haupteffekte ist das Säulendiagramm. (siehe Abb. 6.3 und 6.4). Dabei ist die Angabe von Fehlerindikatoren empfehlenswert. Die Fehlerindikatoren geben hier das 95% Konfidenzintervall an. Das ist der Vertrauensbereich des Mittelwerts: Innerhalb dieses Bereiches um den Mittelwert liegt mit 95%iger Wahrscheinlichkeit der wahre Populationsmittelwert (siehe Kap. 2.3).

Die Standardfehler für die einzelnen Gruppen des Faktors „Verarbeitungstiefe" ergeben sich wie folgt (Werte aus Tab. 6.5).

Allgemeine Formel zur Schätzung des Standardfehlers: $\hat{\sigma}_{\bar{x}} = \dfrac{\hat{\sigma}_x}{\sqrt{n}}$

Strukturell: $\hat{\sigma}_{\bar{x}_{strukturell}} = \dfrac{\hat{\sigma}_{strukturell}}{\sqrt{n_{strukturell}}} = \dfrac{3,1623}{\sqrt{50}} = 0,45$

Bildhaft: $\hat{\sigma}_{\bar{x}_{bildhaft}} = \dfrac{\hat{\sigma}_{bildhaft}}{\sqrt{n_{bildhaft}}} = \dfrac{4,1404}{\sqrt{50}} = 0,59$

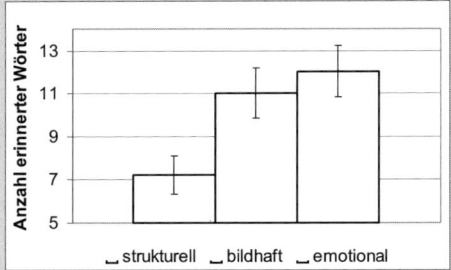

Abb. 6.3. Graphische Darstellung der Mittelwerte des Faktors A

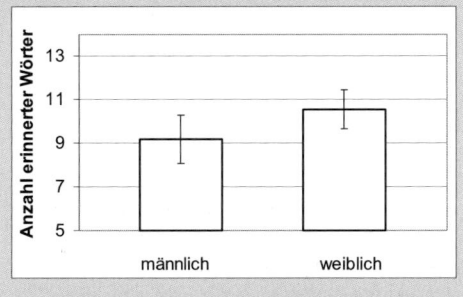

Abb. 6.4. Graphische Darstellung der Mittelwerte des Faktors B

Emotional: $\hat{\sigma}_{\bar{x}_{emotional}} = \dfrac{\hat{\sigma}_{emotional}}{\sqrt{n_{emotional}}} = \dfrac{4,2064}{\sqrt{50}} = 0,6$

Die absolute Größe der Fehlerindikatoren für ein 95% Konfidenzintervall um einen Mittelwert in positiver sowie negativer Richtung ergibt sich durch die Multiplikation des jeweiligen Standardfehlers mit z = 1,96 (vgl. Kap. 2.3).

Die Prüfung der Wechselwirkung hat keinen signifikanten Effekt ergeben, deshalb findet sie an dieser Stelle keine graphische Darstellung. Bei einer signifikanten Wechselwirkung ist eine ähnliche Darstellung wie Abbildung 6.2 zu empfehlen, in der die beobachteten und die aufgrund der Haupteffekte zu erwartenden Zellmittelwerte angegeben werden, da eine solche Darstellung die Wechselwirkung sehr gut veranschaulicht.

6.3 Die Determinanten der Varianzanalyse

Der folgende Abschnitt stellt die Effektstärkenberechnung, die Poweranalyse und die Stichprobenumfangsplanung für die zweifaktorielle Varianzanalyse vor. Die Erläuterungen fallen vergleichsweise kurz aus, da die Vorgehensweise derjenigen bei der einfaktoriellen ANOVA weitgehend gleicht. Als Beispiel dient uns weiterhin der Datensatz mit 150 Versuchspersonen.

6.3.1 Effektstärke

Für jeden der drei Effekte in der zweifaktoriellen Varianzanalyse (Haupteffekt A, Haupteffekt B, Wechselwirkung A×B) kann eine empirische Effektstärke auf der Ebene der Population berechnet werden. Das Maß Ω^2 gibt an, wie viel Prozent der Varianz auf Populationsebene von dem betrachteten Effekt aufgeklärt wird. Allerdings bezieht sich die Varianzaufklärung in einer mehrfaktoriellen Varianzanalyse nicht auf die Gesamtvarianz, sondern auf die Summe der systematischen Varianz des Effekts und der Residualvarianz. Dieses Maß heißt partielles Omega-Quadrat.

$$\Omega_p^2 = \dfrac{\sigma_{Effekt}^2}{\sigma_{Effekt}^2 + \sigma_{Residual}^2}$$

Für jeden der drei Effekte kann eine Effektstärke berechnet werden.

Das partielle Omega-Quadrat gibt den Anteil der systematischen Varianz eines Effekts an der Summe dieser systematischen Varianz und der Residualvarianz an.

Konventionen für Effektstärken

- kleiner Effekt: $\Omega^2 = 0{,}01$
- mittlerer Effekt: $\Omega^2 = 0{,}06$
- großer Effekt: $\Omega^2 = 0{,}14$

Wäre die Residualvarianz gleich Null, so würde der Haupteffekt A, der Haupteffekt B und die Wechselwirkung jeweils 100% der Varianz aufklären. Die Summe der drei Ω_p^2-Werte kann also 100% übersteigen. In einer einfaktoriellen Varianzanalyse ohne Messwiederholung existiert kein Unterschied zwischen Ω^2 und Ω_p^2, da hier die Summe aus Effektvarianz und Residualvarianz der Gesamtvarianz entspricht.

Die Formel zur Effektstärkenberechnung des Populationseffektschätzers ω_p^2 anhand von f^2 ist bereits aus Kapitel 5 bekannt:

$$f^2 = \frac{(F-1)\cdot df_{Z\ddot{a}hler}}{N} \qquad \rightarrow \qquad \omega_p^2 = \frac{f^2}{1+f^2}$$

Im Folgenden werden die Effektstärken der drei Effekte der zweifaktoriellen Varianzanalyse berechnet (Daten aus Tab. 6.7):

Haupteffekt A: $F_{(2;144)} = 19{,}99$

$$f^2 = \frac{2\cdot(19{,}99-1)}{150} = 0{,}253 \qquad \rightarrow \qquad \omega_p^2 = \frac{0{,}253}{1+0{,}253} = 0{,}202$$

Der Einfluss der Verarbeitungstiefe auf die Erinnerungsleistung klärt ca. 20% der verbleibenden Varianz in der Anzahl erinnerter Wörter auf. Die Art der Verarbeitungsbedingung hat einen großen Effekt auf die Erinnerungsleistung.

Haupteffekt B: $F_{(1;144)} = 5{,}86$

$$f^2 = \frac{1\cdot(5{,}86-1)}{150} = 0{,}032 \qquad \rightarrow \qquad \omega_p^2 = \frac{0{,}032}{1+0{,}032} = 0{,}031$$

Das Geschlecht der Versuchspersonen klärt ca. 3% der Varianz auf. Das Geschlecht hat einen kleinen Effekt auf die Erinnerungsleistung.

Für die Wechselwirkung verläuft die Effektberechnung analog zu den hier im Detail vorgestellten Haupteffekten unter Beachtung der entsprechend einzusetzenden Werte. Da aber die Wechselwirkung in unserem Datenbeispiel nicht signifikant wird, ist eine Effektberechnung nicht zwingend notwendig.

Das Programm SPSS verwendet das partielle Eta-Quadrat (Tab. 6.7). Dieses Effektmaß gibt den Anteil der aufgeklärten Variabilität der Messwerte relativ zur Summe der Quadratsummen des systematischen Effekts und des Residuums auf der Ebene der Stichprobe an.

$$\eta_p^2 = \frac{QS_{Effekt}}{QS_{Effekt} + QS_{Res}}$$

Allerdings überschätzt η_p^2 den Anteil aufgeklärter Varianz in der Population. Das Maß ω_p^2 erlaubt eine genauere Schätzung des Populationseffekts.

6.3.2 Teststärkeanalyse

Die Poweranalyse erfolgt ebenfalls separat für jeden einzelnen Effekt. Die Berechnung der Teststärke erfordert die Festlegung einer als relevant erachteten Populationseffektstärke, denn die Teststärke gilt immer unter Annahme eines spezifischen Populationseffektes. Die Größe solcher Populationseffektstärken ist von inhaltlichen Überlegungen abhängig. Es kann auch der empirisch gefundene Effekt der eigenen Untersuchung herangezogen werden, wenn er eine inhaltlich relevante Größe erreicht hat. Eine a posteriori Teststärkeberechnung ist nur bei nicht signifikanten Ergebnissen erforderlich. Das allgemeine Vorgehen bei einer a posteriori Poweranalyse ist bereits aus vorherigen Kapiteln bekannt: Nach der Berechnung des Nonzentralitätsparameters λ erfolgt die Bestimmung der Teststärke über die TPF-Tabellen (Tabellen C in Band I) unter Berücksichtigung der Zählerfreiheitsgrade und des Signifikanzniveaus α.

$$\lambda_{df;\alpha} = \Phi^2 \cdot N = \frac{\Omega_p^2}{1 - \Omega_p^2} \cdot N$$

Eine a posteriori Teststärkeberechnung ist vor allem bei nicht signifikanten Ergebnissen sinnvoll, um über Annahme oder Ablehnung der Nullhypothese entscheiden zu können. Deshalb demonstrieren wir an dieser Stelle die Teststärkeberechnung nur am Beispiel der Wechselwirkung des Datensatzes. Das Signifikanzniveau ist $\alpha = 0,05$, der kleinste inhaltlich relevante Populationseffekt soll $\Omega_p^2 = 0,05$ betragen:

$$\lambda_{df=2;\alpha=0,05} = \frac{0,05}{1 - 0,05} \cdot 150 = 7,89$$

Eine Teststärkeanalyse ist für jeden der drei Effekte erforderlich, die ein nicht signifikantes Ergebnis zeigen.

GPower: Link zu kostenlosem Download und Erläuterungen auf der Web-Seite:

http://www.quantitative-methoden.de

Aus der Tabelle TPF 6 in Band I lässt sich die Teststärke ablesen. Sie liegt zwischen 66,7% < 1-β < 75%. Die Entscheidung, die Nullhypothese anzunehmen, ist mit einer β-Fehlerwahrscheinlichkeit von 25% bis 33% falsch. Dieser Fehler ist eindeutig zu groß. Es könnte also in Wirklichkeit ein Effekt der Wechselwirkung der Größe $\Omega_p^2 = 0,05$ existieren, der aufgrund der zu geringen Teststärke nur nicht gefunden wurde. Bei einer solch geringen Teststärke ist keine Entscheidung für Null- oder Alternativhypothese möglich. Noch einmal zur Verdeutlichung: Diese Berechnung gilt ausschließlich für die Wechselwirkung bei diesem angenommenen Populationseffekt von $\Omega_p^2 = 0,05$. Das gefundene Ergebnis lässt keine Schlüsse zu über die Teststärke der beiden Haupteffekte!

Aus den vorangehenden Kapiteln (vgl. speziell Kap. 3 in Band I) sollte deutlich geworden sein, dass die Power für einen größeren angenommenen Populationseffekt steigt. Je größer ein Effekt in der Population, desto leichter sollte er auch mit einer Stichprobe dieser Population zu finden sein. Für einen Effekt von beispielsweise $\Omega_p^2 = 0,1$ steigt die Power sprunghaft auf 95% < 1-β < 97,5% an.

Die Teststärke für einen aus Daten stammenden empirischen Effekt gibt SPSS über „Beobachtete Schärfe" aus (Tabelle 6.7).

6.3.3 Stichprobenumfangsplanung

Um ein Versuchsdesign optimal mit Hilfe einer zweifaktoriellen Varianzanalyse auswerten zu können, ist eine Planung des optimalen Stichprobenumfangs vor der Durchführung des Experiments notwendig. Wie bereits bekannt, umfasst diese Planung die Festlegung der Größe der erwarteten Effekte, des α-Niveaus, sowie der gewünschten Teststärke. In der zweifaktoriellen ANOVA können sich bei drei Effekten drei verschiedene optimale Stichprobenumfänge ergeben. Die Auswahl des verwendeten Umfangs hängt von der inhaltlichen Relevanz der einzelnen Effekte ab:

- Sind alle drei Effekte inhaltlich relevant, bestimmt der größte berechnete Stichprobenumfang die Versuchspersonenanzahl. Damit ist gewährleistet, dass auch der kleinste erwartete Effekt mit der gewünschten Teststärke gefunden werden kann.

Der benötigte Stichprobenumfang wird bestimmt durch den kleinsten erwarteten Effekt.

- Sind nicht alle drei Effekte inhaltlich relevant, so bestimmt der größte berechnete Stichprobenumfang der relevanten Effekte die Versuchspersonenanzahl.

Die Bestimmung des optimalen Stichprobenumfangs erfolgt nach der bekannten Formel:

$$N = \frac{\lambda_{df;\alpha;1-\beta}}{\phi^2} = \frac{\lambda_{df;\alpha;1-\beta}}{\dfrac{\Omega_p^2}{1-\Omega_p^2}}$$

Zur Veranschaulichung berechnen wir den Stichprobenumfang in unserem Datenbeispiel. Alle drei Effekte sollen eine ausreichende Teststärke von 90% aufweisen. Der Forscher legt den gesuchten Populationseffekt des Faktors „Verarbeitungstiefe" auf $\Omega_p^2 = 0,2$ fest, er erwartet hier also einen sehr großen Effekt. Beim Geschlecht sowie bei der Wechselwirkung vermutet er einen mittleren Effekt und legt deshalb die als inhaltlich relevant erachtete Mindesteffektstärke in Anlehnung an die Konventionen von Cohen (1988) auf $\Omega_p^2 = 0,06$ fest. Das Signifikanzniveau ist $\alpha = 0,05$. Der optimale Stichprobenumfang für das Gesamtexperiment ergibt sich aus folgenden Rechnungen:

Haupteffekt A: $\lambda_{df=2;\alpha=0,05;1-\beta=0,9} = 12,65$

$$N_A = \frac{12,65}{\dfrac{0,2}{1-0,2}} = 50,6 \qquad n_A = \frac{N_A}{p} = \frac{50,6}{3} = 16,87 \approx 17$$

Um einen Effekt der Verarbeitungstiefe von $\Omega_p^2 = 0,2$ mit einer Wahrscheinlichkeit von 90% in diesem Experiment zu finden, falls dieser wirklich existiert, hätte der Forscher insgesamt 51 Versuchspersonen benötigt, also nur 17 Personen pro Bedingung.

Haupteffekt B: $\lambda_{df=1;\alpha=0,05;1-\beta=0,9} = 10,51$

$$N_B = \frac{10,51}{\dfrac{0,06}{1-0,06}} = 164,66 \qquad n_B = \frac{N_B}{q} = \frac{164,66}{2} = 82,3 \approx 83$$

Um einen Effekt des Geschlechts der Größe $\Omega_p^2 = 0,06$ mit einer Wahrscheinlichkeit von 90% in diesem Experiment zu finden, sind insgesamt 166, also mind. 83 Personen pro Bedingung vonnöten.

Wechselwirkung A×B: $\lambda_{df=2;\alpha=0,05;1-\beta=0,9} = 12,65$

$$N_{A \times B} = \frac{12,65}{\dfrac{0,06}{1-0,06}} = 198,18 \qquad n_{A \times B} = \frac{N_{A \times B}}{p \cdot q} = \frac{198,18}{3 \cdot 2} = 33,03 \approx 34$$

Um den Effekt der Wechselwirkung zwischen Verarbeitungstiefe und Geschlechts der Größe $\Omega_p^2 = 0,06$ mit einer Wahrscheinlichkeit von 90% in diesem Experiment zu finden, sind insgesamt 204 Versuchspersonen notwendig (34 pro Bedingungskombination). Da alle drei Effekte der zweifaktoriellen Varianzanalyse von dem Forscher als inhaltlich relevant erachtet werden, bestimmt der größte berechnete Stichprobenumfang die benötigte Versuchspersonenzahl. In diesem Fall sollten also 204 Versuchspersonen erhoben werden. Diese Anzahl übersteigt die optimalen Stichprobengrößen der Haupteffekte. Deshalb ist eine nachträgliche Berechnung der Effektstärke für die Haupteffekte erforderlich.

6.4 Die Wechselwirkung

Die Wechselwirkung ist ein sehr wichtiges Konzept in allen empirischen Sozialwissenschaften. An der Erklärung menschlichen Verhaltens haben in vielen Fällen Wechselwirkungen verschiedener Einflussfaktoren entscheidenden Anteil. Da dieses wichtige Konzept trotz der Erläuterungen in den vorangehenden Abschnitten noch weitgehend neu ist, gehen wir an dieser Stelle noch einmal mit einigen Ergänzungen darauf ein, um ein tiefergehendes Verständnis zu erzielen.

In der zweifaktoriellen ANOVA gibt es nur eine Art der Wechselwirkung, die zwischen zwei Faktoren. Sie heißt auch Wechselwirkung 1. Ordnung. In höherfaktoriellen Versuchsplänen sind auch Wechselwirkungen höherer Ordnung möglich. Die Interaktion von drei Faktoren wird als Wechselwirkung 2. Ordnung bezeichnet. Diese Art der Bezeichnung setzt sich bei weiteren Faktoren fort.

6.4.1 Definition der Wechselwirkung

Die Interaktion oder Wechselwirkung kennzeichnet einen über die Haupteffekte hinausgehenden Effekt, der nur dadurch zu erklären ist, dass mit der Kombination einzelner Faktorstufen eine eigenständige Wirkung oder ein eigenständiger Effekt verbunden ist (Bortz, 2005, S. 295). Eine Wechselwirkung ist also ein zusätzlicher Effekt, der nicht durch die Haupteffekte zu erklären ist. Im Folgenden sollen zur Veranschaulichung einige fiktive Beispiele für Wechselwirkungen vorgestellt werden. Um die Darstellung möglichst einfach zu halten, haben die Faktoren A und B nur jeweils 2 Stufen. Inhaltlich soll es um die Frage gehen, ob Lärm und Geschlecht einen Einfluss auf die erreichte Punktzahl eines Tests haben. Der Faktor A bezeichnet in dem Beispiel den Lärm (Stufen: Lärm/kein Lärm). Faktor B unterscheidet das Geschlecht (Mann/Frau). Die abhängige Variable ist die erreichte Punktzahl.

Der Einfachheit halber sind in den Tabellen lediglich die Bedingungsmittelwerte abgetragen, keine Streuungen und keine Werte einzelner Versuchspersonen. Außerdem entfällt die Signifikanzprüfung der jeweiligen Effekte. Stattdessen gelten gewisse Mittelwertsdifferenzen als signifikant. An dieser Stelle soll es nur darum gehen, das Konzept der Wechselwirkung eingehend zu diskutieren.

Bedingung	B_1: männlich	B_2: weiblich	
A_1: Lärm	14	10	**12**
A_2: kein Lärm	20	16	**18**
Mittelwerte	**17**	**13**	**15**

Tabelle 6.8. Zahlenbeispiel einer 2×2 Varianzanalyse mit zwei Haupteffekten und keiner Wechselwirkung

In der Tabelle 6.8 liegen (deskriptiv) ein Haupteffekt A und ein Haupteffekt B vor. Die Gruppenmittelwerte der Stufen A_1 und A_2 unterschieden sich, ebenfalls die Gruppenmittelwerte der Stufen B_1 und B_2. Die erreichte mittlere Punktzahl ist ohne Lärm höher, und Männer erreichen insgesamt höhere Werte. Um festzustellen, ob zusätzlich eine Wechselwirkung vorliegt, müssen die aufgrund der Haupteffekte zu erwartenden Zellmittelwerte berechnet werden:

Abb. 6.5. Graphische Darstellung der Variable Lärm für das jeweilige Geschlecht für Tabelle 6.8

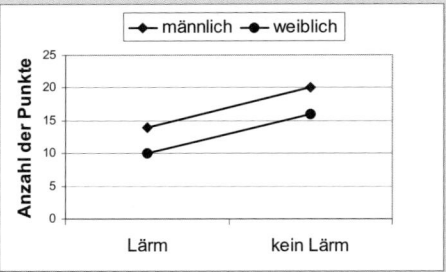

Abb. 6.6. Graphische Darstellung der Variable Geschlecht für die jeweilige Lärmbedingung für Tabelle 6.8

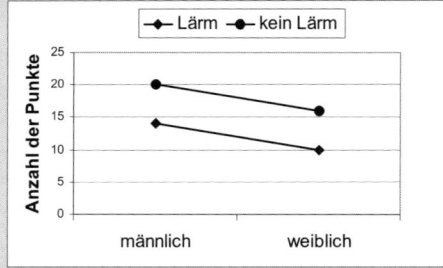

Tabelle 6.9. Zahlenbeispiel einer 2×2 Varianzanalyse mit einer Wechselwirkung ohne Haupteffekte

$$\overline{AB}_{11(\text{erwartet})} = \overline{A}_1 + \overline{B}_1 - \overline{G} = 12 + 17 - 15 = 14$$

$$\overline{AB}_{12(\text{erwartet})} = 10 \; ; \; \overline{AB}_{21(\text{erwartet})} = 20 \; ; \; \overline{AB}_{22(\text{erwartet})} = 16$$

Es müssen nur so viele Werte über die angegebene Formel ausgerechnet werden, wie eine Tabelle Freiheitsgrade aufweist. Alle übrigen Werte ergeben sich automatisch aufgrund der festgelegten Gruppenmittelwerte. Hier reicht ein Wert aus.

Die erwarteten Zellmittelwerte entsprechen den beobachteten Zellmittelwerten. Es liegt keine Wechselwirkung vor. Die Unterschiedlichkeit der Werte in den einzelnen Zellen ist vollständig durch die Haupteffekte erklärbar. Die Faktoren A und B wirken unabhängig voneinander auf die abhängige Variable.

Das Fehlen einer Wechselwirkung lässt sich auch daran erkennen, dass die Unterschiede der einzelnen Stufen eines Faktors die Größe des Haupteffektes haben: Der Unterschied zwischen männlich und weiblich beträgt in beiden Stufen des Faktors A sechs Punkte, die Größe des Haupteffektes Geschlecht. Umgekehrt gilt dies für den Faktor Lärm genauso, bei einem Unterschied von vier Punkten. In der graphischen Darstellung lässt sich das Fehlen einer Wechselwirkung 1. Ordnung an der Parallelität der Linien in beiden Graphen erkennen (Abb. 6.5 und 6.6).

Betrachten wir ein zweites Beispiel:

Bedingung	B₁: männlich	B₂: weiblich	
A₁: Lärm	20	0	**10**
A₂: kein Lärm	0	20	**10**
Mittelwerte	**10**	**10**	**10**

In Tabelle 6.9 liegt weder ein Haupteffekt A noch ein Haupteffekt B vor, alle Gruppenmittelwerte sind gleich. Trotzdem unterscheiden sich die Zellmittelwerte. Dies kann nur an der eigenständigen Wirkung von bestimmten Kombinationen zweier Stufen der Faktoren liegen. Die aufgrund der Haupteffekte zu erwartenden Zellmittelwerte betragen in allen Zellen zehn (bitte selber nachrechnen). Die beobachteten Zellmittelwerte weichen deutlich von den erwarteten Zellmittelwerten ab.

Frauen erreichen im Durchschnitt dieselbe Punktzahl wie Männer. Aber bei Lärm können Männer, die eine sehr hohe Leistung erbringen und die Frauen erreichen keine Punkte, während es sich in der zweiten Stufe („kein Lärm") genau umgekehrt verhält. Die Kombination der Stufe Frau/Lärm hat also eine eigenständige Wirkung, die nicht durch die Faktoren Geschlecht oder Lärm allgemein erklärt werden kann. Dasselbe gilt für die anderen drei Kombinationen der Stufen. In der graphischen Darstellung lässt sich das Vorhandensein der Wechselwirkung 1. Ordnung an der Nicht-Parallelität der Linien erkennen (Abb. 6.7 und 6.8). Die Linien müssen sich nicht kreuzen, um eine Wechselwirkung anzuzeigen.

Wichtig: Für Wechselwirkungen höherer Ordnungen (z.B. in einer dreifaktoriellen ANOVA) ist die Nicht-Parallelität kein eindeutiges Indiz, dort sind nur die Abweichungen zwischen den erwarteten und beobachteten Mittelwerten der betrachteten Faktorkombinationen wirklich aussagekräftig. In der graphischen Darstellung einer Wechselwirkung höherer Ordnung ist es deshalb zu empfehlen, die erwarteten Mittelwerte mit anzugeben.

Einfache Haupteffekte

In der Versuchsplanung findet sich in Abgrenzung zu den herkömmlichen Haupteffekten der Begriff „Einfacher Haupteffekt". Dieser Begriff ist verwandt mit dem Konzept der Wechselwirkung, jedoch keinesfalls identisch.

Einfache Haupteffekte bezeichnen den spezifischen Einfluss einer Stufe eines Faktors X auf den Stufen eines anderen Faktors Y. Die Zellmittelwerte des Faktors X in einer Stufe des Faktors Y werden miteinander verglichen und ihre Unterschiede betrachtet. „Einfache Haupteffekte" beziehen sich also auf bestimmte Stufen eines Faktors, während sich der Begriff der Wechselwirkung allgemein auf alle Zellen bezieht. Während es also in einem zweifaktoriellen Versuchsplan unabhängig von der Anzahl der Stufen beider Faktoren höchstens eine Wechselwirkung gibt, ist die Zahl der möglichen einfachen Haupteffekte wesentlich höher: Sie ergibt sich aus der Summe der Stufen der Faktoren A und B.

In dem Beispiel des Erinnerungsexperiments hat der Faktor A drei Stufen und der Faktor B zwei Stufen. Es gibt also fünf einfache

Abb. 6.7. Graphische Darstellung der Variable Lärm für das jeweilige Geschlecht für Tabelle 6.9

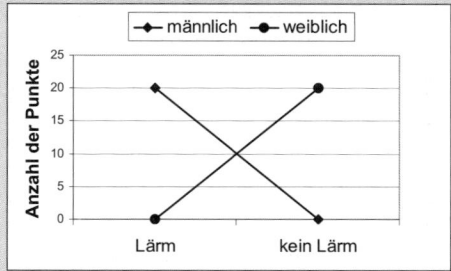

Abb. 6.8. Graphische Darstellung der Variable Geschlecht für die jeweilige Lärmbedingung für Tabelle 6.9

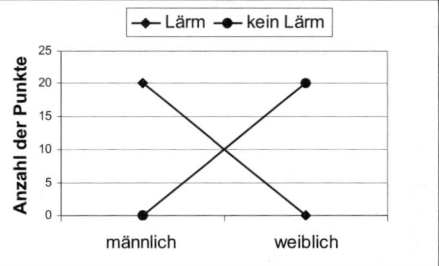

Einfache Haupteffekte beschreiben die Mittelwertsunterschiede zwischen den Stufen eines Faktors in einer bestimmten Stufe des anderen Faktors.

Abb. 6.9. Ordinale Wechselwirkung mit Faktor A auf der x-Achse

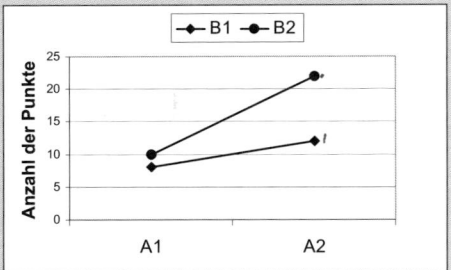

Abb. 6.10. Ordinale Wechselwirkung mit Faktor B auf der x-Achse

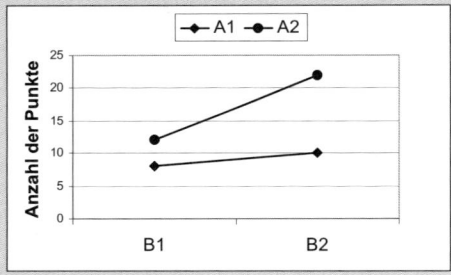

Tabelle 6.10. Datenbeispiel einer ordinalen Wechselwirkung

Haupteffekte. Beispielsweise kennzeichnen die Mittelwertsunterschiede zwischen Männern und Frauen in der Stufe der strukturellen Verarbeitung einen einfachen Haupteffekt. Ein anderer einfacher Haupteffekt sind die Mittelwertsunterschiede zwischen struktureller, bildhafter und emotionaler Verarbeitung in der Stufe „männlich" (siehe Tab. 6.6).

Einfache Haupteffekte haben für die hier diskutierten Inhalte keine wesentliche Bedeutung. An dieser Stelle soll lediglich frühzeitig der Unterschied zur Wechselwirkung in einem zweifaktoriellen Versuchsplan herausgearbeitet werden.

6.4.2 Verschiedene Arten der Wechselwirkung

Von ihrer formalen Struktur her lassen sich Wechselwirkungen zweifaktorieller Versuchspläne in drei Gruppen einordnen: ordinale, semidisordinale sowie disordinale Wechselwirkungen.

Die ordinale Wechselwirkung

Liegt eine ordinale Wechselwirkung vor, ist der Effekt der Interaktion kleiner als jeder der beiden Haupteffekte: In dieser Art der Wechselwirkung liegen die Unterschiede der Zellmittelwerte in der Richtung vor, die die beiden Haupteffekte vorgeben. Dies wird an dem Beispiel in Tabelle 6.10 deutlich. Die Größer-Kleiner-Zeichen zeigen den Größenunterschied zwischen den jeweiligen zwei Zellmittelwerten. Diese Größenunterschiede sind nur in ihrem Betrag von denen der jeweiligen Stufenmittelwerte verschieden.

	B_1	B_2	
A_1	8 $<$	10	9
A_2	12 $<$	22	17
Mittelwerte	10	16	13

Entsprechend der durch den Haupteffekt A vorgegebenen Richtung sind beide Mittelwerte der Stufe A_2 größer als die der Stufe A_1. Anders ausgedrückt: Alle einfachen Haupteffekte des Faktors A haben das gleiche Vorzeichen wie der Haupteffekt A. Die Differenzen der entsprechenden Zellmittelwerte (4 bzw. 12) sind jedoch nicht gleich groß und entsprechen nicht der Differenz der Größe des resultierenden Haupteffekts A. Das gleiche gilt für die Stufen des Faktors B: Eine ordinale Wechselwirkung liegt vor.

Graphisch zeigt sich eine ordinale Wechselwirkung darin, dass beide Linien eine Steigung mit demselben Vorzeichen haben. Sie kreuzen sich nicht, unabhängig von der Art der Anordnung der Faktoren in dem Graphen (Abb. 6.9 und 6.10).

Die semidisordinale Wechselwirkung

In der semidisordinalen Wechselwirkung ist der Effekt der Interaktion kleiner als einer der beiden Haupteffekte, aber größer als der zweite. Die Zellmittelwerte liegen in ihrer Größe für den einen Haupteffekt in der erwarteten Richtung, für den zweiten Haupteffekt in einer der Stufen dagegen nicht (Tab. 6.11).

	B₁	B₂	
A₁	5	15	10
A₂	7	9	8
Mittelwerte	6	12	9

Für den Faktor B ist die durch den Haupteffekt vorgegebene Richtung in beiden Stufen des Faktors A verwirklicht. Die einfachen Haupteffekte des Faktors B haben dasselbe Vorzeichen (10 bzw. 2), sind also ordinal. Für den Faktor A sind die Vorzeichen der Differenzen der entsprechenden Zellmittelwerte unterschiedlich (2 bzw. -6). In Stufe B₁ liegt ein Mittelwertsunterschied A₁ vs. A₂ entgegen der Richtung des Haupteffekts A vor. Die einfachen Haupteffekte des Faktors A sind disordinal. Das gesamte Muster bezeichnet eine semidisordinale Wechselwirkung.

Die Linien in der graphischen Darstellung weisen für den disordinalen Faktor A Steigungen mit unterschiedlichem Vorzeichen auf (Abb. 6.11). Dies gilt auch, wenn eine der Steigungen gleich Null ist. Für den Faktor B ist das Vorzeichen der Steigungen gleich (Abb. 6.12). In einer semidisordinalen Wechselwirkung kreuzen sich die Graphen in einer der möglichen Anordnungen der Faktoren.

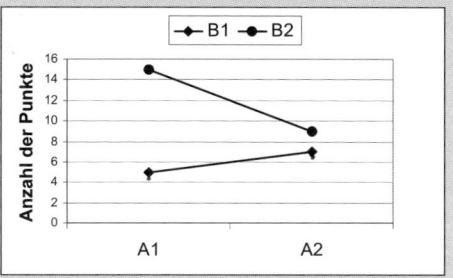

Abb. 6.11. Semidisordinale Wechselwirkung mit Faktor A auf der x-Achse

Tabelle 6.11. Datenbeispiel einer semidisordinalen Wechselwirkung

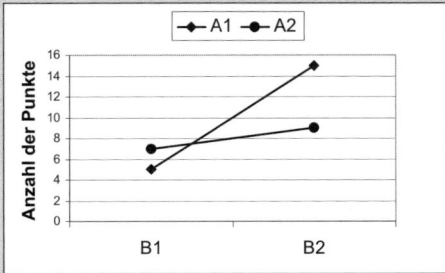

Abb. 6.12. Semidisordinale Wechselwirkung mit Faktor B auf der X-Achse

Tabelle 6.12. Datenbeispiel einer disordinalen Wechselwirkung

Abb. 6.13. Disordinale Wechselwirkung mit Faktor A auf der X-Achse

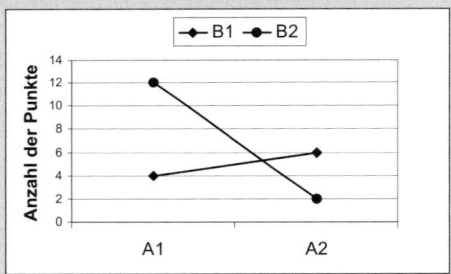

Abb. 6.14. Disordinale Wechselwirkung mit Faktor B auf der x-Achse

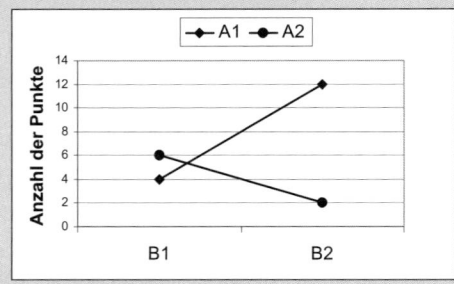

Für die Post-Hoc-Analyse mit dem Tukey HSD-Test muss bei der zweifaktoriellen ANOVA für jeden Effekt ein anderes n_{HSD} gewählt werden.

Die disordinale Wechselwirkung

In der disordinalen Wechselwirkung ist der Effekt der Interaktion größer als jeder Haupteffekt. Die Zellmittelwerte liegen für beide Haupteffekte in jeweils einer Stufe entgegen der durch die Gruppenmittelwerte vorgegebenen Richtung (Tab. 6.12).

	B_1	B_2	
A_1	4 $<$	12	8
A_2	6 $>$	2	4
Mittelwerte	5	7	6

Der Haupteffekt von Faktor A zeigt an, dass Stufe A_1 im Mittel zu einem höheren Testwert führt als Stufe A_2. Dieses Muster ist in Stufe B_1 allerdings nicht verwirklicht, die einfachen Haupteffekte haben verschiedene Vorzeichen. Analog gilt dies für Faktor B: Die Zellmittelwerte in A_2 liegen entgegen dem Haupteffekt B.

Die Linien in der graphischen Darstellungen einer disordinalen Wechselwirkung weisen Steigungen mit unterschiedlichem Vorzeichen auf. Sie kreuzen sich in beiden Darstellungen (Abb. 6.13 und 6.14).

6.5 Post-Hoc-Analysen

Die Varianzanalyse testet die Hypothesen zu den einzelnen Effekten immer unspezifisch. Um genauere Aussagen über die Art der Alternativhypothese machen zu können, d.h. welche Gruppen sich voneinander unterscheiden und welche nicht, bieten sich Post-Hoc-Verfahren an. Die theoretische Bedeutung und das Vorgehen für die Analyse eines Haupteffekts mit Hilfe des Tukey HSD-Tests wurde in Kapitel 5.4 bereits vorgestellt.

6.5.1 Der Tukey HSD-Test

Für die zweifaktorielle ANOVA verändert sich die Berechnung der Honest Significant Difference geringfügig: Für jeden der drei betrachteten Effekte muss die Anzahl der untersuchten Versuchspersonen in die Formel eingesetzt werden, aus denen sich die betrachteten Mittelwerte zusammensetzen. Die hier vorgestellte

Berechnung gilt nur für den Fall eines balancierten Versuchsplans, d.h. allen Bedingungskombinationen sind gleich viele Versuchspersonen zugeordnet.

Bei der Post-Hoc-Analyse des Faktors A liegen den einzelnen betrachteten Gruppenmittelwerten jeweils die Versuchspersonen zu Grunde, die sich in einer Stufe des Faktors A befinden. Bei q Stufen des Faktors B und n Versuchspersonen pro Zelle ergibt sich die Anzahl der in einem Gruppenmittelwert eingehenden Werte zu:

$$n_{HSD(A)} = q \cdot n$$

Die Formel zur Berechnung des HSD-Werts für den Haupteffekt A lautet deshalb:

$$HSD_{(A)} = q_{krit(\alpha;r;df_{Res})} \cdot \sqrt{\frac{\hat{\sigma}^2_{Res}}{n_{HSD(A)}}} = q_{krit(\alpha;r;df_{Res})} \cdot \sqrt{\frac{\hat{\sigma}^2_{Res}}{q \cdot n}}$$

Für den Haupteffekt B setzt sich ein Gruppenmittelwert aus den Versuchspersonen in einer Zelle zusammen, multipliziert mit der Anzahl der Stufen des Faktors A:

$$n_{HSD(B)} = p \cdot n$$

Bei der Post-Hoc-Analyse der Wechselwirkung finden keine Gruppen-, sondern Zellmittelwerte Beachtung. Deshalb ist $n_{HSD(A \times B)}$ gleich der Anzahl der Versuchspersonen in einer Zelle:

$$n_{HSD(A \times B)} = n$$

Wenden wir den Tukey HSD-Test auf das Beispiel des Einflusses von Lärm und Geschlecht auf die Leistung in einem Test an. Die Wechselwirkung sei signifikant. Es wurden insgesamt 64 Leute in gleich großen Gruppen untersucht, das Signifikanzniveau liegt bei $\alpha = 0,05$, die Residualvarianz beträgt $\sigma^2_{Res} = 49$. Es resultieren folgende Ergebnisse (Tab. 6.13):

Bedingung	B_1: männlich	B_2: weiblich	
A_1: Lärm	19	7	**13**
A_2: kein Lärm	13	15	**14**
Mittelwerte	**16**	**11**	**13,5**

Tabelle 6.13. Beispieldatensatz einer 2×2 Varianzanalyse

Die Signifikanz der Wechselwirkung gibt keine Auskunft über die konkrete Struktur der Wechselwirkung. Um mit Hilfe des Tukey HSD-Tests genau zu prüfen, welche der einzelnen Zellmittelwerte sich signifikant voneinander unterscheiden, ist zunächst die Bestimmung des kritischen q-Werts erforderlich. Insgesamt fließen vier Mittelwerte in die Analyse mit ein. (Die Freiheitsgrade der Residualvarianz bitte zur Übung selber nachrechnen.)

$$q_{krit(5\%;4;60)} = 3,74$$

$$HSD_{(A \times B)} = q_{krit(5\%;4;60)} \cdot \sqrt{\frac{\hat{\sigma}^2_{Res}}{n_{HSD(A \times B)}}} = 3,74 \cdot \sqrt{\frac{49}{16}} = 6,55$$

Eine Differenz zwischen zwei Zellmittelwerten ist also signifikant, wenn sie größer als $HSD_{(A \times B)} = 6,55$ ist. Die einzelnen Differenzen lassen sich am besten in einer Tabelle übersichtlich darstellen (Tab. 6.14). Die Richtung der Differenzbildung ist in diesem Fall unerheblich.

Tabelle 6.14. Differenzen der Zellmittelwerte aus Tabelle 6.13 und ihre Signifikanz

Differenzen		Lärm		kein Lärm	
		m	w	m	w
Lärm	m		12*	6	4
	w			6	8*
kein Lärm	m				2
	w				

In der Stufe „Lärm" unterscheiden sich männliche und weibliche Versuchspersonen signifikant voneinander. Außerdem tritt eine signifikante Differenz bei den Frauen zwischen Arbeiten unter „Lärm" vs. „kein Lärm" auf. Alle anderen paarweisen Vergleiche der einzelnen Zellen zeigen keine signifikanten Unterschiede.

6.6 Erhöhung der Faktorenzahl

Bei der Planung von Experimenten sowie der Analyse von Daten stellt sich häufig die Frage, wie viele Faktoren gleichzeitig betrachtet werden sollen. In der Einleitung zur zweifaktoriellen ANOVA ist bereits vermerkt, dass es ökonomischer ist, mit denselben Versuchspersonen gleich zwei Faktoren zu untersuchen, anstatt zwei Experimente durchzuführen. Außerdem ermöglicht dies eine Betrachtung der Wechselwirkung der beiden Faktoren. Welche Vorteile und Nachteile bringt das Hinzufügen von weiteren Faktoren auf der varianzanalytischen Ebene?

Jeder Faktor bietet die Möglichkeit, einen weiteren Haupteffekt und diverse Wechselwirkungen zu untersuchen. Diese zusätzlichen Effekte sind in der Lage, weitere Teile der Gesamtvarianz aufzuklären. Dadurch reduziert sich die unaufgeklärte Varianz bzw. die Residualvarianz und die Präzision des Tests wird größer. Darin besteht ein großer Vorteil zusätzlicher Faktoren in einer ANOVA.

Der Nachteil ist, dass gleichzeitig eine gegenteilige Wirkung erzielt wird: Durch die zusätzliche Unterteilung des Versuchsplans ergeben sich mehr Bedingungskombinationen, zu denen die Versuchspersonen zugeteilt werden müssen. Bei gleicher Gesamtzahl von Versuchspersonen verringert das Hinzufügen von Faktoren demnach die Anzahl der Versuchspersonen in einer Bedingung, so dass die Bedingungsmittelwerte eine weniger genaue Schätzung der Populationsmittelwerte liefern. Das kleinere n pro Zelle hat auch Auswirkungen auf die Residualvarianz: Die Freiheitsgrade der geschätzten Residualvarianz werden kleiner und die Residualvarianz damit größer.

Das Hinzufügen von Faktoren beeinflusst die Größe der Residualvarianz in zwei entgegengesetzten Richtungen. Deshalb ist es nur dann sinnvoll einen weiteren Faktor in die Analyse mit einzubringen, wenn dieser Faktor genügend Varianz aufklärt. Genügend heißt in diesem Fall, dass er trotz der Verringerung der Fehlerfreiheitsgrade eine Verkleinerung der Residualvarianz bewirkt. Die Tendenz zur Verkleinerung der Residualvarianz muss also größer sein als die umgekehrte Tendenz durch die Verringerung der Freiheitsgrade. Da die geschätzte Residualvarianz die Prüfvarianz darstellt und beim F-Bruch im Nenner steht, ergibt sich bei einer kleineren geschätzten Residualvarianz ein größerer F-Wert und damit eher ein signifikantes Ergebnis.

Ein zusätzlicher Faktor, der einen systematischen Einfluss auf die Messwerte hat, verringert die Residualvarianz durch Varianzaufklärung.

Ein zusätzlicher Faktor erhöht die Schätzung der Residualvarianz aufgrund der Verringerung der Freiheitsgrade der Residualvarianz.

Ein zusätzlicher Faktor muss genügend Varianz aufklären.

In den Kapiteln 5 und 6 haben wir denselben Datensatz mit N = 150 betrachtet. In der zweifaktoriellen Varianzanalyse ist der Haupteffekt Geschlecht signifikant geworden, die Wechselwirkung zwischen Geschlecht und Verarbeitungstiefe allerdings nicht. War es in diesem Beispiel sinnvoll, den Faktor Geschlecht mit in die Auswertung hinein zu nehmen? Die Freiheitsgrade der Residualvarianz betrugen im einfaktoriellen Fall $df_{Res} = 147$, in der zweifaktoriellen ANOVA dagegen $df_{Res} = 144$. Die geschätzten Residualvarianzen im Vergleich:

$$\hat{\sigma}^2_{Res(einfaktoriell)} = 14{,}945 \quad \text{(siehe Tab. 5.5)}$$

$$\hat{\sigma}^2_{Res(zweifaktoriell)} = 14{,}587 \quad \text{(siehe Tab. 6.7)}$$

Die Aufklärung an Varianz durch den Faktor Geschlecht hat in diesem Fall ausgereicht, um eine Erhöhung der Residualvarianz durch eine verringerte Anzahl an Freiheitsgraden auszugleichen. Sie hat sich sogar geringfügig verkleinert. Das Hinzufügen des Faktors Geschlecht in die Auswertung bringt also keine statistischen Nachteile für die Prüfung des Faktors „Verarbeitungstiefe", allerdings auch keine großen Vorteile außer dem Informationsgewinn über den Einfluss des Geschlechts. Interessiert sich der Forscher ausschließlich für den Einfluss der Verarbeitungstiefe auf die Erinnerungsleistung, so könnte er den Faktor Geschlecht in der statistischen Auswertung ebenso gut weglassen.

6.7 Voraussetzungen

Die Vorraussetzungen der zweifaktoriellen Varianzanalyse entsprechen denen der einfaktoriellen Varianzanalyse (für nähere Erläuterungen siehe Kapitel 5.5):

1.) Die abhängige Variable ist intervallskaliert.

2.) Das Merkmal ist in der Population normalverteilt.

3.) Die Residualvarianzen sind in der Population in allen Zellen bzw. Bedingungskombinationen der Stufen der beiden Faktoren gleich (Varianzhomogenität).

4.) Die Messwerte in allen Bedingungskombinationen sind voneinander unabhängig.

Die Voraussetzungen der zweifaktoriellen ANOVA entsprechen denen der einfaktoriellen ANOVA.

Zusammenfassung

Die zweifaktorielle Varianzanalyse ist eine Erweiterung der einfaktoriellen Varianzanalyse. Das Grundprinzip der einfaktoriellen Varianzanalyse, die Zerlegung der Gesamtvarianz in systematische Varianz und Residualvarianz, bleibt bestehen. Allerdings lässt sich die systematische Varianz in drei weitere Komponenten zerlegen: Die systematische Varianz des Faktors A, die des Faktors B und die der Wechselwirkung beider Faktoren. Drei Effekte lassen sich deshalb in der zweifaktoriellen Varianzanalyse auf Signifikanz prüfen: der Haupteffekt A, der Haupteffekt B und die Wechselwirkung A×B. Alle drei Effekte sind unabhängig voneinander und können alleine oder gemeinsam auftreten.

Alle aus der einfaktoriellen Varianzanalyse bekannten Zusammenhänge gelten auch für die zweifaktorielle ANOVA. Für jeden der drei Effekte existiert ein spezifischer F-Bruch, aus ihm leitet sich ein F-Wert ab, dessen Wahrscheinlichkeit unter der Nullhypothese mit dem a priori festgelegten Signifikanzniveau α verglichen wird. Alternativ wird der F-Wert mit einem kritischen F-Wert verglichen. Die Stichprobenumfangsplanung findet separat für alle inhaltlich relevanten Effekte statt. Der größte resultierende Umfang ist für die Gesamtuntersuchung maßgeblich. Bei fehlender Stichprobenumfangsplanung muss eine inhaltliche Bewertung mittels der Effektstärke bzw. die Berechnung der Teststärke vor der Entscheidung für die Nullhypothese erfolgen.

Wechselwirkungen treten erst bei zwei- oder mehrfaktoriellen Varianzanalysen auf. Die Wechselwirkung A×B im Fall der zweifaktoriellen Varianzanalyse beschreibt den Einfluss, der nur durch das Zusammentreffen bestimmter Stufen der beiden Faktoren zu Stande kommt und nicht durch den Einfluss der Haupteffekte allein zu erklären ist. Die Schätzung ihrer Größe erfolgt über die Abweichung der beobachteten Zellmittelwerte von den aufgrund der Haupteffekte zu erwartenden Zellmittelwerte.

Die Hinzunahme eines weiteren Faktors in die statistische Auswertung einer Varianzanalyse ist generell nur dann sinnvoll, wenn dieser Faktor genügend systematische Varianz aufklärt, um die Vergrößerung der Residualvarianz durch den Verlust an Freiheitsgraden mindestens auszugleichen.

Die genaue Struktur der Alternativhypothese der Haupteffekte sowie der Wechselwirkung kann durch Post-Hoc-Tests wie z.B. dem Tukey HSD-Test analysiert werden.

Aufgaben zu Kapitel 6

Verständnisaufgaben

a) Welche Effekte können in einer zweifaktoriellen Varianzanalyse auf Signifikanz geprüft werden?

b) Angenommen, einer der Effekte ist in einer zweifaktoriellen Varianzanalyse signifikant. Kann man durch diese Feststellung eine Aussage über des Vorhandensein/Nicht-Vorhandensein der anderen Effekte treffen?

c) Definieren Sie den Begriff „Wechselwirkung".

d) Es wird der Einfluss von hohem vs. niedrigem Lärm (Faktor A) und starker vs. schwacher Beleuchtung (Faktor B) auf die Konzentrationsleistung gemessen. Die Daten werden mit einer 2×2 ANOVA ausgewertet. Welche inhaltliche Interpretation ergibt sich, wenn:

    1.)   nur der Faktor A signifikant wird.

    2.)   nur der Faktor B signifikant wird.

    3.)   Faktor A und B signifikant werden, aber die Wechselwirkung nicht.

    4.)   nur die Wechselwirkung signifikant wird.

    5.)   die Wechselwirkung und Faktor A signifikant werden.

    6.)   die Wechselwirkung und Faktor B signifikant werden.

    7.)   alle drei Effekt signifikant werden

e) Wie lässt sich eine Wechselwirkung in einer Graphik darstellen bzw. erkennen?

Anwendungsaufgaben

Aufgabe 1

Bei einer zweifaktoriellen Varianzanalyse (p = 2; q = 2) wird der Haupteffekt des Faktors A auf dem 5%-Niveau signifikant ($F_{(1;36)} = 13$). Wie groß ist der aufgedeckte Effekt?

Aufgabe 2

Bei welchen der folgenden zweifaktoriellen Versuchspläne liegen Haupteffekte und/oder eine Wechselwirkung vor? (Anmerkung: Gemeint sind bei dieser Aufgabe die rein deskriptiven Unterschiede der Gruppenmittelwerte, es ist keine Testung auf Signifikanz erforderlich.)

a)

	B1	B2	$\overline{A}_i$
A1	5	10	
A2	9	14	
$\overline{B}_j$			$\overline{G} =$

b)

	B1	B2	$\overline{A}_i$
A1	25	38	
A2	33	20	
$\overline{B}_j$			$\overline{G} =$

c)

	B1	B2	$\overline{A}_i$
A1	36	32	
A2	32	20	
$\overline{B}_j$			$\overline{G} =$

d)

	B1	B2	$\overline{A}_i$
A1	10	14	
A2	10	14	
$\overline{B}_j$			$\overline{G} =$

Aufgabe 3

Ein Psychologe möchte herausfinden, ob die Einschätzung der eigenen Leistung von der emotionalen Labilität oder von der Erfahrung aus vorhergehenden Ereignissen abhängt. Dazu teilt er zunächst 96 Versuchspersonen in drei Gruppen auf: Personen mit sehr hohem Neurotizismus-Wert im NEO-FFI (vorher erfasst), Personen mit mittlerem Neurotizismus-Wert und Personen mit sehr niedrigem Neurotizismus-Wert. Nun lässt er diese Versuchspersonen ein Computerspiel spielen und teilt dadurch jede Gruppe nochmals in zwei Hälften auf: Die eine Hälfte verliert bei diesem Spiel, die andere Hälfte gewinnt (deren tatsächliche Leistung spielt dabei keine Rolle). Danach sollen sie eine Einschätzung ihrer eigenen Begabung geben (intervallskaliert).

Die Hypothese des Psychologen lautet: "Generell führen positive Ereignisse dazu, dass man sich als begabter einschätzt und umgekehrt; aber Personen, die besonders emotional labil sind, reagieren nach einer negativen Erfahrung so, dass sie sich als unverhältnismäßig weniger begabt einschätzen."

Dies ist die Ergebnisstruktur:

		B: Neurotizismus-Wert			
	n = 16	hoch	mittel	niedrig	$\overline{A}_i$
A: Computerspiel	gewonnen	6	5	7	6
	verloren	2	4	6	4
	$\overline{B}_j$	4	4,5	6,5	$\overline{G} = 5$

a)   Welche statistischen Hypothesen sind für die Fragestellung relevant?

b)   Testen Sie mit Hilfe einer Varianzanalyse die hier möglichen Effekte ($\alpha = 0,05$; $QS_{innerhalb} = 1080$)

c)   Füllen Sie die folgende Tabelle vollständig aus.

Quelle der Variation	QS	df	MQS	F	α
Haupteffekt Computerspiel					
Haupteffekt Neurotizismus					
Wechselwirkung					
Residual					
Total					

d) Einer der Tests ist nicht signifikant geworden. Treffen Sie eine Entscheidung darüber, ob der Forscher hier in der Lage ist, die Nullhypothese anzunehmen ($\beta = 0,05$), wenn er einen Effekt von $\Omega_p^2 = 0,1$ annimmt.

e) Wie viele Versuchspersonen hätte der Forscher pro Zelle gebraucht, um diesen Effekt von 10% hier zu finden, falls er tatsächlich existiert ($\beta = 0,05$)?

Aufgabe 4

Eine Entwicklungspsychologin möchte in einem Experiment die Einflüsse der Häufigkeit von Belohnungen (bei jedem, bei jedem zweiten bzw. jedem dritten gewünschten Verhalten) und der Art von Belohnungen (Geld, Süßigkeit, Lob) auf kooperatives Verhalten bei Kindern (Beobachterrating) untersuchen. In jeder Bedingungskombination wurden fünf Kinder untersucht. Die Ergebnisse zeigt die folgende Tabelle:

	jedes Mal	**jedes zweite Mal**	**jedes dritte Mal**
Geld	4,4	4,0	3,4
Süßigkeit	4,0	3,6	3,0
Lob	4,0	4,4	5,0

Folgende Quadratsummen wurden bereits berechnet: $QS_{total} = 31,98$; $QS_{zwischen} = 14,18$; $QS_A = 0,84$; $QS_B = 6,58$

a) Berechnen Sie die Mittelwerte der einzelnen Stufen der Faktoren.
b) Berechnen Sie die fehlenden Quadratsummen, sowie die Freiheitsgrade und geschätzten Varianzen.
c) Prüfen Sie die einzelnen Effekte auf Signifikanz ($\alpha = 0,05$).
d) Stellen Sie die Ergebnisse graphisch dar und beschreiben Sie diese in eigenen Worten.

Aufgabe 5

In der Sozialpsychologie gibt es eine Theorie über den Einfluss der Stimmung auf die Art der Informationsverarbeitung: In guter Stimmung ist die Informationsverarbeitung eher ungenau und unsystematisch. Gut Gelaunte denken einfach nicht so viel nach. In schlechter Stimmung sind Personen eher geneigt nachzudenken und verarbeiten Informationen sehr systematisch. Dieser Effekt soll nun getestet werden. Zuerst wird drei gleich großen Gruppen (je $n = 44$) jeweils eine Stimmung induziert: positiv, neutral, negativ. Die Stimmungsinduktion ist erfolgreich $F_{(2;129)} = 9,4$, $p < 0,05$. Dann werden den Versuchspersonen unterschiedlich starke Argumente für eine Abschaffung von Atomkraftwerken dargeboten. Der einen Hälfte der Versuchspersonen werden schwache, wenig überzeugende Argumente für das Abschalten präsentiert. Der anderen Hälfte gibt man starke und überzeugende Argumente für die Abschaffung. Gemessen wird auf einer 9-stufigen Skala, wie stark die Versuchspersonen nach dem Lesen der

Argumente der Abschaltung von Atomkraftwerken zustimmen. (0 „stimme nicht zu" bis 9 „stimme stark zu"). Als Signifikanzniveau wurde $\alpha = 0,05$ angenommen. Die Residualvarianz beträgt 8,18.

Die inhaltliche Hypothese lautet: Die Stärke der Argumente spielt unter negativer Stimmung eine Rolle für den Grad der Zustimmung, d.h. bei starken Argumenten ist die Zustimmung größer als bei schwachen Argumenten. Unter positiver Stimmung spielt die Stärke der Argumente keine Rolle.

	Stimmung			
	negativ	neutral	positiv	
starke Argumente	8	8	5	7
schwache Argumente	4	5	6	5
	6	6,5	5,5	6

F-Werte der zweifaktoriellen Varianzanalyse:

Haupteffekt A (Stärke der Argumente) $F_{(1;126)} = 16,14$

Haupteffekt B (Stimmung) $F_{(2;126)} = 1,34$

Wechselwirkung A×B $F_{(2;126)} = 9,41$

a) Prüfen Sie die Effekte auf Signifikanz ($\alpha = 0,05$).
b) Für welche Effekte der Varianzanalyse ist bei den gegebenen Ergebnissen eine Post-Hoc-Analyse sinnvoll und warum?
c) Berechnen Sie die Tukey´s Honest Significant Difference für die Wechselwirkung ($\alpha = 0,05$). Verwenden Sie für die Nennerfreiheitsgrade df = 120. Welche Differenzen der Zellmittelwerte sind signifikant voneinander verschieden?
d) Stellen Sie die Wechselwirkung graphisch dar und interpretieren Sie sie inhaltlich.

7 Varianzanalyse mit Messwiederholung

Viele wissenschaftliche Untersuchungen verwenden in ihrer Datenerhebung die Methode der Messwiederholung. Dies hat verschiedene Gründe. Zum einen ist es für Fragen nach einer zeitlichen Veränderung eines Merkmals zwingend notwendig, mehrmals an denselben Versuchsteilnehmern zu messen, wie z.B. bei der Entwicklung der Lernfähigkeit von Kindern. Auch bei der Untersuchung der Wirksamkeit bestimmter Therapien oder anderer Formen der Intervention ist es ratsam, das interessierende Merkmal vor der Therapie, direkt nach der Therapie und zusätzlich zu einem weit späteren Zeitpunkt zu erfassen. Zum anderen bietet die Methode der Messwiederholung versuchsplanerische und statistische Vorteile und wird deshalb häufig einer nicht messwiederholten Versuchsanordnung vorgezogen.

Die Besonderheit bei der wiederholten Messung eines Merkmals an denselben Versuchspersonen ist, dass die zu den verschiedenen Zeitpunkten erfassten Daten voneinander abhängig sind. Messwiederholte Daten verletzen damit eine entscheidende Voraussetzung der Varianzanalyse ohne Messwiederholung (Kap. 5.5). Trotzdem lassen sich die Logik und Terminologie der vorangegangen Kapitel relativ leicht auf die Varianzanalyse mit Messwiederholung übertragen. Kapitel 7.1 geht zunächst auf die einfaktorielle Varianzanalyse mit Messwiederholung ein. Dann stellen wir in den Kapiteln 7.2 und 7.3 die zweifaktorielle Varianzanalyse mit Messwiederholung auf einem oder beiden Faktoren vor. Zuletzt diskutiert Abschnitt 7.4 Vor- und Nachteile der Methode der Messwiederholung.

Eine Bemerkung vorneweg: Auch in diesem Kapitel haben wir versucht, dem Grundsatz dieses Buches treu zu bleiben, so wenig Mathematik wie möglich zu präsentieren, aber so viel wie nötig. Varianzanalysen mit Messwiederholung bergen einen deutlich komplexeren mathematischen Hintergrund als solche ohne Messwiederholungen. So ist es zu erklären, dass die Bildung von

F-Brüchen und Effektstärken etwas komplizierter erscheint, als Sie dies aus den vergangenen Kapiteln gewohnt sind.

Ziel dieses Kapitels ist es nicht, dass Sie alle beschriebenen Formeln auswendig lernen und auf Abruf parat haben. Vielmehr möchten wir erreichen, dass Sie die grundlegenden Konzepte der Varianzanalyse mit Messwiederholung verstehen. Dazu gehört, dass Sie an Hand von Formeln und theoretischen Überlegungen mit Hilfe der folgenden Ausführungen nachvollziehen können, warum sich bestimmte Sachverhalte anders verhalten als im Fall von nicht messwiederholten Verfahren.

7.1 Einfaktorielle Varianzanalyse mit Messwiederholung

Die einfaktorielle Varianzanalyse mit Messwiederholung untersucht die Frage, ob sich die Ausprägung eines Merkmals zu verschiedenen Messzeitpunkten unterscheidet. Sie stellt somit eine Erweiterung des t-Tests für abhängige Stichproben dar, der höchstens zwei Messzeitpunkte miteinander vergleichen kann (Kap. 3.5.1, Band I). Durch den simultanen Vergleich beliebig vieler Messzeitpunkte ist – analog zur einfaktoriellen Varianzanalyse ohne Messwiederholung – nur ein Test nötig, dadurch tritt keine α-Fehler-Kumulierung auf (vgl. Kap. 5).

Die einfaktorielle Varianzanalyse mit Messwiederholung ist eine Erweiterung des t-Tests für abhängige Stichproben.

Wie schon bei der Erörterung des t-Tests für abhängige Stichproben, dient als Beispiel für die folgenden Abschnitte die Frage, wie sich die Wiederholung einer motorischen Aufgabe auf die Leistung auswirkt. In der Aufgabe müssen die Versuchsteilnehmer innerhalb von 30 Sekunden möglichst häufig eine kurze Sequenz mit den Fingern tippen. Die Sequenz ist dabei immer gleich. Die Anzahl richtiger Sequenzen innerhalb der 30 Sekunden bildet die abhängige Variable. Es finden insgesamt drei aufeinander folgende Messungen statt. Die Daten von vier Versuchspersonen zu den drei Messzeitpunkten sind in Tabelle 7.1. dargestellt. Die entscheidende Frage lautet: Hat die Wiederholung des Tests einen Einfluss auf die Leistung in der motorischen Aufgabe bzw. unterscheiden sich die Mittelwerte der Messzeitpunkte signifikant voneinander?

	Messung 1	Messung 2	Messung 3	$\overline{P}_m$
Vp 1	5	14	20	13
Vp 2	7	17	18	14
Vp 3	15	25	26	22
Vp 4	7	16	16	13
$\overline{A}_i$	8,5	18	20	15,5

Tabelle 7.1. Ergebnisse von vier Versuchspersonen in einer motorischen Aufgabe zu drei aufeinander folgenden Messzeitpunkten

Die Tabelle erinnert an die Tabelle 5.1 bei der einfaktoriellen Varianzanalyse ohne Messwiederholung. Der entscheidende Unterschied ist aber, dass hier in einer Zeile die Daten derselben Versuchsperson für die drei Messzeitpunkte stehen (N = 4), während in Tabelle 5.1 jeder Wert in jeder Zelle von einer anderen Versuchsperson stammt (N = 12).

7.1.1 Zerlegung der Gesamtvarianz

Im Sinne der Varianzanalyse müssen wir überlegen, welche Gründe es für die Unterschiede in den gemessenen Werten geben kann. Aus welchen Quellen der Variation setzt sich die Gesamtvarianz zusammen? Zunächst könnte sich ein Teil der Unterschiede in den Messwerten durch die bekannte „systematische Varianz" oder „Effektvarianz" erklären, die auf die Unterschiede der experimentellen Manipulation und damit auf die Unterschiede zwischen den drei Messzeitpunkten zurückgeht. Die Methode der Messwiederholung kann aber zusätzlich noch eine weitere Quelle der Variation erfassen, und das sind systematische Unterschiede zwischen den einzelnen Versuchspersonen, zum Beispiel aufgrund von Persönlichkeitseigenschaften oder Motivationsunterschieden. Diese Varianz heißt Personenvarianz (σ^2_{Vpn}). Der nicht erklärbare Rest der Gesamtvarianz wird, wie bereits bekannt, als „unsystematische Varianz" oder „Residualvarianz" bezeichnet. Auf Populationsebene lässt sich die Zerlegung der Gesamtvarianz bei einer einfaktoriellen Varianzanalyse mit Messwiederholung folgendermaßen darstellen (siehe Abb. 7.1):

$$\sigma^2_{gesamt} = \sigma^2_{Vpn} + \sigma^2_{Effekt} + \sigma^2_{Residual}$$

Abbildung 7.1. Schematische Zerlegung der Gesamtvarianz auf der Populationsebene für die Varianzanalyse mit einem messwiederholten Faktor

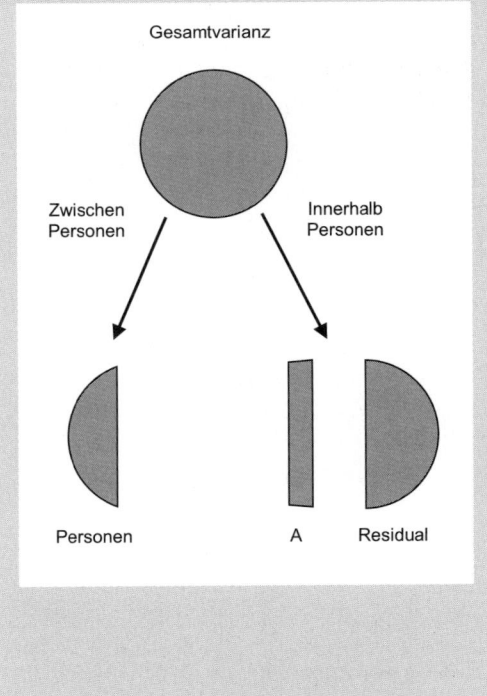

Gesamtvarianz

Zwischen Personen

Innerhalb Personen

Personen

A   Residual

Die Residualvarianz in messwiederholten Varianzanalysen setzt sich aus zwei Komponenten zusammen. Eine Komponente beinhaltet die Wechselwirkung zwischen dem Personenfaktor und den Stufen des messwiederholten Faktors A, die andere Komponente die restlichen unsystematischen Einflüsse (zum Konzept der Wechselwirkung siehe Kap. 6.2.5 und 6.4):

$$\sigma^2_{Residual} = \sigma^2_{\alpha \times Vpn} + \sigma^2_\varepsilon$$

Allerdings sind diese beiden Komponenten auf der Stichprobenebene nicht voneinander zu trennen. Dies liegt daran, dass der Personenfaktor nicht systematisch von einem Forscher variiert werden kann, wie dies in den bisherigen Abschnitten über Wechselwirkungen der Fall war. Deshalb bezeichnen wir beide Komponenten weiterhin gemeinsam als Residualvarianz.

Insgesamt stellt die Erfassung einer zusätzlichen Quelle an Varianz (der Varianz zwischen den Personen) einen großen statistischen Vorteil der Varianzanalyse mit Messwiederholung dar. In nicht messwiederholten Verfahren bilden personenbezogene Unterschiede im allgemeinen Leistungsniveau (o.ä.) einen Teil der nicht erklärbaren Unterschiede und erhöhen somit die Residualvarianz. Bei einer messwiederholten Varianzanalyse kann dieser Anteil der Residualvarianz auf solche Unterschiede zwischen den Personen (wie z.B. das allgemeine Leistungsniveau) zurückgeführt werden. Dies führt zu einer Verringerung der Residualvarianz. Je kleiner die Residualvarianz, desto größer wird bei konstanter systematischer Varianz der F-Bruch (Kap. 5.2.7). Bei gleich bleibender Aufklärung durch die systematische Varianz erhöht sich also die Chance auf ein signifikantes Resultat. Mit anderen Worten: Eine solche Verringerung der Residualvarianz hat im Allgemeinen eine höhere Teststärke der messwiederholten Varianzanalyse im Gegensatz zu vergleichbaren nicht messwiederholten Verfahren zur Folge.

In Tabelle 7.1. fällt auf, dass Versuchsperson 3 zu allen drei Messzeitpunkten sehr viel höhere Werte hat als die anderen drei Versuchspersonen. Dies führt zu einem höheren Personenmittelwert P_m. Dieser Unterschied lässt sich durch eine allgemein höhere motorische Fähigkeit dieser Person erklären, die unabhängig von den verschiedenen Messzeitpunkten, d.h. in allen drei Messungen gleichermaßen auftritt. Ein Teil der Gesamtvarianz in den Messwerten ist also auf die systematischen Leistungsunterschiede zwischen den Versuchspersonen zurückzuführen. Diese Beobachtung gilt auch für Verfahren ohne Messwiederholung. Allerdings bieten sie keine Möglichkeit, die Größe dieses Anteils zu spezifizieren. Die Varianzanalyse mit Messwiederholung ist dazu in der Lage und kann so wie beschrieben die Teststärke des Verfahrens erhöhen.

7.1.2 Schätzung der Varianzkomponenten

Residualvarianz

In der einfaktoriellen Varianzanalyse mit Messwiederholung erfolgt die Schätzung der Residualvarianz über die Abweichung der empirischen Messwerte von den Werten, die allein auf Grund der Mittelwerte der Messzeitpunkte und der Personenmittelwerte zu erwarten gewesen wären. Dieses Verfahren entspricht in seiner Logik der Schätzung der Varianz der Wechselwirkung zwischen zwei Faktoren, die bereits in Kapitel 6.2.5 vorgestellt wurde. In diesem Sinne setzen sich die erwarteten Messwerte aus dem Gesamtmittelwert, dem Einfluss des Faktors A sowie dem Einfluss des „Personenfaktors" P zusammen.

$$x_{im(erwartet)} = \overline{G} + (\overline{A}_i - \overline{G}) + (\overline{P}_m - \overline{G}) = \overline{A}_i + \overline{P}_m - \overline{G}$$

$x_{im(erwartet)}$: Erwarteter Wert einer Person m in der Stufe i des Faktors A.

Der Erwartungswert der Residualvarianz setzt sich im Gegensatz zur Varianzanalyse ohne Messwiederholung aus zwei Komponenten zusammen, zum einen aus dem Zusammenhang zwischen dem Personenfaktor P und den Messzeitpunkten des Faktors A, zum anderen aus dem so genannten „Messfehler".

$$E(\hat{\sigma}^2_{A \times Vpn}) = \sigma^2_{Res} = \sigma^2_{\alpha \times Vpn} + \sigma^2_{\varepsilon}$$

Die geschätzte Residualvarianz berechnet sich aus den quadrierten Abweichungen der empirischen von den erwarteten Messwerten. In diesem Sinne wird die Residualvarianz in einer einfaktoriellen Varianzanalyse aus der Varianz der Wechselwirkung zwischen dem Personenfaktor und dem messwiederholten Faktor geschätzt. Der Messfehler ist ebenfalls Teil des Erwartungswerts der so bestimmten

Die Residualvarianz betrachtet die Abweichung der Messwerte von den auf Grund des Effekts und des Personenfaktors erwarteten Werten.

Residualvarianz (siehe obige Formel). Er lässt sich nicht isolieren und ist untrennbar mit der Varianz der Wechselwirkung zwischen dem Personenfaktor und dem messwiederholten Faktor verbunden.

$$\hat{\sigma}^2_{A \times Vpn} = \frac{QS_{A \times Vpn}}{df_{A \times Vpn}} = \frac{\sum_{i=1}^{p} \sum_{m=1}^{N} [x_{im} - (\overline{A}_i + \overline{P}_m - \overline{G})]^2}{(p-1) \cdot (n-1)}$$

In der Formel entspricht p der Gesamtzahl der Stufen des messwiederholten Faktors A (Laufindex i), N gibt weiterhin die Anzahl Versuchspersonen an (Laufindex m). Zur Veranschaulichung berechnen wir die geschätzte Residualvarianz aus dem obigen Beispiel. Die Werte entstammen der Tabelle 7.1.

$$\hat{\sigma}^2_{A \times Vpn} = \frac{[5 - (8,5 + 13 - 15,5)]^2 + ..[16 - (20 + 13 - 15,5)]^2}{(3-1) \cdot (4-1)} = \frac{14}{6} = 2,\overline{3}$$

Die Freiheitsgrade belaufen sich zu $df_{A \times Vpn} = (3-1) \cdot (4-1) = 6$

Personenvarianz

Die Personenvarianz wird über die so genannte „Varianz zwischen Versuchspersonen" geschätzt. Die Berechnung berücksichtigt die Unterschiede zwischen den über alle Messzeitpunkte gemittelten Werten P_m der einzelnen Versuchspersonen. Allerdings spielt der exakte Wert der Varianz zwischen den Versuchspersonen in der Auswertung der Varianzanalyse keine Rolle, und deshalb verzichten wir auf die Darstellung der mathematischen Formel.

Systematische Varianz

Die Schätzung der systematischen Varianz erfolgt über die Unterschiede zwischen den Mittelwerten der einzelnen Messzeitpunkte. Wie schon bei der Varianzanalyse ohne Messwiederholung lässt sich auch in der Varianzanalyse mit Messwiederholung die systematische Varianz nicht isoliert schätzen. Stattdessen ist sie in der Schätzung untrennbar mit der Residualvarianz verbunden. Allerdings ist im messwiederholten Fall neu, dass der Erwartungswert der systematischen Varianz neben dem Messfehler auch die Interaktion zwischen dem Personenfaktor und dem messwiederholten Faktor enthält.

Der Erwartungswert der geschätzten systematischen Varianz enthält Varianz des Effekts, der Wechselwirkung zwischen Personenfaktor und Effekt sowie Varianz des „Messfehlers".

$$E(\hat{\sigma}_A^2) = n \cdot \sigma_\alpha^2 + \sigma_{Res}^2 = n \cdot \sigma_\alpha^2 + \sigma_{\alpha \times Vpn}^2 + \sigma_\varepsilon^2$$

Die Berechnung erfolgt dagegen analog zu den nicht messwiederholten Verfahren. Die Bezeichnung entspricht dem vorangegangenen Kapitel: Geschätzt wird die Varianz des Haupteffekts A, die Anzahl der Stufen bzw. Messzeitpunkte wird mit p bezeichnet.

$$\hat{\sigma}_A^2 = \frac{QS_A}{df_A} = \frac{n \cdot \sum_{i=1}^{p} (\overline{A}_i - \overline{G})^2}{p-1}$$

Die Schätzung der systematischen Varianz des messwiederholten Faktors A für das obige Beispiel kommt zu folgendem Ergebnis.

$$\hat{\sigma}_A^2 = 4 \cdot \frac{(8,5-15,5)^2 + (18-15,5)^2 + (20-15,5)^2}{2} = 4 \cdot \frac{49 + 6,25 + 20,25}{2}$$

$$\hat{\sigma}_A^2 = \frac{302}{2} = 151 \qquad \text{mit} \quad df_A = 3 - 1 = 2$$

7.1.3 Signifikanzprüfung

Um zu prüfen, ob die Merkmalsausprägungen der Probanden sich zu den einzelnen Messzeitpunkten signifikant unterscheiden, verwendet die einfaktorielle Varianzanalyse mit Messwiederholung das bekannte Verfahren der F-Bruch Bildung. Dabei ist es wichtig, dass sich die getestete Varianz im Zähler in ihrem Erwartungswert nur durch die Effektvarianz von der im Nenner stehenden Prüfvarianz unterscheidet (vgl. Kap. 5.2.7). Die oben beschriebenen Schätzer der Residualvarianz und der systematischen Varianz erfüllen diese Bedingung. Der F-Bruch wird gebildet aus der geschätzten systematischen Varianz für den messwiederholten Faktor A, geteilt durch die geschätzte Residualvarianz.

$$F_{A(df_A, df_{Res})} = \frac{\hat{\sigma}_A^2}{\hat{\sigma}_{Res}^2} = \frac{\hat{\sigma}_A^2}{\hat{\sigma}_{A \times Vpn}^2}$$

F-Bruch zur Signifikanzprüfung des messwiederholten Faktors A

Während die Zählerfreiheitsgrade denen einer Varianzanalyse ohne Messwiederholung entsprechen, unterscheidet sich die Berechnung der Nennerfreiheitsgrade.

$$df_A = p - 1 \qquad \text{und} \qquad df_{A \times Vpn} = (n - 1) \cdot (p - 1)$$

Die Prüfung auf Signifikanz erfolgt anhand der Tabellen E in Band I, in denen die Wahrscheinlichkeiten der jeweiligen F-Werte unter Annahme der Nullhypothese in Abhängigkeit von Zähler- und Nennerfreiheitsgraden abgetragen sind.

Prüfung des Haupteffekts A auf Signifikanz

Die Signifikanzprüfung in der Varianzanalyse mit Messwiederholung erfolgt nach demselben Muster wie die der Varianzanalyse ohne Messwiederholung. Die Nullhypothese des Haupteffekts A lautet: Alle Populationsmittelwerte der Stufen bzw. Messzeitpunkte des messwiederholten Faktors A sind gleich. Die Alternativhypothese behauptet das Gegenteil:

H_0: $\quad \mu_1 = \mu_2 = \ldots = \mu_p$

H_1: $\quad \neg H_0$

Bildung des F-Bruchs:

$$F_{A(df_A ; df_{A \times Vpn})} = \frac{\hat{\sigma}_A^2}{\hat{\sigma}_{A \times Vpn}^2}$$

Das Hypothesenpaar für das Beispiel der Wirkung von Training auf die Leistung in einer motorischen Aufgabe lautet:

H_0: $\quad \mu_{Messung1} = \mu_{Messung2} = \mu_{Messung3}$

H_1: $\quad \neg H_0$

Da wir die relevanten Varianzen für die Signifikanzprüfung in dem Beispiel schon berechnet haben, brauchen wir die Werte nur noch in den F-Bruch einzusetzen.

$$F_{A(2;6)} = \frac{151}{2,\overline{3}} = 64,71$$

Aus Tabelle E in Band I entnehmen wir den kritischen F-Wert für die Freiheitsgrade und das Signifikanzniveau von $\alpha = 0,05$.

$$F_{krit(2;6)} = 5,14$$

Der berechnete F-Wert ist größer als der kritische F-Wert, der Haupteffekt des messwiederholten Faktors A ist signifikant.

Datenbeispiel

Wir werden in den folgenden Abschnitten zur Veranschaulichung einen Datensatz mit einer größeren Anzahl Versuchspersonen verwenden. Es geht weiterhin um den Effekt einer Testwiederholung auf die Geschwindigkeit der Versuchspersonen, innerhalb von 30 Sekunden eine sich wiederholende Sequenz mit den Fingern korrekt einzugeben. Es wurden 36 Versuchspersonen untersucht. Die Mittelwerte der Anzahl korrekter Sequenzen sind in Tabelle 7.2. für die drei Messzeitpunkte dargestellt. Die Daten mit Rechenbeispielen für das Programm SPSS finden Sie in den zusätzlichen Materialien auf der Internetseite zum Buch.

7.1.4 Voraussetzungen für die Varianzanalyse mit Messwiederholung

Wie schon bei der Varianzanalyse ohne Messwiederholung gibt es auch für den Fall mit Messwiederholung vier Voraussetzungen. Allerdings unterscheiden sich die Voraussetzungen teilweise zwischen den Verfahren. Die ersten drei Voraussetzungen der Varianzanalyse ohne Messwiederholung gelten auch für die entsprechenden Verfahren mit Messwiederholung: Intervallskaliertheit der Daten, Normalverteilung des Merkmals sowie Homogenität der Varianzen in den Stufen des Faktors bzw. der Bedingungskombinationen mehrerer Faktoren (vgl. Kap. 5.5 und 6.7). Allerdings ist die vierte Voraussetzung für den Fall ohne Messwiederholung – Unabhängigkeit der Messwerte – im Fall der Messwiederholung fast zwangsläufig verletzt, weil dieselben Versuchspersonen zu den verschiedenen Messzeitpunkten Daten liefern. Statt eine Annahme über die Unabhängigkeit der Messwerte zu treffen, gilt bei Verfahren mit Messwiederholung eine Voraussetzung über die Art der Abhängigkeit der Daten der verschiedenen Messzeitpunkte. Diese Voraussetzung besagt, dass alle Korrelationen zwischen den einzelnen Stufen des messwiederholten Faktors homogen sein müssen.

In dem Beispiel der motorischen Aufgabe bedeutet diese Voraussetzung, dass die Korrelation zwischen Messung 1 und 2

Tabelle 7.2. Mittlere Anzahl korrekter Sequenzen der 36 Versuchspersonen zu drei Messzeitpunkten

Messung 1	Messung 2	Messung 3
16,6	17,3	18,3

Alle Korrelationen zwischen den Stufen des messwiederholten Faktors müssen homogen sein.

Bei einer Verletzung ihrer Voraussetzung kann eine Varianzanalyse mit Messwiederholung fälschlicherweise signifikante Ergebnisse liefern.

gleich groß sein muss wie die Korrelation zwischen den Messungen 1 und 3 sowie die Korrelation der Messungen 2 und 3. Ist diese Annahme verletzt, so führt die Signifikanzprüfung einer messwiederholten Varianzanalyse zu progressiven Entscheidungen, d.h. die Analyse kann ein signifikantes Ergebnis liefern, obwohl eigentlich kein Effekt existiert. Die Forderung nach einer Homogenität der Korrelationen ist natürlich immer erfüllt, wenn der messwiederholte Faktor nur zwei Stufen hat. In diesem Fall gibt es nur eine einzige Korrelation zwischen den Stufen des Faktors. Für den Sonderfall einer Nullkorrelation zwischen allen Faktorenstufen entspricht eine Varianzanalyse mit Messwiederholung der entsprechenden Varianzanalyse ohne Messwiederholung, denn die Daten sind bei dieser Konstellation unabhängig voneinander.

Die Korrelationen zwischen den Faktorstufen im Beispiel der motorischen Fertigkeiten sind in Tabelle 7.3 dargestellt (zur Berechung von Korrelationen vgl. Kap. 4.1, Band I). Die Korrelation zwischen Messung 2 und Messung 3 ist deskriptiv betrachtet höher als die anderen beiden Korrelationen zwischen den Faktorstufen. Möglicherweise ist die Annahme der Homogenität der Korrelationen in diesem Beispiel verletzt. Dies könnte dazu führen, dass eigentlich kein Effekt existiert, obwohl uns die einfaktorielle messwiederholte Varianzanalyse ein signifikantes Ergebnis liefert. Der kommende Abschnitt bietet eine Antwort auf die Frage, wie in solchen Situationen vorzugehen ist.

Tabelle 7.3. Korrelationen zwischen den Faktorstufen

r	Messung 2	Messung 3
Messung 1	0,661	0,649
Messung 2		0,799

7.1.5 Die Zirkularitätsannahme

Die Annahme von Homogenität aller Korrelationen zwischen den Faktorstufen ist eine sehr strenge Voraussetzung. Es hat sich gezeigt, dass die Varianzanalyse mit Messwiederholung auch dann valide Ergebnisse liefert, wenn eine etwas liberalere Annahme erfüllt ist, die Annahme der Zirkularität oder Sphärizität. Die Zirkularitätsannahme besagt, dass die Varianzen der Differenzen zwischen jeweils zwei Faktorstufen homogen sein müssen. Die Homogenität der Korrelationen ist ein Spezialfall dieser Annahme. Die Zirkularitätsannahme ist z.B. auch dann noch erfüllt, wenn die Korrelationen zwischen den Messzeitpunkten mit größerem zeitlichen Abstand abnehmen. Dieser Fall tritt sehr häufig in Studien mit

Die Annahme der Zirkularität ist ausreichend, um eine Varianzanalyse mit Messwiederholung anzuwenden.

Die Zirkularitätsannahme verlangt, dass alle Varianzen der Differenzen zweier Faktorstufen gleich sind.

Messwiederholung auf, da meistens die Leistung der Versuchspersonen zwischen zwei aufeinander folgenden Messungen enger zusammenhängen als die Leistungen zwischen zeitlich weit auseinander liegenden Messungen, wie z.B. die Leistung zwischen der ersten und der letzten Messung.

Um zu bestimmen ob die Zirkularitätsannahme in dem Beispiel erfüllt ist, müssen wir erst die Differenzen der Messwerte bilden, und dann die Varianzen der Differenzen bestimmten (vgl. Kap. 1.3, Band I):

$$\sigma^2_{\text{Messung1–Messung2}} = 17,5 \qquad \sigma^2_{\text{Messung2–Messung3}} = 10,3$$

$$\sigma^2_{\text{Messung1–Messung3}} = 16,6$$

Auch die Varianzen der Differenzen zwischen den einzelnen Faktorstufen sind unterschiedlich. Die Daten aus dem Beispiel verletzen deskriptiv also auch die Annahme der Zirkularität bzw. Sphärizität. Der folgende Abschnitt zeigt, wie sich die Verletzung der Zirkularitätsannahme statistisch nachweisen lässt.

Testen der Zirkularitätsannahme

Ein Verfahren zum Testen der Annahme der Zirkularität ist der Mauchly-Test auf Sphärizität. Die Nullhypothese dieses Tests entspricht der Zirkularitätsannahme: Alle Varianzen der Differenzen zwischen den Faktorstufen sind gleich. Das bedeutet, der Mauchly-Test für Sphärizität liefert ein signifikantes Ergebnis, wenn die Zirkularitätsannahme nicht erfüllt ist. In diesem Fall unterscheiden sich die Varianzen der Differenzen zwischen den Faktorstufen signifikant voneinander und die Voraussetzung für die Varianzanalyse mit Messwiederholung ist verletzt.

Der Mauchly-Test auf Sphärizität wird in dem Statistikprogramm SPSS automatisch bei der Auswertung einer messwiederholten Varianzanalyse mit geliefert (Tab. 7.4). Für das Rechenbeispiel mit den motorischen Fertigkeiten ergibt dieser Test ein nicht signifikantes Ergebnis (p > 0,05). Das bedeutet, die Varianzen der Differenzen zwischen den Faktorstufen sind nicht signifikant voneinander verschieden. Damit deutet der Test trotz der deskriptiv gefundenen Unterschiede in den Varianzen der Differenzen auf eine Erfüllung der Annahme der Zirkularität hin.

Tabelle 7.4. Der SPSS Output des
Mauchly-Tests auf Sphärizität für das
Datenbeispiel

Mauchly-Test auf Sphärizität

Maß: MASS_1

Inner-subjekt effekt	Mauchly -W	Approximiert es Chi-Quadrat	df	Sig.	Epsilon		
					Green-house-Geisser	Huynh -Feldt	Unter-grenze
Faktor A	,905	3,411	2	,182	,913	,960	,500

Die Anwendung des Mauchly-Test auf
Sphärizität ist problematisch.

Allerdings ist die Anwendung des Mauchly-Test auf Sphärizität problematisch. Bei einer geringen Anzahl Versuchspersonen hat dieser Test eine geringe Teststärke, d.h. eine Verletzung der Sphärizität kann vorliegen, obwohl der Mauchly-Test nicht signifikant ist. Gleichzeitig ergibt der Test bei einer hohen Anzahl Versuchspersonen häufig ein signifikantes Ergebnis, obwohl die Zirkularitätsannahme erfüllt ist. Zusätzlich ist der Test anfällig für eine Verletzung der Voraussetzung der Normalverteilung. Insgesamt sollte das Ergebnis des Mauchly-Test auf Sphärizität nur unter Vorbehalt interpretiert werden. Wir empfehlen bei Zweifeln am Zutreffen der Zirkularitätsannahme auch dann die unten aufgeführten Korrekturen zu beachten, wenn der Mauchly-Test auf Sphärizität nicht signifikant geworden ist.

Korrekturverfahren

Es gibt Korrekturverfahren, die die Verletzung der Voraussetzung der Zirkularität kompensieren können. Diese Korrekturverfahren bauen auf einer Reduktion der Zähler- und Nennerfreiheitsgrade um einen Faktor ε auf. Je stärker die Zirkularitätsannahme verletzt ist, desto kleiner wird ε. Die Bestimmung der Wahrscheinlichkeit eines resultierenden F-Werts für die Testung des systematischen Effekts der experimentellen Bedingungen unter der Nullhypothese erfolgt dann unter Berücksichtigung der neuen, adjustierten Freiheitsgrade. Diese Wahrscheinlichkeit des F-Werts unter der Nullhypothese ist mit der Adjustierung der Freiheitsgrade größer als ohne Adjustierung, wenn die Zirkularitätsannahme verletzt ist. In diesem Fall kann es sein, dass ein F-Wert ohne Korrekturverfahren signifikant ist, während sich nach der Korrektur kein signifikantes Ergebnis ergibt.

Bei einer Verletzung der
Zirkularitätsannahme müssen die
Freiheitsgrade der Signifikanzprüfung
korrigiert werden.

Die konservativste Korrektur der Freiheitsgrade verwendet den kleinstmöglichen Wert für den Faktor ε. Bei einem messwiederholten Faktor mit p Stufen ist der niedrigste Wert für ε = $1/(p-1)$. Eine Signifikanzprüfung mit derart korrigierten Freiheitsgraden ist unabhängig von der Art der Korrelationen zwischen den Faktorstufen. In dieses Verfahren geht der Grad der Verletzung der Zirkularität nicht mit ein. Diese von Greenhouse und Geisser vorgeschlagene Korrektur wird in SPSS als „Untergrenze" bezeichnet (und nicht als „Greenhouse-Geisser"!). Ist ein F-Wert nach dieser Adjustierung der Freiheitsgrade weiterhin signifikant, so liegt in jedem Fall ein signifikanter Unterschied zwischen den Messzeitpunkten vor. Ist allerdings die Zirkularitätsannahme nur zu einem geringen Grad verletzt, führt dieses Verfahren häufig fälschlicherweise zu nicht-signifikanten Ergebnissen.

Eine spezifischere Korrektur der Freiheitsgrade bietet das Verfahren nach Box. Hier variiert der Faktor ε mit der Stärke der Verletzung der Zirkularität. Bei den meisten Verletzungen der Zirkularität ($\varepsilon_{Box} < 0.75$) ist dieses Korrekturverfahren die Methode der Wahl. In SPSS wird diese Art der Adjustierung der Freiheitsgrade irrtümlicherweise als Greenhouse-Geisser Korrektur bezeichnet (siehe Tab. 7.4).

Im Fall einer nur leichten Verletzung der Zirkularität ($\varepsilon_{Box} > 0.75$) schlagen Huynh und Feldt eine liberalere Korrektur der Freiheitsgrade vor. Dieses Verfahren führt allerdings fälschlicher Weise zu signifikanten Ergebnissen, wenn die Zirkularitätsannahme zu stark verletzt ist.

Bei der Auswertung einer messwiederholten Varianzanalyse bietet das Programm SPSS die Wahrscheinlichkeiten des F-Werts unter der Nullhypothese sowohl ohne Adjustierung der Freiheitsgrade als auch nach Adjustierung mit Hilfe der drei oben genannten Korrekturverfahren. Der verwendete Faktor ε für die drei Verfahren wird bei dem Mauchly-Test auf Sphärizität angegeben (siehe Tab. 7.4). Die folgende Tabelle 7.5 zeigt den SPSS-Output für die Signifikanzprüfung des Faktors A in unserem Rechenbeispiel:

Tests der Innersubjekteffekte

Maß: MASS_1

Quelle		Quadrat summe vom Typ III	df	MQS	F	Sig.	Part. Eta-Quadrat	Beob. Schärfe[a]
FaktorA	Sphärizität angenommen	52,056	2	26,0	3,52	,035	,091	,638
	Greenhouse-Geisser	52,056	1,83	28,5	3,52	,039	,091	,609
	Huynh-Feldt	52,056	1,92	27,1	3,52	,037	,091	,625
	Untergrenze	52,056	1,00	52,1	3,52	,069	,091	,446
Fehler (Faktor A)	Sphärizität angenommen	517,944	70	7,399				
	Greenhouse-Geisser	517,944	63,9	8,105				
	Huynh-Feldt	517,944	67,2	7,704				
	Untergrenze	517,944	35,0	14,8				

a. Unter Verwendung von Alpha = ,05 berechnet

Tabelle 7.5. Der SPSS-Output der Signifikanzprüfung des mess-wiederholten Faktors A im Datenbeispiel

Unter der Voraussetzung der Erfüllung der Zirkularitätsannahme ergibt sich eine Wahrscheinlichkeit für den berechneten F-Wert unter der Nullhypothese von $p = 0,035$. Unter dieser Annahme ergibt sich also ein signifikanter Haupteffekt A mit $p < 0,05$. Im Gegensatz dazu zeigt die konservativste Korrektur der Freiheitsgrade nach Greenhouse-Geisser (SPSS: „Untergrenze") nur ein marginal signifikantes Ergebnis ($p > 0,05$). Allerdings führt diese Korrektur häufig zu einem fälschlichen Ablehnen der Alternativhypothese.

Wir wählen für die Prüfung der Hypothese die Korrektur nach Box (SPSS: „Greenhouse-Geisser") und erhalten ein signifikantes Ergebnis. Da die Zirkularitätsannahme in dem Datenbeispiel nur leicht verletzt ist ($\varepsilon > 0,75$, Tab. 7.4, Spalte „Greenhouse-Geisser"), wäre hier auch eine Signifikanzprüfung nach dem mit „Huynh-Feldt" bezeichneten liberaleren Verfahren möglich gewesen. In diesem Beispiel führen beide Verfahren zu dem gleichen Ergebnis.

7.1.6 Effektstärke

Die Berechnung von Effektstärken bei messwiederholten Verfahren ist problematisch. Die Größe eines Effekts in der Population ist auf theoretischer Ebene natürlich unabhängig von dem statistischen Verfahren, mit dem dieser Effekt untersucht wird. Allerdings hängen die meisten in der Literatur verwendeten Effektgrößen stark von der

Wahl des statistischen Verfahrens ab. Während Effektgrößen aus Verfahren ohne Messwiederholung relativ gut miteinander vergleichbar sind, können bei Messwiederholung sehr unterschiedliche Effektgrößen in Abhängigkeit von den speziellen Bedingungen in einer Studie resultieren. Effektgrößen aus Analysen mit unabhängigen Stichproben sind deshalb nicht mit Effektgrößen aus Untersuchungen mit Messwiederholung vergleichbar. Zusätzlich ist auch der Vergleich von Effektgrößen zwischen unterschiedlichen Studien mit Messwiederholung problematisch. Wir beziehen uns in diesem Kapitel deshalb ausschließlich auf häufig in der Literatur verwendete Effektgrößen auf der Ebene der Stichprobe, weisen aber an dieser Stelle darauf hin, dass diese Effektgrößen häufig stark von dem „wahren" Effekt auf Ebene der Population abweichen. Ihr Nutzen ist daher im Vergleich zu Effektgrößen bei Verfahren ohne Messwiederholung eingeschränkt (siehe auch Abschnitt Effektgrößen in Kap. 3.5.1).

> Effektgrößen aus Studien mit Messwiederholung sind nicht mit Effektstärken aus Studien ohne Messwiederholung vergleichbar.

Die Effektgröße η_p^2 (partielles Eta-Quadrat) gibt den Anteil der durch einen Effekt verursachten Variabilität der Messwerte auf der Stichprobenebene an. Die Berechung wurde bereits in den Kapiteln 3.5.1, 5 und 6 vorgestellt.

$$\eta_p^2 = \frac{QS_A}{QS_A + QS_{A \times Vpn}}$$

Die Berechnung kann auch über den F-Wert erfolgen:

$$f_{S(abhängig)}^2 = \frac{F \cdot df_A}{df_{A \times Vpn}} \qquad \rightarrow \qquad \eta_p^2 = \frac{f_S^2}{1 + f_S^2}$$

> Die Effektgröße η_p^2 gibt den Anteil der Varianz an, der durch den Effekt auf der Stichprobenebene aufgeklärt wurde.

Die Interpretation eines Effekts aus einer messwiederholten Varianzanalyse kann nicht anhand der von Cohen (1988) vorgeschlagenen Konventionen erfolgen, denn diese gelten nur für unabhängige Messungen. Im Fall von Messwiederholungen trägt die durch die Personen aufgeklärte Variabilität zur Größe des Effekts mit bei. Der Anteil der Aufklärung durch die Personenvariabilität ist abgängig von der Höhe der Korrelationen zwischen den einzelnen Messungen. Je höher der Anteil der aufgeklärten Personenvariabilität bzw. je höher die Korrelationen zwischen den Messzeitpunkten sind, desto kleiner wird bei sonst gleichen Bedingungen die Quadratsumme

> Bei Messwiederholung geht in die Berechnung der Effektstärke die mittlere Korrelation zwischen den Messzeitpunkten mit ein.

Der Vergleich der Effektstärken aus verschiedenen Studien ist problematisch, wenn unterschiedliche Korrelationen der Messzeitpunkte in den Studien vorliegen.

Das partielle Eta-Quadrat (η_p^2) ist ein ungünstiges Maß für die Effektstärke, da es keinen Vergleich zwischen Studien mit und ohne Messwiederholung erlaubt.

des Residuums bei der Berechnung von η_p^2. Dies führt zu einem höheren Wert für den Effekt, weil die Quadratsumme des Residuums bei der Berechnung von η_p^2 im Nenner steht. Auf Grund dieser Abhängigkeit der Effektgröße η_p^2 von den Korrelationen zwischen den Messzeitpunkten lässt sich eine solche Effektgröße nicht direkt mit Effektstärken aus Studien ohne Messwiederholung vergleichen. Auch ein Vergleich mit anderen messwiederholten Untersuchungen ist problematisch, wenn sich diese in der Höhe der Korrelation unterscheiden.

Doch selbst im Sonderfall einer statistischen Unabhängigkeit ($r = 0$) zwischen den wiederholten Messungen unterscheiden sich die Werte für η_p^2 aus messwiederholten und nicht messwiederholten Varianzanalysen. Der Grund dafür liegt in der unterschiedlichen Anzahl der Freiheitsgrade der in den F-Bruch eingehenden Residualvarianz und der Art der Quadratsummenberechnung. Auf die genaue Erörterung dieser Unterschiede bei der Berechung der Freiheitsgrade und der Quadratsummen verzichten wir an dieser Stelle. Betonen möchten wir statt dessen Folgendes: Das häufig in der Literatur verwendete η_p^2 ist ein ungünstiges Maß für die Effektstärke in messwiederholten Varianzanalysen, da es dem Sinn von Effektstärken, einen Vergleich zwischen verschiedenen wissenschaftlichen Untersuchungen zu ermöglichen, nicht genügt. Da sich allerdings noch kein alternatives Maß für die Effektstärke für messwiederholte Verfahren durchgesetzt hat, rechnen wir im Folgenden trotz dieser Kritik mit η_p^2.

Durch Einsetzen der Quadratsummen aus Tabelle 7.5 ergibt sich die Effektstärke für unser Beispiel:

$$\eta_p^2 = \frac{QS_A}{QS_A + QS_{A \times Vpn}} = \frac{52,06}{52,06 + 517,94} = 0,091$$

Auf der Stichprobenebene beträgt der Anteil der durch den messwiederholten Faktor A aufgeklärten Variabilität $\eta_p^2 = 9,1\%$. Die Effektstärke η_p^2 kann im SPSS-Output mit angezeigt werden (Tabelle 7.5). Allerdings überschätzt die Effektstärke auf der Ebene der Stichprobe die Größe des Effekts in der Population. Der wahre Populationseffekt ist kleiner als der hier berechnete Effekt.

Theoretisch wäre es möglich, aus der empirisch bestimmten Effektstärke den Grad der Abhängigkeit der Daten herauszurechnen. Das daraus resultierende Effektstärkenmaß wäre dann vergleichbar mit den für unabhängige Stichproben vorgestellten Maßen. Zwei Punkte stehen allerdings diesem durchaus sinnvollen Vorhaben im Weg: Zum einen wäre es sehr ungewöhnlich. In der Literatur finden sich bisher keine Bestrebungen, die Effektstärken von abhängigen und unabhängigen Daten auf diese Weise vergleichbar zu machen. Zum anderen fehlen in wissenschaftlichen Publikationen in der Regel Angaben über die mittlere Korrelation der Stufen des messwiederholten Faktors. Dies führt dazu, dass die Bereinigung der Effektgrößen zwar bei eigenen Daten funktioniert, aber die Bewertung empirischer Effektgrößen aus der Literatur aufgrund fehlender Angaben nicht möglich ist. Aus diesen Gründen verzichten wir auf die Darstellung der Umrechung.

7.1.7 Teststärkeanalyse

Dieser Abschnitt beschreibt drei unterschiedliche Arten von Teststärkeanalysen. Zunächst folgt eine Erklärung darüber, wie sich die Teststärke per Hand berechnen lässt für angenommene kleine, mittlere oder große Effekte nach den Konventionen für Verfahren ohne Messwiederholung. Im Gegensatz dazu beschäftigt sich der zweite Teil nicht mit angenommenen Effekten, sondern mit der Teststärke für empirisch gefundene Effekte. Der letzte Teil schließlich zeigt, welche Möglichkeiten GPower in diesem Zusammenhang bietet.

Zum ersten Teil: Die Poweranalyse erfolgt über den Nonzentralitätsparameter λ. Allerdings ist die Teststärke in einer Varianzanalyse mit Messwiederholung abhängig von der Höhe der Korrelation zwischen den Messzeitpunkten. Die von Cohen (1988) vorgeschlagenen Konventionen für einen kleinen, mittleren und großen Effekt gelten aber nur für unabhängige Stichproben. Zur Berechnung der Teststärke aus Effektgrößen für unabhängige Stichproben muss die mittlere Korrelation zwischen den Messzeitpunkten mit berücksichtigt werden.

Bestimmung der Teststärke einer einfaktoriellen Varianzanalyse mit Messwiederholung aus den Konventionen der Effektgrößen für unabhängige Stichproben.

Konventionen für Effekte bei unabhängigen Stichproben

- Kleiner Effekt: $\Omega^2 = 0{,}01$
- Mittlerer Effekt: $\Omega^2 = 0{,}06$
- Großer Effekt: $\Omega^2 = 0{,}14$

$$\lambda_{df;\alpha} = \frac{p}{1-\bar{r}} \cdot \Phi^2_{\text{unabhängig}} \cdot N \qquad \text{mit} \qquad \Phi^2_{\text{unabhängig}} = \frac{\Omega^2_{\text{unabhängig}}}{1 - \Omega^2_{\text{unabhängig}}}$$

$\bar{r}$ bezeichnet die mittlere Korrelation der Messwerte zwischen den einzelnen Messzeitpunkten. Insgesamt gilt: Je höher die Korrelation zwischen den Stufen des messwiederholten Faktors, desto größer wird der Nonzentralitätsparameter λ und damit auch die Teststärke einer messwiederholten Varianzanalyse. Ist diese Korrelation gleich Null, so entspricht die Berechnungsformel für λ und damit auch die Teststärke der einer entsprechenden Varianzanalyse ohne Messwiederholung mit $N = p \cdot n$ (siehe Kap. 5.3.3).

Bei einer Verletzung der Zirkularitätsannahme verliert die messwiederholte Varianzanalyse an Teststärke. Im Sinne der oben vorgestellten Korrekturverfahren sollte in diesem Fall der Nonzentralitätsparameter um den Faktor ε korrigiert werden. Dies gilt auch für die Freiheitsgrade, die zur Bestimmung der Teststärke aus dem Nonzentralitätsparameter notwendig sind.

Wie groß war die Effektstärke in unserem Beispiel mit 36 Versuchspersonen, einen mittleren Effekt für unabhängige Stichproben von $\Omega^2 = 0{,}06$ zu finden? Zur Beantwortung dieser Frage müssen wir zunächst die mittlere Korrelation zwischen den einzelnen Messzeitpunkten berechnen (Werte in Tab. 7.6). Da Korrelationen nicht intervallskaliert sind, muss die Bestimmung der mittleren Korrelation über die Fishers Z-Transformation erfolgen (Tab. 7.7, vgl. Kap. 4.1.4 und Tabelle D in Band I).

$$\bar{Z} = \frac{0{,}793 + 1{,}099 + 0{,}775}{3} = 0{,}889 \qquad \rightarrow \qquad \bar{r} = 0{,}71$$

Für die Bestimmung der Teststärke benötigen wir neben dem inhaltlich relevanten Effekt und der mittleren Korrelation noch weitere Angaben: In dem Beispiel wurden 36 Versuchspersonen untersucht, und der messwiederholte Faktor hatte drei Stufen, also zwei Zählerfreiheitsgrade. Das Signifikanzniveau in der Untersuchung war $\alpha = 0{,}05$.

$$\lambda_{df=2;\alpha=0{,}05} = \frac{3}{1-0{,}71} \cdot \frac{0{,}06}{1-0{,}06} \cdot 36 = \frac{3}{1-0{,}71} \cdot 0{,}064 \cdot 36 = 23{,}8$$

Bei einer Verletzung der Zirkularitätsannahme verliert eine Varianzanalyse mit Messwiederholung an Teststärke.

Tabelle 7.6. Korrelationen zwischen den Faktorstufen

r	Messung 2	Messung 3
Messung 1	0,661	0,649
Messung 2		0,799

Tabelle 7.7. Fishers-Z transformierte Korrelationen zwischen den Faktorstufen

Fishers-Z	Messung 2	Messung 3
Messung 1	0,793	0,775
Messung 2		1,099

Aus Tabelle C TPF-6 (α = 0,05) entnehmen wir für zwei Zählerfreiheitsgrade eine Teststärke zwischen 99,25% < 1-β < 99,5%. In unserem Beispiel reichen also 36 Versuchspersonen aus, um einen mittleren Effekt für unabhängige Stichproben mit einer sehr hohen Teststärke zu finden. Ein Grund für diese hohe Teststärke liegt allerdings in der hohen Korrelation der Werte zwischen den einzelnen Faktorstufen, die in anderen Studien niedriger ausfallen kann. Bei einer mittleren Korrelation von r = 0 hätte dieser Test für einen mittleren Effekt nur eine Teststärke zwischen 50% < 1-β < 66,7% aufgewiesen (λ = 6,92). Dies entspricht der Teststärke einer Varianzanalyse ohne Messwiederholung mit insgesamt 108 Versuchspersonen.

Allerdings könnte es sein, dass in unserem Datenbeispiel die Zirkularitätsannahme verletzt ist. In diesem Fall sollten wir λ sowie die Zählerfreiheitsgrade um den Faktor ε (siehe Tab. 7.4) korrigieren und die Teststärke neu bestimmen:

$$\lambda_{corr} = \lambda \cdot \varepsilon = 23,8 \cdot 0,913 = 21,73$$

$$df_{corr} = df_{Zähler} \cdot \varepsilon = 2 \cdot 0,913 = 1,83$$

Die korrigierte Teststärke für zwei Zählerfreiheitsgrade liegt zwischen 97,5% < 1-β < 99%. Dies ist immer noch ein sehr guter Wert, um einen mittleren Effekt für unabhängige Stichproben von Ω^2 = 0,06 mit diesem Test zu finden.

Zum zweiten Teil des Abschnitts, Teststärkeanalysen für empirische Effekte: Die auf Seite 116 vorgestellte Formel für λ gilt nicht für die Berechnung einer Teststärke für einen aus messwiederholten Daten bestimmten empirischen Effekt. In den empirischen Effekt einer Varianzanalyse mit Messwiederholung ist die Höhe der Korrelation zwischen den Messungen bereits eingegangen. Eine nochmalige Berücksichtigung würde zu falschen Ergebnissen führen. Das Programm SPSS bietet unter der Option „Beobachtete Schärfe" die Möglichkeit, die Teststärke für einen empirischen Effekt anzuzeigen (Tab. 7.5, eine Anleitung finden Sie in den ergänzenden Dateien auf der Internetseite zum Buch)

Achtung: SPSS berechnet den Nonzentralitätsparameter λ über die Formel $\lambda = f^2_S \cdot df_{Res}$. Um mit Hilfe von GPower denselben Wert für die Teststärke zu erzielen, muss für N die Anzahl der Nennerfreiheitsgrade df_{Res} eingesetzt werden.

SPSS zeigt die Teststärke für den aus den Daten bestimmten empirischen Effekt an.

Berechnung von f'^2 für das Programm GPower zur Berechnung der Teststärke einer messwiederholten Varianzanalyse aus Konventionen für Effekte bei unabhängigen Stichproben.

Korrektur von f'^2 bei einer Verletzung der Zirkularitätsannahme

Im dritten Teil des Abschnitts geht es um die Möglichkeiten, die das Programm GPower für die Teststärkeanalyse bietet. Über die Funktion „Other F-Tests" lässt sich die Teststärke für einen mess-wiederholten Faktor berechnen. Allerdings bestimmt das Programm den Nonzentralitätsparameter hier weiterhin im Sinne einer Varianz-analyse ohne Messwiederholung. Deshalb müssen bei der Eingabe einer an den Konventionen für unabhängige Stichproben orientierten Effektstärke in GPower der Einfluss der Korrelation zwischen den Faktorstufen sowie eine potenzielle Zirkularitätskorrektur im Vorhinein beachtet werden. Wir bezeichnen deshalb das von GPower in der Funktion „Other F-Tests" verlangte Effektstärkenmaß als f'^2.

Für eine einfaktorielle Varianzanalyse mit einem p-stufigen messwiederholten Faktor berechnet sich f'^2 für GPower wie folgt aus den Konventionen der Effektstärken für unabhängige Stichproben

$$f'^2 = \frac{p}{1-\bar{r}} \cdot \Phi^2_{unabhängig} \quad \text{mit } \Phi^2_{unabhängig} = \frac{\Omega^2_{unabhängig}}{1-\Omega^2_{unabhängig}}$$

Im Fall einer Verletzung der Zirkularitätsannahme ist eine zusätzliche Korrektur des von GPower verwendeten f'^2 um den Faktor ε notwendig, sowie die Eingabe der korrigierten Freiheitsgrade, gerundet auf den nächsten ganzzahligen Wert.

$$f'^2_{corr} = f'^2 \cdot \varepsilon$$

In unserem Datenbeispiel ergibt sich für f'^2 (ohne den Faktor ε):

$$f'^2 = \frac{p}{1-\bar{r}} \cdot \Phi^2 = \frac{1}{1-0,71} \cdot 3 \cdot 0,064 = 0,662$$

Der errechnete Wert wird nun in die Zelle „effect size f^2" eingegeben. Mit N = 36 Versuchspersonen, zwei Zähler- und 70 Nennerfreiheits-graden (vgl. Tab. 7.5) bestimmt GPower eine Teststärke von $1-\beta = 99,33\%$ für den angenommenen Effekt auf Ebene unabhängiger Stichprobe von $\Omega^2 = 0,06$.

7.1.8 Stichprobenumfangsplanung

Die a priori Stichprobenumfangsplanung bei der messwiederholten Varianzanalyse ist genau wie die Teststärke abhängig von der mittleren Korrelation der einzelnen Faktorstufen des messwiederholten Faktors. Leider ist die Größe dieser Korrelation vor der Durchführung eines Experiments nicht bekannt und allenfalls auf Basis von Vorstudien abschätzbar. Liegen keine ähnlichen Studien vor, die Anhaltspunkte über die Größe der mittleren Korrelation geben könnten, sollte diese anhand der nachfolgenden Überlegungen festgelegt werden.

Eine konservative Möglichkeit ist die Annahme, dass keine Korrelation zwischen den Faktorstufen besteht. In diesem Fall ist die Varianzanalyse mit Messwiederholung identisch mit einem entsprechenden Verfahren ohne Messwiederholung. Somit kann die Stichprobenumfangsplanung nach dem in Abschnitt 5.3.3 beschriebenen Vorgehen durchgeführt werden. Das Ergebnis dieser Rechnung ergibt die notwendige Anzahl an Datenpunkten. Da bei der Messwiederholung jede Versuchsperson mehrere Datenpunkte liefert, reduziert sich die benötigte Versuchspersonenanzahl entsprechend. Die Annahme einer Nullkorrelation führt allerdings meistens zu größeren Stichprobenumfängen als notwendig, weil in der Regel zumindest geringe Korrelationen zwischen den Stufen des messwiederholten Faktors auftreten. Gleichzeitig können aber große Stichproben eine potentielle Reduktion der Teststärke durch eine Verletzung der Zirkularitätsannahme besser kompensieren.

Eine andere Möglichkeit ist die Annahme einer geringen, aber substantiellen Korrelation zwischen den Faktorstufen des messwiederholten Faktors ($0{,}2 < r < 0{,}4$). Die Annahme einer Korrelation ist besonders dann gerechtfertigt, wenn das wiederholt gemessene Merkmal innerhalb von Versuchspersonen als relativ stabil angesehen werden kann, sich aber zwischen den Versuchspersonen unterscheidet. Dies gilt z.B. für die Messung von intellektuellen Fähigkeiten, motorischen Fertigkeiten oder Persönlichkeitsmerkmalen. Und es gilt besonders dann, wenn die Messungen zeitlich eng aufeinander folgen. Mit zunehmendem zeitlichen Abstand der Messungen nehmen die Korrelationen zwischen den Faktorstufen dagegen in der Regel ab.

Unter der Annahme einer Korrelation zwischen den Stufen des messwiederholten Faktors errechnet sich der Stichprobenumfang nach der folgenden Formel aus den Konventionen der Effektgrößen

Die a priori Stichprobenumfangsplanung des messwiederholten Faktors ist abhängig von der mittleren Korrelation zwischen zwei Messzeitpunkten.

Die mittlere Korrelation muss für die Stichprobenumfangsplanung a priori festgelegt werden.

Stichprobenumfangsplanung aus den Konventionen der Effektgrößen für unabhängige Stichproben.

für unabhängige Stichproben.

$$N = \frac{\lambda_{df;\alpha;1-\beta}}{\Phi^2_{\text{unabhängig}}} \cdot \frac{(1-\bar{r})}{p} \qquad \text{mit} \qquad \Phi^2_{\text{unabhängig}} = \frac{\Omega^2_{\text{unabhängig}}}{1-\Omega^2_{\text{unabhängig}}}$$

Zur Veranschaulichung berechnen wir den notwendigen Stichprobenumfang in unserem Datenbeispiel, einen mittleren Effekt für unabhängige Stichproben von $\Omega^2 = 0,06$ mit einer Wahrscheinlichkeit von $1-\beta = 80\%$ zu finden. Der messwiederholte Faktor hat $p = 3$ Stufen, und das Signifikanzniveau beträgt $\alpha = 0,05$. Da es sich bei dem gemessenen Merkmal um eine motorische Fähigkeit handelt, die sich vor allem zwischen Versuchspersonen unterscheidet, und weil die Messungen zeitlich eng hintereinander folgten, nehmen wir eine mittlere Korrelation zwischen den Messungen von $r = 0,4$ an.

$$N = \frac{\lambda_{df=2;\alpha=0,05;0,80}}{\frac{\Omega^2}{1-\Omega^2}} \cdot \frac{(1-\bar{r})}{p} = \frac{9,63}{\frac{0,06}{1-0,06}} \cdot \frac{(1-0,4)}{2} = \frac{9,63}{0,064} \cdot \frac{0,6}{3} = 30,1$$

Es werden 31 Versuchspersonen benötigt, um einen mittleren Effekt für unabhängige Stichproben für den messwiederholten Faktor mit einer Wahrscheinlichkeit von mindestens 80% unter den beschriebenen Annahmen zu finden. Die tatsächliche Power des Tests hängt allerdings von der wahren Korrelation zwischen den Faktorstufen sowie potentiellen Verletzungen der Zirkularitätsannahme ab. Unter der konservativeren Annahme einer Nullkorrelation zwischen den Faktorstufen ergibt sich ein Stichprobenumfang von 51 Probanden.

Das Programm GPower erlaubt keine a priori Bestimmung des Stichprobenumfangs für eine messwiederholte Varianzanalyse. Allerdings kann durch sukzessives Anpassen der Versuchspersonenzahl N sowie der Nennerfreiheitsgrade der notwendige Stichprobenumfang für eine gewünschte Teststärke bestimmt werden. Nach Eingabe der Vorgaben ($f'^2 = 0,32$) gibt GPower für $N = 31$ eine Teststärke von $1-\beta = 79,1\%$ an.

7.1.9 Post-Hoc-Analysen

Auch bei der messwiederholten Varianzanalyse stellt sich nach Erhalt eines signifikanten Effekts die Frage, welche der einzelnen Messzeitpunkte sich signifikant voneinander unterscheiden. Eine Post-Hoc-Analyse der Mittelwertsunterschiede ist auch in messwiederholten Verfahren mit dem Tukey HSD-Test durchführbar (Kap. 5.4 und 6.5).

$$HSD = q_{krit(\alpha;p;df_{Nenner})} \cdot \sqrt{\frac{\hat{\sigma}^2_{Res}}{n}}$$

Der Tukey HSD-Test erlaubt eine Post-Hoc-Analyse der Mittelwertsunterschiede zwischen den Messzeitpunkten.

Ein Problem bei Berechnung der HSD tritt auf, wenn die Zirkularitätsannahme in dem untersuchten messwiederholten Faktor nicht erfüllt ist. Die Durchführung von Post-Hoc-Analysen bei einer Verletzung der Zirkularität ist in Hays (1994) beschrieben.

Der Tukey HSD-Test sollte bei einer Verletzung der Zirkularitätsannahme nicht angewendet werden.

Welche Messzeitpunkte unterscheiden sich in unserem Datenbeispiel signifikant voneinander? Für die Post-Hoc-Analyse unserer Daten berechnen wir im Sinne des Tukey HSD-Tests die kleinste Differenz, die bei dem Vergleich von zwei Mittelwerten noch einen signifikanten Unterschied zwischen den Messungen angibt. Die Bestimmung des Kennwerts q erfolgt mittels der Tabelle F in Band I, die Fehlervarianz sowie deren Freiheitsgrade stehen in Tabelle 7.5, N entspricht der Anzahl Versuchspersonen.

$$HSD = q_{krit(\alpha=0,05;p=3;df_{Nenner}=70)} \cdot \sqrt{\frac{\hat{\sigma}^2_{Res}}{N}} = 3,40 \cdot \sqrt{\frac{7,4}{36}} = 1,54$$

Die Mittelwerte der Anzahl korrekt eingetippter Sequenzen zu den drei Messzeitpunkten sind in Tabelle 7.8 angegeben. Der Vergleich der Mittelwertsdifferenzen zwischen den Messzeitpunkten und der HSD zeigt, dass sich die Geschwindigkeit der Versuchspersonen zwischen der 1. und 3. Messung signifikant unterscheiden, während zwischen der 1. und 2. sowie der 2. und 3. Messung kein Unterschied besteht. Die Versuchspersonen haben sich also nur vom 1. im Vergleich zur dritten Messung signifikant in der motorischen Aufgabe verbessert.

Tabelle 7.8. Mittlere Anzahl korrekter Sequenzen der 36 Versuchspersonen zu drei Messzeitpunkten

Messung 1	Messung 2	Messung 3
16,6	17,3	18,3

Eine Anleitung zum Durchführen des Tukey HSD für Faktoren mit Messwiederholung mit Hilfe von SPSS finden Sie in den ergänzenden Dateien zum Buch im Internet.

7.2 Zweifaktorielle Varianzanalyse mit Messwiederholung auf einem Faktor

In vielen wissenschaftlichen Studien ist es angebracht, einige Faktoren durch eine wiederholte Messung zu untersuchen, und andere Faktoren nicht messwiederholt zu erheben. In vielen Fällen ist eine messwiederholte Anordnung nicht möglich, z.B. bei der Frage, ob das Geschlecht oder die Händigkeit einen Einfluss auf die abhängige Variable hat. Oft ist es auch wichtig, einen systematischen Effekt einer bestimmten Reihenfolge der Stufen des messwiederholten Faktors auszuschließen. Hier bietet es sich an, die verschiedenen durchgeführten Reihenfolgen als nicht messwiederholten Faktor in die Auswertung mit aufzunehmen (vgl. Abschnitt 7.4). Dabei gelten die Überlegungen zu den Vor- und Nachteilen einer Erhöhung der Faktorenzahl aus Kapitel 6.6. Zur Veranschaulichung der Auswertung greifen wir auf das Datenbeispiel einer wiederholten Messung einer motorischen Aufgaben aus den vorangegangen Abschnitten zurück, in dem nun zusätzlich der Einfluss des Geschlechts als nicht messwiederholter Faktor untersucht werden soll.

7.2.1 Zerlegung der Gesamtvarianz

Im Unterschied zu der Zerlegung im einfaktoriellen Fall können durch die Hinzunahme eines nicht messwiederholten Faktors weitere Quellen der Variation der Messwerte identifiziert werden. Zum einen lässt sich die Variation zwischen den Versuchspersonen nicht nur auf Eigenschaften der Personen selbst (Personenvarianz), sondern auch auf die Gruppenzugehörigkeit im nicht messwiederholten Faktor zurückführen. Zum anderen kommt bei der Variabilität der Messwerte innerhalb des messwiederholten Faktors eine mögliche Wechselwirkung zwischen der Gruppenzugehörigkeit und den verschiedenen Messzeitpunkten hinzu. Auf der Populationsebene lässt sich die Zerlegung der Gesamtvarianz wie folgt darstellen.

$$\sigma^2_{gesamt} = \sigma^2_{Vpn} + \sigma^2_{\alpha(nicht\ mw)} + \sigma^2_{\beta(mw)} + \sigma^2_{\alpha \times \beta} + \sigma^2_{Residual}$$

Die Varianzzerlegung ist schematisch in Abbildung 7.2 dargestellt. Die Residualvarianz setzt sich wie im einfaktoriellen Fall aus zwei auf der Stichprobenebene nicht trennbaren Varianzkomponenten

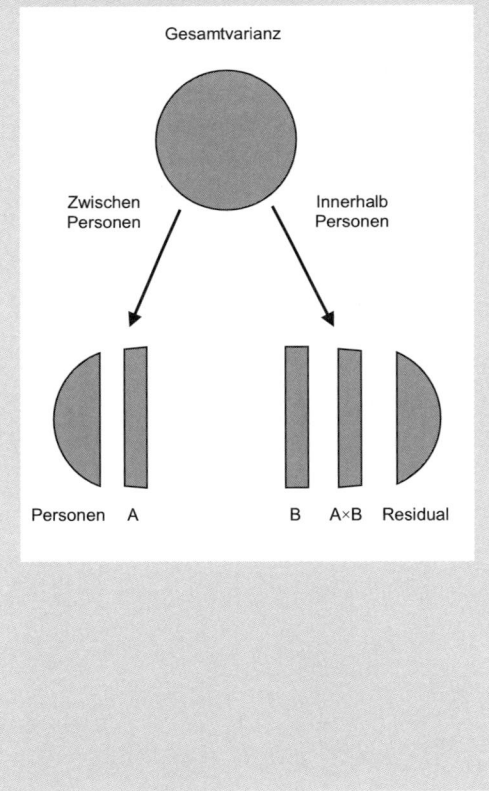

Abbildung 7.2. Schematische Zerlegung der Gesamtvarianz auf der Populationsebene für die Varianzanalyse mit einem Gruppenfaktor A und einem messwiederholten Faktor B

Gesamtvarianz

Zwischen Personen

Innerhalb Personen

Personen A

B A×B Residual

zusammen, der Wechselwirkung zwischen dem messwiederholten Faktor und dem Personenfaktor sowie dem „Messfehler" (vgl. Abschnitt 7.1.1).

7.2.2 Schätzung der Varianzkomponenten

Systematische Varianzen

Die Schätzung der systematischen Varianzen erfolgt analog zu den in den Kapiteln 5.2 und 6.2 vorgestellten Verfahren ohne Messwiederholung. Faktor A hat p Stufen, Faktor B hat q Stufen, und n gibt die Anzahl der Versuchspersonen in einer Bedingung des nicht messwiederholten Faktors A an. Die geschätzten systematischen Varianzen für den Haupteffekt A, Haupteffekt B und die Wechselwirkung berechnen sich wie folgt:

$$\hat{\sigma}^2_{A(nicht\ mw)} = \frac{QS_{A(nicht\ mw)}}{df_{A(nicht\ mw)}} = \frac{\sum_{i=1}^{p} n \cdot q \cdot (\overline{A}_i - \overline{G})^2}{p-1}$$

$$\hat{\sigma}^2_{B(mw)} = \frac{QS_{B(mw)}}{df_{B(mw)}} = \frac{\sum_{j=1}^{q} n \cdot p \cdot (\overline{B}_j - \overline{G})^2}{q-1}$$

$$\hat{\sigma}^2_{A \times B(mw)} = \frac{QS_{A \times B(mw)}}{df_{A \times B(mw)}} = \frac{\sum_{j=1}^{q}\sum_{i=1}^{p} n \cdot [\overline{AB}_{ij} - (\overline{A}_i + \overline{B}_j - \overline{G})]^2}{(p-1) \cdot (q-1)}$$

Allerdings unterscheiden sich die Erwartungswerte der einzelnen Schätzer in den geschätzten Varianzkomponenten. Der Erwartungswert der Schätzung der systematischen Varianz des Faktors ohne Messwiederholung enthält Effektvarianz und Fehlervarianz, aber auch Varianz des Personenfaktors.

$$E(\hat{\sigma}^2_{A(nicht\ mw)}) = n \cdot q \cdot \sigma^2_{\alpha} + q \cdot \sigma^2_{Vpn} + \sigma^2_{\varepsilon}$$

Dieser und die folgenden Erwartungswerte gelten nur unter der Annahme fester Faktorstufen. Erwartungswerte für zufällige Faktorstufen finden sich in Bortz (2005).

Schätzung der systematischen Varianz

- des nicht messwiederholten Faktors A

- des messwiederholten Faktors B

- der Wechselwirkung

Dagegen enthält der Erwartungswert der systematischen Varianzschätzung des messwiederholten Faktors neben der Effektvarianz und dem reinen „Messfehler" auch die Wechselwirkung zwischen dem Personenfaktor und den Stufen des messwiederholten Faktors (siehe Abschnitt 7.1.2).

$$E(\hat{\sigma}^2_{B(mw)}) = n \cdot p \cdot \sigma^2_{\beta} + \sigma^2_{\beta \times Vpn} + \sigma^2_{\varepsilon}$$

Dies gilt auch für die Wechselwirkung.

$$E(\hat{\sigma}^2_{A \times B(mw)}) = n \cdot \sigma^2_{\alpha \times \beta} + \sigma^2_{\beta \times Vpn} + \sigma^2_{\varepsilon}$$

Schätzung der Prüfvarianzen

Die Logik des F-Bruchs impliziert, dass im Zähler immer eine Varianz steht, die sich von der im Nenner nur um den interessierenden Effekt unterscheidet. Ist beispielsweise der Effekt von Faktor A im Fokus des Interesses, so umfasst der Zähler die Varianz zu Lasten des Faktors A plus die Prüfvarianz. Im Nenner steht dagegen nur die Prüfvarianz. Deshalb kann ein F-Wert theoretisch nur Werte größer als Eins annehmen. Je größer der F-Wert wird, desto größer ist die von Faktor A aufgeklärte Varianz (siehe Kap. 5.2.7 zur Bildung eines F-Bruchs).

In der Praxis gibt es allerdings auch häufig empirische F-Werte kleiner Eins. Dies ist möglich, weil sich zwar die Erwartungswerte der systematischen Varianz und der Prüfvarianz wie beschrieben bilden. Die konkrete Schätzung über die Quadratsummen führt aber trotzdem zu Konstellationen, in denen die Schätzung der systematischen Varianz kleiner ausfällt als die Schätzung der Prüfvarianz, obwohl letztere laut Erwartungswert in der systematischen Varianz enthalten sein sollte.

Bisher war es so, dass wir für alle interessierenden Effekte dieselbe Prüfvarianz verwenden konnten (Kap. 5.2 und 6.2). Dies ist im Fall der zweifaktoriellen Varianzanalyse mit Messwiederholung auf einem Faktor nicht mehr möglich. Der vorangegangene Abschnitt zeigt, dass sich die Erwartungswerte der systematischen Varianzen unterscheiden, je nachdem, ob ein messwiederholter Faktor beteiligt ist oder nicht. Da sich aber die Prüfvarianzen bei der F-Bruch Bildung nur im Fehlen der Effektvarianz von der zu testenden Varianz unterscheiden dürfen, müssen unterschiedliche Prüfvarianzen berechnet werden, die der Bedingung der F-Bruch Bildung genügen. Wir beginnen mit dem Haupteffekt des Faktors A ohne

Messwiederholung und widmen uns danach dem Haupteffekt des Faktors B mit Messwiederholung sowie der Wechselwirkung A×B der beiden Faktoren.

Bei der Schätzung der Prüfvarianz für den nicht messwiederholten Faktor A erfährt der messwiederholte Faktor B keine Beachtung. Es geht allein um die Variabilität zwischen den Versuchspersonen in der Stichprobe. Um dies zu erreichen, werden die Daten der einzelnen Versuchspersonen zunächst über die Messzeitpunkte des messwiederholten Faktors B hinweg gemittelt, so dass für jede Person ein einziger Wert für die abhängige Variable resultiert. Die quadrierten Abweichungen dieser Mittelwerte AP von den Mittelwerten der Stufen des Faktors A sind ein Maß für die unerklärte Varianz zwischen den Versuchspersonen. Diese Schätzung heißt Varianz der Versuchspersonen in der Stichprobe.

$$\hat{\sigma}^2_{\text{Prüf(A)}} = \hat{\sigma}^2_{\text{Vpn in S}} = \frac{QS_{\text{Vpn in S}}}{df_{\text{Vpn in S}}} = \frac{\sum_{i=1}^{p} \sum_{m=1}^{n} q \cdot (\overline{AP}_{im} - \overline{A}_i)^2}{p \cdot (n-1)}$$

Der Erwartungswert dieser Prüfvarianz enthält ebenso wie der Erwartungswert des Faktors A Varianz des „Messfehlers" sowie Personenvarianz. Die beiden Erwartungswerte unterscheiden sich nur in dem Fehlen der Effektvarianz vom Erwartungswert der Varianzschätzung des Faktors A. Damit ist diese Schätzung der Prüfvarianz für die F-Bruch Bildung des nicht messwiederholten Faktors A geeignet.

$$E(\hat{\sigma}^2_{\text{Vpn in S}}) = q \cdot \sigma^2_{\text{Vpn}} + \sigma^2_{\varepsilon}$$

Die Prüfvarianz für den messwiederholten Faktor B ist identisch mit der für die Wechselwirkung A×B. In die Schätzung dieser Prüfvarianz geht allein die Variabilität innerhalb der Versuchspersonen ein. Analog zur einfaktoriellen Varianzanalyse mit Messwiederholung spiegelt diese Berechnung eine Wechselwirkung zwischen den Messwerten und dem Personenfaktor wieder. Damit allerdings die Unterschiede zwischen den Personen unberücksichtigt bleiben, bezieht die Berechnung nicht den Gesamtmittelwert, sondern den jeweiligen Gruppenmittelwert des Faktors A mit ein.

Die Varianz der Versuchspersonen in der Stichprobe bildet die Prüfvarianz des Faktors ohne Messwiederholung.

Die Varianz der Wechselwirkung zwischen Personenfaktor und messwiederholtem Faktor schätzt die Residualvarianz innerhalb der Versuchspersonen.

$$\hat{\sigma}^2_{B \times Vpn} = \frac{QS_{B \times Vpn}}{df_{B \times Vpn}} = \frac{\sum_{i=1}^{p} \sum_{j=1}^{q} \sum_{m=1}^{n} [x_{ijm} - (\overline{AB}_{ij} + \overline{AP}_{im} - \overline{A}_i)]^2}{p \cdot (q-1) \cdot (n-1)}$$

Wie auch im einfaktoriellen Fall schätzt diese Varianz sowohl „Messfehler" als auch Einflüsse der Wechselwirkung zwischen dem Personenfaktor und dem messwiederholten Faktor. Sie unterscheidet sich somit ausschließlich in der Effektkomponente von den Erwartungswerten der Varianzschätzer des messwiederholten Haupteffekts B und der Wechselwirkung (siehe oben). Damit ist sie als Prüfvarianz für die beiden Effekte geeignet.

$$E(\hat{\sigma}^2_{B \times Vpn}) = \sigma^2_{\beta \times Vpn} + \sigma^2_\varepsilon$$

7.2.3 Signifikanzprüfung der Effekte

Bei der zweifaktoriellen Varianzanalyse mit Messwiederholung auf einem Faktor ist es wichtig zu beachten, dass für die Signifikanztestung der einzelnen Effekte verschiedene Prüfvarianzen gelten. Unter Beachtung der im vorangegangenen Abschnitt beschriebenen Unterschiede der Erwartungswerte der Varianzschätzer ergeben sich folgende F-Brüche:

Nicht messwiederholter Faktor A:

$$F_{A(df_A; df_{Vpn\ in\ S})} = \frac{\hat{\sigma}^2_{A(nicht\ mw)}}{\hat{\sigma}^2_{Pr\ddot{u}f(A)}} = \frac{\hat{\sigma}^2_A}{\hat{\sigma}^2_{Vpn\ in\ S}} \qquad df_A = p - 1$$

Die Freiheitsgrade der Prüfvarianz lauten: $df_{Vpn\ in\ S} = p \cdot (n - 1)$.

Messwiederholter Faktor B:

$$F_{B(df_B; df_{B \times Vpn})} = \frac{\hat{\sigma}^2_{B(mw)}}{\hat{\sigma}^2_{Pr\ddot{u}f(B)}} = \frac{\hat{\sigma}^2_B}{\hat{\sigma}^2_{B \times Vpn}} \qquad df_B = q - 1$$

Die Freiheitsgrade der Prüfvarianz lauten: $df_{B \times Vpn} = p \cdot (q - 1) \cdot (n - 1)$.

In der zweifaktoriellen Varianzanalyse mit Messwiederholung gibt es unterschiedliche Prüfvarianzen für die F-Bruch Bildung.

F-Bruch des Faktors A ohne Messwiederholung

F-Bruch des Faktors B mit Messwiederholung

Wechselwirkung:

$$F_{A \times B(df_{A \times B}; df_{B \times Vpn})} = \frac{\hat{\sigma}^2_{A \times B(mw)}}{\hat{\sigma}^2_{Pr\ddot{u}f(B)}} = \frac{\hat{\sigma}^2_{A \times B(mw)}}{\hat{\sigma}^2_{B \times Vpn}} \qquad df_{A \times B(mw)} = (p - 1) \cdot (q - 1).$$

F-Bruch der Wechselwirkung A×B

mit abermals $df_{B \times Vpn} = p \cdot (q - 1) \cdot (n - 1)$ für die Prüfvarianz. (Die Prüfvarianzen für den messwiederholten Faktor B und die Wechselwirkung sind identisch, siehe oben.)

Die Voraussetzung der Zirkularität ist nur für den messwiederholten Faktor B und die Wechselwirkung wichtig. Entscheidend bleibt – wie im einfaktoriellen Fall – die Art der Abhängigkeit der Messwerte zwischen den einzelnen Stufen des Faktors B (vgl. Kap. 7.1.5).

Zur Veranschaulichung führen wir die Signifikanzprüfung einer zweifaktoriellen Varianzanalyse mit Messwiederholung auf einem Faktor an unserem Datenbeispiel durch. Der nicht messwiederholte Faktor A ist das Geschlecht. Der messwiederholte Faktor B entspricht den drei wiederholten Messungen der motorischen Aufgabe aus den vorangegangenen Abschnitten der einfaktoriellen Varianzanalyse mit Messwiederholung. Tabelle 7.9 zeigt die deskriptiven Werte.

Deskriptive Statistiken

Geschlecht	Mittelwert		
	Messung1	Messung2	Messung3
männlich	15,222	16,000	16,833
weiblich	17,889	18,556	19,667
Gesamt	16,556	17,278	18,250

Mauchly-Test auf Sphärizität

Maß: MASS_1

Innersubjekteffekt	Mauchly-W	Approximiertes Chi-Quadrat	df	Sig.	Epsilon		
					Greenhouse-Geisser	Huynh-Feldt	Untergrenze
FaktorB	,904	3,330	2	,189	,912	,990	,500

Tabelle 7.9. Mittelwerte des Datenbeispiels und Mauchly-Test für Sphärizität

Tabelle 7.10. SPSS-Output der Signifikanzprüfung des messwiederholten Faktors und der Wechselwirkung

Tests der Innersubjekteffekte

Maß: MASS_1

Quelle		QS vom Typ III	df	MQS	F	Sig.	Part. Eta-Quadrat	Beob. Schärfe[a]
FaktorB	Sphärizität angenommen	52,056	2	26,03	3,419	,038	,091	,624
	Greenhouse-Geisser	52,056	1,825	28,53	3,419	,043	,091	,596
	Huynh-Feldt	52,056	1,980	26,30	3,419	,039	,091	,621
	Untergrenze	52,056	1,000	52,06	3,419	,073	,091	,435
FaktorB * Geschlecht	Sphärizität angenommen	,352	2	,176	,023	,977	,001	,053
	Greenhouse-Geisser	,352	1,825	,193	,023	,970	,001	,053
	Huynh-Feldt	,352	1,980	,178	,023	,976	,001	,053
	Untergrenze	,352	1,000	,352	,023	,880	,001	,053
Fehler (FaktorB)	Sphärizität angenommen	517,593	68	7,612				
	Greenhouse-Geisser	517,593	62,0	8,342				
	Huynh-Feldt	517,593	67,3	7,690				
	Untergrenze	517,593	34,0	15,22				

a. Unter Verwendung von Alpha = ,05 berechnet

Der messwiederholte Haupteffekt B ist signifikant (Tab. 7.10). Die angegebenen Wahrscheinlichkeiten unter der Nullhypothese entsprechen in etwa den Angaben aus der einfaktoriellen Testung (vgl. Tab. 7.5). Dagegen ist die Wechselwirkung zwischen den drei Messzeitpunkten und dem Faktor Geschlecht nicht signifikant. Die mit Fehler (FaktorB) bezeichnete Zeile entspricht der Prüfvarianz des messwiederholten Faktors B und der Wechselwirkung.

Tabelle 7.11. SPSS-Output der Signifikanzprüfung des Faktors ohne Messwiederholung

Tests der Zwischensubjekteffekte

Maß: MASS_1

Transformierte Variable: Mittel

Quelle	QS vom Typ III	df	MQS	F	Sig.	Part. Eta-Quadrat	Beob. Schärfe[a]
Konst. Term	32552,083	1	32552,083	584,28	,000	,945	1,000
Geschlecht	194,676	1	194,676	3,494	,070	,093	,443
Fehler	1894,241	34	55,713				

a. Unter Verwendung von Alpha = ,05 berechnet

Die Signifikanzprüfung des nicht messwiederholten Faktors A Geschlecht erfolgt an der geschätzten Varianz der Versuchspersonen in der Stichprobe (hier als Fehler bezeichnet) und ist in SPSS getrennt von den messwiederholten Effekten aufgeführt (Tab. 7.11). Die Auswertung liefert ein marginal signifikantes Ergebnis. Wie wir den deskriptiven Statistiken zu Beginn des SPSS-Outputs entnehmen können, weisen Frauen tendenziell höhere Werte auf der abhängigen Variable auf (Tab. 7.9).

7.2.4 Effektstärke

Analog zur einfaktoriellen Varianzanalyse mit Messwiederholung behandeln wir ausschließlich die Effektgrößen auf der Stichproben-ebene. Es treten dieselben Probleme auf wie bereits in Abschnitt 7.1.6 beschrieben. Auf der Stichprobenebene wird der Anteil der durch einen Effekt aufgeklärten Varianz durch die Effektgröße η_p^2 (partielles Eta-Quadrat) angegeben. Im Fall der zweifaktoriellen Varianzanalyse mit Messwiederholung auf einem Faktor ist zu beachten, dass in die Berechnungsformel der Effektstärken der einzelnen Haupteffekte und der Wechselwirkung jeweils die Quadratsumme der Prüfvarianz eingeht, die bereits bei der F-Bruch Bildung verwendet wurde.

$$\eta_{p(A)}^2 = \frac{QS_A}{QS_A + QS_{Vpn \ in \ S}}$$

$$\eta_{p(B(mw))}^2 = \frac{QS_{B(mw)}}{QS_{B(mw)} + QS_{B \times Vpn}}$$

$$\eta_{p(A \times B)}^2 = \frac{QS_{A \times B}}{QS_{A \times B} + QS_{B \times Vpn}}$$

Die Berechnung kann auch mit Hilfe der jeweiligen F-Werte und der entsprechenden Freiheitsgrade erfolgen.

$$f_{S(abhängig)}^2 = \frac{F \cdot df_{Effekt}}{df_{Prüf}} \qquad \rightarrow \qquad \eta_p^2 = \frac{f_S^2}{1 + f_S^2}$$

Die Effektstärken der einzelnen Effekte in unserem Datenbeispiel sind in den Tabellen 7.10 und 7.11 angegeben.

Anteil erklärter Gesamtvarianz auf der Ebene der Stichprobe für den

- Faktor A ohne Messwiederholung

- Faktor B mit Messwiederholung

- Die Wechselwirkung A×B

Die Teststärkeanalyse auf Basis der Konventionen für unabhängige Stichproben hängt von der mittleren Korrelation zwischen den Stufen des messwiederholten Faktors ab.

7.2.5 Teststärkeanalyse

Die Teststärkeberechnung auf Basis der Konventionen für unabhängige Stichproben hängt sowohl für den messwiederholten Faktor als auch für den nicht messwiederholten Faktor von der Höhe der durchschnittlichen Korrelation zwischen den wiederholten Messungen ab. Dabei ergibt sich für den nicht messwiederholten Faktor eine umso geringere Teststärke, je höher die Korrelation zwischen den wiederholten Messungen ist. Zusätzlich ist dabei wichtig, wie viele Stufen q der messwiederholte Faktor B hat.

Achtung! Dieser Zusammenhang verläuft entgegen der Richtung, die aus den bisherigen Kapiteln mit abhängigen Daten bekannt ist. Bei den bislang betrachteten Teststärkeanalysen messwiederholter Faktoren wirkte sich die Stärke der Abhängigkeit der Daten positiv auf die Teststärke aus (siehe Kap. 3.5.1, Band I; Kap. 7.1). Diese Beziehung dreht sich an dieser Stelle für den Faktor ohne Messwiederholung um. Der Nonzentralitätsparameter λ berechnet sich für den nicht messwiederholten Faktor A wie folgt:

$$\lambda_{A(\text{nicht mw});df;\alpha} = \frac{q}{1+(q-1)\cdot \bar{r}} \cdot \Phi^2_{\text{unabhängig}} \cdot N$$

Die Formel zur Berechnung des Nonzentralitätsparameters λ für den Faktor mit Messwiederholung ist bereits aus den Abschnitten zur einfaktoriellen Varianzanalyse bekannt (Kap. 7.1.7). Sie gilt auch für die Teststärke der Wechselwirkung. Die Anzahl der Versuchspersonen N bezieht sich auf die Gesamtzahl erhobener Versuchspersonen.

$$\lambda_{B(\text{mw});df;\alpha} = \lambda_{A\times B(\text{mw});df;\alpha} = \frac{q}{1-\bar{r}} \cdot \Phi^2_{\text{unabhängig}} \cdot N$$

Wie schon aus Kapitel 7.1.7 bekannt, gelten die obigen Formeln nicht für die Berechnung der Teststärke von empirischen Effekten. SPSS bietet unter der Option „Beobachtete Schärfe" die Möglichkeit, sich die Teststärke empirischer Effekte anzeigen zu lassen (Tab. 7.10 und 7.11). Eine Anleitung dazu finden Sie in den ergänzenden Dateien zum Buch im Internet.

Mit GPower lässt sich auf Basis der Konventionen für unabhängige Stichproben die Teststärke für kleine, mittlere oder große Effekte berechnen. Da die Abhängigkeit der messwiederholten Daten Einfluss auf die Größe der Effekte nimmt, muss die Effektstärke um diesen Einfluss bereinigt werden. Um mit GPower arbeiten zu können, brauchen wir zunächst das Effektstärkenmaß f'². Die Umrechung für den messwiederholten Faktor und die Wechselwirkung entspricht der Berechnung in Abschnitt 7.1.7 unter Beachtung der Stufen des messwiederholten Faktors.

$$f'^2 = \frac{q}{1-\bar{r}} \cdot \Phi^2_{\text{unabhängig}} \qquad \text{mit } \Phi^2_{\text{unabhängig}} = \frac{\Omega^2_{\text{unabhängig}}}{1-\Omega^2_{\text{unabhängig}}}$$

Für den nicht messwiederholten Faktor verlangt GPower folgende Umrechung:

$$f'^2 = \frac{q}{1+(q-1)\cdot\bar{r}} \cdot \Phi^2_{\text{unabhängig}} \qquad \text{mit } \Phi^2_{\text{unabhängig}} = \frac{\Omega^2_{\text{unabhängig}}}{1-\Omega^2_{\text{unabhängig}}}$$

Berechnung der Effektstärke f'² aus f² für das Programm GPower für den

- Faktor mit Messwiederholung und die Wechselwirkung

- Faktor ohne Messwiederholung

7.2.6 Stichprobenumfangsplanung

Die a priori Stichprobenumfangsplanung für den messwiederholten Haupteffekt B und die Wechselwirkung A×B aus Konventionen der Effektgrößen für unabhängige Stichproben erfordert ein identisches Vorgehen wie in Abschnitt 7.1.8 beschrieben. Deshalb stellen wir hier nur kurz die Stichprobenumfangsplanung des nicht messwiederholten Faktors aus den Konventionen für Effekte bei unabhängigen Stichproben vor.

$$N = p \cdot n_{A(\text{nicht mw})} = \frac{\lambda_{df;\alpha;1-\beta}}{\Phi^2_{\text{unabhängig}}} \cdot \frac{1+(q-1)\cdot\bar{r}}{q}$$

7.2.7 Post-Hoc-Analysen

Post-Hoc-Analysen können auch in der zweifaktoriellen Varianzanalyse mit einem messwiederholten Faktor mit dem Tukey HSD-Test durchgeführt werden. Die Bestimmung der HSD erfolgt nach den in Kapitel 6.5 beschriebenen Formeln. Allerdings gilt es zu beachten, dass in die Formel die jeweilige Prüfvarianz des untersuchten Effekts eingesetzt wird. Bei einer Verletzung der

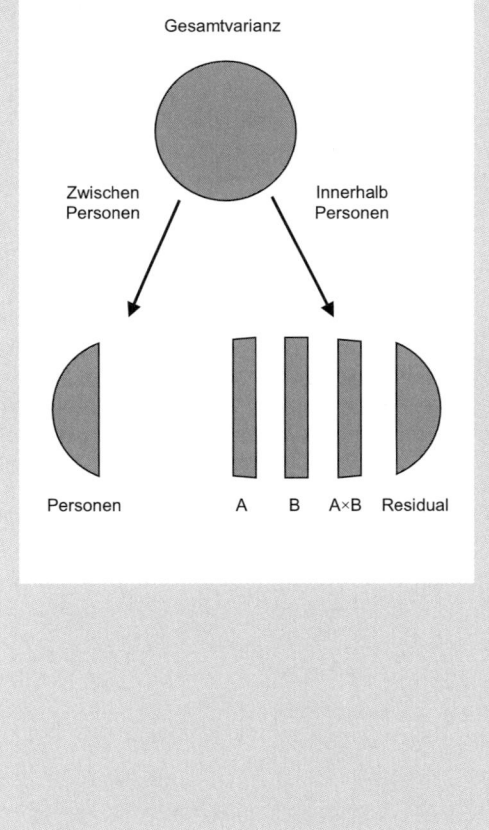

Abbildung 7.3. Schematische Zerlegung der Gesamtvarianz auf der Populationsebene für die Varianzanalyse mit zwei messwiederholten Faktoren A und B

Zirkularitätsannahme sollte der Tukey HSD-Test nicht eingesetzt werden. Informationen über die Durchführung des Tukey HSD mit SPSS finden Sie auf der Internetseite zum Buch.

7.3 Zweifaktorielle Varianzanalyse mit Messwiederholung auf beiden Faktoren

Die Erkenntnisse aus den vorangegangenen Abschnitten lassen sich fast ausnahmslos auf die zweifaktorielle Varianzanalyse mit Messwiederholung auf beiden Faktoren übertragen. Dieses Verfahren führt ebenso einen Teil der Variabilität der Messwerte auf systematische Unterschiede zwischen den Personen zurück und kann so die verbleibende unerklärte Residualvarianz reduzieren. Die Varianz innerhalb der Versuchspersonen setzt sich zusammen aus der systematischen Varianz des Faktors A, der systematischen Varianz des Faktors B, der Varianz der Wechselwirkung der beiden Faktoren sowie der Residualvarianz. Auf Populationsebene lässt sich die Zerlegung der Gesamtvarianz bei einer zweifaktoriellen Varianzanalyse mit Messwiederholung auf beiden Faktoren schematisch zunächst wie folgt darstellen (Abb.7.3)

$$\sigma_{gesamt}^2 = \sigma_{Vpn}^2 + \sigma_{\alpha}^2 + \sigma_{\beta}^2 + \sigma_{\alpha\times\beta}^2 + \sigma_{Gesamt-Residual}^2$$

Allerdings ist im Falle von mehreren messwiederholten Faktoren die Zusammensetzung der Residualvarianz für die spätere Signifikanzprüfung von entscheidender Bedeutung. Neben rein unsystematischen Einflüssen auf die Messwerte können für jeden Effekt systematische Wechselwirkungen mit dem „Personenfaktor" bestehen. Deshalb setzt sich die Residualvarianz aus folgenden Komponenten zusammen.

$$\sigma_{Gesamt-Residual}^2 = \sigma_{\alpha\times Vpn}^2 + \sigma_{\beta\times Vpn}^2 + \sigma_{\alpha\times\beta\times Vpn}^2 + \sigma_{\varepsilon}^2$$

Diese Komponenten sind zwar nicht im Einzelnen bestimmbar, spielen aber bei der Schätzung der Residualvarianzen und der F-Bruch Bildung eine große Rolle.

Als Datenbeispiel greifen wir auf die wiederholte Messung einer motorischen Aufgabe zu drei Messzeitpunkten zurück. Als zweiter messwiederholter Faktor kommt hinzu, dass diese drei

Messzeitpunkte einmal unter einer Placebo-Bedingung und einmal unter dem Einfluss eines Medikaments untersucht worden sind. Jede Versuchsperson nimmt an den insgesamt sechs Bedingungen teil. Mit einem derartigen Design können drei Fragen untersucht werden:

1. Haupteffekt A: Beeinflusst das Medikament die motorische Leistung im Vergleich zur Placebo-Bedingung?

2. Haupteffekt B: Verändert wiederholtes Durchführen einer motorischen Aufgabe die Anzahl korrekt getippter Sequenzen in diesem Test?

3. Wechselwirkung A×B: Verändert das Medikament die Art des Einflusses einer Aufgabenwiederholung auf die Geschwindigkeit?

Die Daten mit einer Beispielrechnung in dem Programm SPSS finden Sie in den ergänzenden Dateien zum Buch im Internet.

7.3.1 Signifikanzprüfung und F-Bruch Bildung

Wie bereits in Abschnitt 7.2.1 betont, setzt sich bei mehrfaktoriellen Varianzanalysen mit Messwiederholung die gesamte unerklärte Varianz aus mehreren Komponenten zusammen. Diese Komponenten umfassen neben dem „Messfehler" den systematischen Zusammenhang zwischen den verschiedenen Effekten mit dem „Personenfaktor". Die Erwartungswerte der Schätzer für die Effektvarianzen beinhalten dagegen immer nur den jeweiligen Zusammenhang zwischen einem Faktor und dem Personenfaktor. Aus diesem Grund müssen die einzelnen Effekte für die Signifikanzprüfung an unterschiedlichen Varianzen relativiert werden. Nur so bleibt gewährleistet, dass sich der Erwartungswert des Schätzers der Effektvarianz nur in der relevanten Effektkomponente von der Prüfvarianz unterscheidet (siehe Kap. 7.1.3). Zur Verdeutlichung werden wir die Prüfvarianzen der einzelnen Effekte mit dem jeweiligen Faktornamen bezeichnen. Allerdings verzichten wir hier auf Grund der Komplexität auf die detaillierte Darstellung der Quadratsummenberechnung der einzelnen Varianzschätzer.

F-Bruch Bildung des

- **Haupteffekts A**

Prüfung des Haupteffekts A (mit p Stufen):

$$F_{A(df_A;\,df_{Pr\ddot{u}f(A)})} = \frac{\hat{\sigma}_A^2}{\hat{\sigma}_{Pr\ddot{u}f(A)}^2} = \frac{\hat{\sigma}_A^2}{\hat{\sigma}_{A\times Vpn}^2}$$

$$df_A = p-1 \qquad \text{und} \qquad df_{A\times Vpn} = (p-1)\cdot(n-1)$$

Prüfung des Haupteffekts B (mit q Stufen):

- **Haupteffekts B**

$$F_{B(df_B;\,df_{Pr\ddot{u}f(B)})} = \frac{\hat{\sigma}_B^2}{\hat{\sigma}_{Pr\ddot{u}f(B)}^2} = \frac{\hat{\sigma}_B^2}{\hat{\sigma}_{B\times Vpn}^2}$$

$$df_B = q-1 \qquad \text{und} \qquad df_{B\times Vpn} = (q-1)\cdot(n-1)$$

Prüfung der Wechselwirkung A×B:

- **der Wechselwirkung A×B**

$$F_{AxB(df_{A\times B};\,df_{Pr\ddot{u}f(A\times B)})} = \frac{\hat{\sigma}_{A\times B}^2}{\hat{\sigma}_{Pr\ddot{u}f(A\times B)}^2} = \frac{\hat{\sigma}_{A\times B}^2}{\hat{\sigma}_{A\times B\times Vpn}^2}$$

$$df_{A\times B} = (p-1)\cdot(q-1) \qquad \text{und} \qquad df_{A\times B\times Vpn} = (p-1)\cdot(q-1)\cdot(n-1)$$

In den F-Tabellen (Tabelle E, Band I) zur Feststellung der Wahrscheinlichkeit eines empirischen F-Werts unter der Nullhypothese ist es wichtig, die Nenner-Freiheitsgrade der richtigen Prüfvarianz zu verwenden.

Die Zirkularitätsannahme gilt getrennt für den Faktor A, den Faktor B und die Wechselwirkung A×B.

Die Zirkularitätsannahme bezieht sich bei der Signifikanzprüfung in der zweifaktoriellen Varianzanalyse getrennt auf Haupteffekt A, den Haupteffekt B und die Wechselwirkung A×B. Für den Haupteffekt A sind die Abhängigkeiten der Messwerte zwischen den Stufen des Faktors A entscheidend und für den Haupteffekt B die Abhängigkeiten zwischen den Stufen des Faktors B. Im Fall der Wechselwirkung verlangt die Annahme der Zirkularität, dass alle Varianzen der Differenzen zwischen allen Bedingungskombinationen homogen sind. Eine Beispielrechnung mit dem Programm SPSS für unser Datenbeispiel finden Sie in den ergänzenden Materialien zum Buch im Internet.

7.3.2 Effektstärke

Zur Berechnung der Effektstärke für die einzelnen Haupteffekte und ihrer Wechselwirkung wird trotz der zuvor diskutierten Probleme häufig das partielle Eta-Quadrat verwendet (vgl. Kap. 7.1.6). Dieses Effektstärkenmaß gibt den Anteil der durch einen Effekt aufgeklärten Varianz auf der Ebene der Stichprobe wieder. In das Maß der Gesamtvariabilität der Messwerte geht die Quadratsumme der Varianz ein, die bereits bei der F-Bruch Bildung als Prüfvarianz verwendet wurde. Die Berechnung der Effektstärkenmaße für den Haupteffekt A, den Haupteffekt B und deren Interaktion A×B erfolgt nach folgenden Formeln:

$$\eta^2_{p(A)} = \frac{QS_A}{QS_A + QS_{Pr\ddot{u}f(A)}}$$

$$\eta^2_{p(B)} = \frac{QS_B}{QS_B + QS_{Pr\ddot{u}f(B)}}$$

$$\eta^2_{p(A\times B)} = \frac{QS_{A\times B}}{QS_{A\times B} + QS_{Pr\ddot{u}f(A\times B)}}$$

Anteil an erklärter Variabilität auf der Ebene der Stichprobe für den

- Faktor A mit Messwiederholung

- Faktor B mit Messwiederholung

- die Wechselwirkung A×B

Die Berechnung kann auch mit Hilfe der jeweiligen F-Werte und der entsprechenden Freiheitsgrade erfolgen.

$$f^2_{S(abh\ddot{a}ngig)} = \frac{F \cdot df_{Effekt}}{df_{Pr\ddot{u}f}} \qquad \rightarrow \qquad \eta^2_p = \frac{f^2_S}{1 + f^2_S}$$

7.3.3 Teststärke und Stichprobenumfangsplanung

In die Berechnung der Teststärke auf Basis der Konventionen für Effekte bei unabhängigen Stichproben geht zusätzlich die mittlere Korrelation zwischen den Faktorstufen sowie die Anzahl der Stufen p und q der beiden messwiederholten Faktoren in den Nonzentralitätsparameter λ ein.

In die Berechnung der Teststärke geht die mittlere Korrelation zwischen den Stufen des entsprechenden Faktors ein.

$$\lambda_{df;\alpha} = \frac{p \cdot q}{1 - \bar{r}} \cdot \Phi^2_{unabh\ddot{a}ngig} \cdot N \qquad \text{mit } \Phi^2_{unabh\ddot{a}ngig} = \frac{\Omega^2_{unabh\ddot{a}ngig}}{1 - \Omega^2_{unabh\ddot{a}ngig}}$$

Die Berechnung der Teststärke erfolgt getrennt für den Haupteffekt A, den Haupteffekt B und die Wechselwirkung A×B, so wie dies auch bei der zweifaktoriellen Varianzanalyse ohne Messwiederholung der Fall ist. Neben den unterschiedlichen Freiheitsgraden kann zusätzlich die mittlere Korrelation für die einzelnen Effekte unterschiedlich groß sein. Entscheidend für die Berechnung der Teststärke des Faktors A ist die mittlere Korrelation zwischen den Stufen des Faktors A. Entsprechendes gilt für den Faktor B. Im Fall der Wechselwirkung gilt die mittlere Korrelation zwischen allen einzelnen Bedingungskombinationen bzw. den Messwerten, die den Zellmittelwerten zu Grunde liegen. Für die Bestimmung der Teststärke in GPower muss die in Abschnitt 7.1.7 behandelte Umwandlung von f^2 in f'^2 beachtet werden.

Die Stichprobenumfangsplanung entspricht dem in Abschnitt 7.1.8 beschriebenen Vorgehen, ebenfalls jeweils getrennt für den Faktor A, Faktor B und die Wechselwirkung.

7.3.4 Post-Hoc-Analysen

Der Tukey HSD-Test ist auch bei der zweifaktoriellen Varianzanalyse mit Messwiederholung auf beiden Stufen anwendbar. Weiterhin gilt: Die Post-Hoc-Analyse eines bestimmten Haupteffekts oder der Wechselwirkung erfordert jeweils das Einsetzen der zugehörigen Residualvarianz, die bei der F-Bruch Bildung als Prüfvarianz verwendet wurde. Vorsicht ist allerdings geboten, wenn die Zirkularitätsannahme verletzt ist. Die folgende Formel zeigt beispielhaft die Bestimmung der HSD im Fall der Wechselwirkung.

$$\mathrm{HSD}_{A \times B} = q_{\alpha;(p \cdot q);df_{Res(A \times B)}} \cdot \sqrt{\frac{\hat{\sigma}^2_{Res(A \times B)}}{n}}$$

7.4　Bewertung der Messwiederholung

Messwiederholte Varianzanalysen haben gegenüber Verfahren ohne Messwiederholung den Vorteil, dass sie im Allgemeinen über eine größere Teststärke verfügen, einen Effekt einer bestimmten Größe zu finden. Mit anderen Worten: Es werden weniger Versuchspersonen benötigt, um eine Forschungsfrage zu untersuchen. Dies gilt besonders dann, wenn das untersuchte Merkmal innerhalb von Personen relativ stabil ist und sich zwischen verschiedenen Versuchspersonen unterscheidet. In diesem Fall kann die Methode der Messwiederholung einen großen Anteil der Gesamtvarianz auf die Unterschiede zwischen Personen zurückführen. Dies führt zu einer Reduktion des Anteils der unerklärten Varianz.

Allerdings hat die Methode der Messwiederholung auch Nachteile. Versuchspersonen reagieren anders auf eine Aufgabe, die sie bereits kennen, als auf eine unbekannte Aufgabe. Besonders in Leistungsmessungen treten bei mehrmaligen Messungen unerwünschte Übungseffekte auf. Zusätzlich kann es sein, dass bestimmte experimentelle Bedingungen einen speziellen Effekt auf nachfolgende Bedingungen haben, d.h. eine mögliche Reihenfolge der experimentellen Bedingungen hat einen anderen Effekt als eine andere Reihenfolge. Derartige Effekte werden unter dem Begriff „Sequenzeffekte" zusammengefasst. Eine Möglichkeit der Kontrolle von Sequenzeffekten ist es, die Reihenfolge der experimentellen Bedingungen für jede Versuchsperson zufällig zu variieren. Eine bessere Art der Kontrolle bietet eine Balancierung der Reihenfolgen, in der jede Bedingung jeder anderen Bedingung einmal vorausgeht und einmal nachfolgt. Bei zwei wiederholten Messungen ist dies relativ einfach zu realisieren, da es nur zwei mögliche Reihenfolgen gibt. Bei vielen Messwiederholungen kann eine solche Balancierung sehr aufwändig werden.

Insgesamt lassen sich Unterschiede zwischen den Bedingungen des Experiments bei einer Messwiederholung nur dann eindeutig interpretieren, wenn die Sequenzeffekte unabhängig sind von der Reihenfolge der experimentellen Bedingungen. Ein Beispiel wäre ein allgemeiner Übungseffekt in einer Testaufgabe, bei dem die Versuchspersonen mit jeder wiederholten Messung bessere

Eine Studie mit Messwiederholung erfordert weniger Versuchspersonen als eine Studie ohne Messwiederholung.

Ein Nachteil der Messwiederholung sind allgemeine Übungseffekte und andere spezielle Sequenzeffekte.

Spezielle Sequenzeffekte erschweren die Interpretation einer experimentellen Manipulation.

Die Art der Reihenfolge kann als Faktor ohne Messwiederholung in die Auswertung mit aufgenommen werden.

Einige wissenschaftliche Fragen lassen sich nicht mit Hilfe der Messwiederholung untersuchen.

Leistungen zeigen, unabhängig davon ob sie zuerst ein Medikament und dann Placebo oder erst Placebo und dann das Medikament bekommen. In diesem Fall lohnt sich eine Berücksichtigung des Übungseffekts in der Auswertung. Die Aufnahme der Art der Reihenfolge als zusätzlichen nicht messwiederholten Faktor erklärt hier einen Teil der Variabilität der Messwerte und führt zu einer Reduktion der unerklärten Varianz und damit zu einer höheren Teststärke.

Allgemeine Übungs- und Sequenzeffekte sind allerdings bei wiederholten Messungen immer gegeben. Völlig auszuschließen sind sie nur in nicht wiederholten Messanordnungen. Einige Forschungsfragen können deshalb nicht mit wiederholten Messungen beantwortet werden. So ist es in unserem Beispiel über den Einfluss der Verarbeitungstiefe auf die Gedächtnisleistung entscheidend, dass die Versuchspersonen von dem späteren Gedächtnistest nichts wissen (vgl. Einleitung in Band I). Hat eine Person einmal an der späteren Gedächtnisabfrage teilgenommen, so weiß sie, dass sich die Aufgabe eigentlich auf das Merken der Wörter bezieht und nicht auf die strukturelle, bildhafte oder emotionale Verarbeitung. In diesem Fall ist eine Messwiederholung unangebracht.

Ausblick

In der Varianzanalyse mit Messwiederholung ergibt sich häufig das Problem, dass die Annahme der Zirkularität in den Daten verletzt ist. Trotz vorgeschlagener Korrekturverfahren ist deshalb die Anwendung von messwiederholten Varianzanalysen kritisch zu sehen, da viele empirische Datensätze den mathematischen Voraussetzungen dieser Auswertungsmethode nicht entsprechen. Eine Alternative bietet der so genannte multivariate Ansatz zur Auswertung messwiederholter Daten. Hier werden die Messzeitpunkte als verschiedene abhängige Variablen betrachtet, deren Art der Abhängigkeit in die Auswertung mit einfließt. Für die Anwendung dieser multivariaten Varianzanalyse (MANOVA) ist daher die Zirkularitätsannahme nicht relevant. Allerdings geht die MANOVA über den Rahmen dieses Buches hinaus. Eine gute Beschreibung dieses Ansatzes bietet Stevens (1996).

Zusammenfassung

Bei der Methode der Messwiederholung werden Daten zu mehreren Zeitpunkten an denselben Versuchspersonen erhoben. Dies führt zu einer Abhängigkeit der Datenpunkte untereinander. Der Vergleich der Mittelwerte von abhängigen Datenpunkten erfordert eine Auswertung mit Hilfe der Varianzanalyse mit Messwiederholung. Das Verfahren basiert – wie die Varianzanalyse ohne Messwiederholung – auf dem Prinzip der Varianzzerlegung. Die Varianzanalyse mit Messwiederholung kann zusätzlich zu der Effektvarianz noch Personenvarianz aufklären. Die Personenvarianz bezieht sich auf allgemeine Unterschiede zwischen Versuchspersonen, die unabhängig von den anderen experimentellen Faktoren auftreten. Durch das Erklären der Personenvarianz reduziert sich der Anteil der unerklärten Variabilität der Messwerte. Dies erhöht die Teststärke des Verfahrens.

Eine Voraussetzung der Varianzanalyse mit Messwiederholung ist die Annahme der Zirkularität (Sphärizität). Sie verlangt, dass alle Varianzen der Differenzen zwischen zwei Stufen des messwiederholten Faktors gleich sind. Ein Spezialfall dieser Annahme ist die Homogenität aller Korrelationen zwischen zwei Faktorstufen. Der Mauchly-Test auf Sphärizität testet die Zirkularitätsannahme, seine Anwendung ist aber problematisch.

Die Signifikanzprüfung basiert auf dem Prinzip der F-Bruch Bildung. Allerdings unterscheiden sich die Erwartungswerte der Schätzer für die systematischen Varianzen nicht nur hinsichtlich ihrer Effektkomponenten. In mehrfaktoriellen Varianzanalysen mit Messwiederholung ist es deshalb wichtig, die richtige Prüfvarianz für das Testen eines Effekts zu verwenden. Bei einer Verletzung der Zirkularitätsannahme ist für eine valide Signifikanzprüfung eine Korrektur der Freiheitsgrade erforderlich.

Die Effektstärke η_p^2 gibt den Anteil der durch den Effekt erklärten Varianz auf der Ebene der Stichprobe an. Obwohl η_p^2 häufig als Effektgröße für messwiederholte Varianzanalysen verwendet wird, ist die Interpretation problematisch. Die Größe von η_p^2 hängt u.a. von der Korrelation zwischen den wiederholten Messungen und den speziellen Berechnungen der Freiheitsgrade und Quadratsummen ab und ist deshalb nicht mit Effektgrößen aus Studien ohne Messwiederholung vergleichbar.

Die Bestimmung der Teststärke aus den Konventionen für einen kleinen, mittleren oder großen Effekt bei unabhängigen Stichproben erfordert für die messwiederholte Varianzanalyse ein Einbeziehen der Höhe der mittleren Korrelation zwischen den Stufen des messwiederholten Faktors. Dies gilt auch für einen zusätzlichen Faktor ohne Messwiederholung. Für die a priori Stichprobenumfangsplanung muss eine mittlere Korrelation zwischen den Stufen im Vorhinein festgelegt werden. Der Tukey HSD-Test erlaubt die Post-Hoc-Analyse der Mittelwertsunterschiede zwischen den Messzeitpunkten nur, wenn die Annahme der Zirkularität erfüllt ist.

Die Methode der Messwiederholung hat den Vorteil, dass bereits bei geringen Versuchspersonenzahlen große Teststärken erreicht werden können. Allerdings lassen sich allgemeine Übungseffekte nicht vermeiden. Einflüsse einer speziellen Reihenfolge der experimentellen Bedingungen müssen kontrolliert werden, entweder durch das zufällige Variieren der Reihenfolgen oder durch die Aufnahme der Art der Reihenfolge als zusätzlichen Faktor.

Aufgaben zu Kapitel 7

Verständnisaufgaben

a) Beschreiben Sie, wie sich die Gesamtvarianz bei der einfaktoriellen Varianzanalyse mit Messwiederholung zerlegen lässt.

b) Nennen und erläutern Sie die für die Varianzanalyse mit Messwiederholung spezifische Voraussetzung (im Vergleich zur Varianzanalyse ohne Messwiederholung). Wie lässt sich diese Voraussetzung überprüfen? Was ist zu tun, wenn diese Vorraussetzung verletzt ist?

c) Welche Effekte können in einer zweifachen Varianzanalyse mit Messwiederholung auf beiden Faktoren auf Signifikanz überprüft werden?

d) Erläutern Sie die Vor- und Nachteile der Messwiederholung.

Anwendungsaufgaben

Aufgabe 1

Ein einfaktorieller Versuchsplan mit Messwiederholung hat vier Stufen auf dem Faktor A mit $N = 21$ Versuchspersonen. Wie lautet der kritische F-Wert bei $\alpha = 0{,}05$?

Aufgabe 2

Eine Diagnostikerin möchte herausfinden, ob die Leistung in einem Studierfähigkeitstest durch Übung verbessert werden kann. Dazu lässt sie fünf Personen den Test insgesamt drei Mal im Abstand von zwei Wochen absolvieren. Die nachfolgende Tabelle gibt die Testwerte wieder.

Vpn	Erster Test	Zweiter Test	Dritter Test
1	6	9	12
2	4	7	10
3	8	12	13
4	4	6	8
5	5	9	10

Berechnen Sie die systematische Varianz des Faktors Testwiederholung und die Residualvarianz und berechnen Sie, ob es einen signifikanten Übungseffekt gibt.

Aufgabe 3

Eine einfaktorielle Varianzanalyse mit vier Messzeitpunkten und 20 Versuchspersonen liefert ein nicht signifikantes Ergebnis. Die mittlere Korrelation der Messwerte zwischen den einzelnen Messzeitpunkten beträgt 0,5. Wie groß war die Wahrscheinlichkeit, mit dieser Untersuchung bei einem α-Fehler von 5% einen Effekt der Größe $\Omega_p^2 = 0,1$ zu finden, falls dieser tatsächlich existiert?

Aufgabe 4

Ein Therapeut möchte zeigen, dass sich mit Yoga-Therapie wirksam psychische Störungen bekämpfen lassen. Zunächst erhebt er in einem Pre-Test die psychische Befindlichkeit seiner Klienten zum Zeitpunkt der ersten Kontaktaufnahme. Dann teilt er je 20 Personen per Zufall einer Treatment-Gruppe (erhält die Yoga-Therapie) und einer Kontrollgruppe (keine Therapie) zu. Nach acht Wochen misst er in einem Post-Test die psychische Befindlichkeit seiner Klienten erneut. Es ergeben sich die folgenden Mittelwerte:

	Pre-Test	Post-Test
Treatmentgruppe	15	22
Kontrollgruppe	14,5	15,5

a) Welche Analysemethode ist angebracht? Welche Effekte können damit untersucht werden und worüber geben diese Effekte Auskunft? Welchen dieser Effekte möchte der Therapeut nachweisen?

b) Die folgenden Varianzen wurden ermittelt:

Systematische Varianzen		Prüfvarianzen	
Faktor A (Gruppe)	281,25	Varianz der Vpn in der Stichprobe	7,829
Faktor B (Mzp)	186,769	Residualvarianz innerhalb Vpn	1,934
Wechselwirkung	151,25		

Prüfen Sie die Effekte auf Signifikanz ($\alpha = 0,05$). Welche Schlussfolgerung lässt sich ziehen?

8 Verfahren für Rangdaten

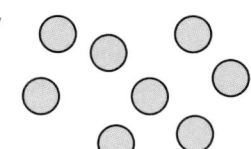

Alle bisher in diesem Buch vorgestellten statistischen Auswertungsverfahren gehören zu der Gruppe der parametrischen Verfahren. Diese setzen verschiedene Verteilungseigenschaften der erhobenen Daten voraus, sonst liefern sie keine akkuraten Ergebnisse (Kap. 3.1.9, 4.2.5, 5.5, 6.7, 7.1.4). Welche Vorgehensweise empfiehlt sich aber für die Fälle, in denen die Voraussetzungen der parametrischen Verfahren verletzt werden? Die letzten beiden Kapitel dieses Buches widmen sich den so genannten nichtparametrischen Verfahren. Wie der Name bereits andeutet, machen diese Verfahren keine so rigiden Voraussetzungen wie die Intervallskaliertheit oder die Normalverteilung des untersuchten Merkmals in der Population. Diese gelockerten Ansprüche an die Daten haben aber eingeschränkte Aussagemöglichkeiten im Vergleich zu den parametrischen Verfahren zur Folge. Kapitel 8 beschäftigt sich mit Verfahren für Ordinaldaten, Kapitel 9 widmet sich Verfahren für Nominaldaten.

Dieses Kapitel stellt drei statistische Auswertungsverfahren vor, die sich auf die Analyse von Daten auf Ordinalskalenniveau beziehen: den U-Test für unabhängige Stichproben von Mann-Whitney, den W-Test für abhängige Stichproben von Wilcoxon und den Kruskal-Wallis H-Test, der auch Rangvarianzanalyse heißt. Alle drei Verfahren arbeiten mit der Betrachtung von Rangplätzen, die den Versuchspersonen aufgrund ihrer Messwerte zugeordnet werden. Durch die Zuordnung von Rangplätzen wird eine künstliche Äquidistanz zwischen den Werten erzeugt, die viele mathematische Operationen wie z.B. die Mittelwertsbildung erst ermöglicht. Die nichtparametrischen Verfahren für Rangdaten arbeiten nicht mit Populationsparametern und -verteilungen, sondern legen ihre eigene Verteilung (die der Rangplätze) zu Grunde. Deshalb gibt es für ihre Anwendung nur sehr wenige mathematische Voraussetzungen: die Rangskaliertheit der Daten und die zufällige Zuordnung der Versuchspersonen zu den Gruppen. Aus diesem Grund dienen U-Test, W-Test und Rangvarianzanalyse oft als Alternative, wenn die

Der Mann-Whitney U-Test prüft, ob zwischen zwei unabhängigen Gruppen ein signifikanter Unterschied besteht.

Voraussetzungen des t-Tests bzw. der Varianzanalyse grob verletzt und/oder die Stichproben sehr klein sind. Bei intervallskalierten Daten und ausreichend großen Stichproben sollte allerdings immer der entsprechende parametrische Test vorgezogen werden. Er bezieht mehr Informationen der Daten in die Auswertung mit ein. Beispielsweise erfassen parametrische Verfahren die Größe der Unterschiede auf der abhängigen Variablen zwischen den Versuchspersonen, während die nichtparametrischen Verfahren lediglich eine Rangreihe bilden. Parametrische Tests liefern deshalb Ergebnisse mit mehr Informationsgehalt, die weiter reichende Aussagen zulassen. Darüber hinaus haben sie in den meisten Fällen eine höhere Teststärke.

8.1   Der Mann-Whitney U-Test

Der U-Test für unabhängige Stichproben oder auch Mann-Whitney U-Test ist ein Verfahren zur Auswertung eines Zwei-Gruppen-Experiments, dessen Bedingungen sich in einer unabhängigen Variable unterscheiden. Ähnlich wie der t-Test für unabhängige Stichproben prüft der U-Test, ob die Unterschiede in den zwei Gruppen bezüglich einer abhängigen Variable zufälligen oder systematischen Einflüssen unterliegen. Anders als der t-Test aber analysiert der U-Test die Messwerte nicht direkt, sondern die ihnen zugeordneten Rangplätze.

Im täglichen Leben ist die Zuordnung von Rangplätzen durchaus üblich. So erhalten z.B. Sportler in einem Wettkampf entsprechend ihren Leistungen einen ganzzahligen Rangplatz (Erster, Zweiter etc.), unabhängig davon, wie groß der Leistungsabstand in einer sportlichen Disziplin zwischen ihnen gewesen ist. Es wird eine künstliche Äquidistanz erzeugt, d.h. der rechnerische Abstand zwischen den einzelnen Sportlern ist in der Rangreihe genau Eins. Diese künstliche Äquidistanz ermöglicht die sinnvolle Anwendung von Rechen-operationen wie z.B. die Summen- oder Mittelwertsbildung. Ein weiterer Vorteil ist, dass nach der Zuordnung von Rangplätzen die Signifikanzprüfung unabhängig von der Form der Verteilung der Messwerte in der Population ist. Den Rangplätzen liegt eine eigene, recht einfache Verteilung zu Grunde: die Verteilung ganzer Zahlen von 1 bis N.

Der U-Test stellt primär ein Instrument für ordinalskalierte Daten dar. Darüber hinaus ist er aufgrund seiner größeren Voraussetzungsfreiheit in folgenden Fällen dem t-Test für unabhängige Stichproben vorzuziehen:

- Die Intervallskalenqualität der abhängigen Variable ist zweifelhaft.

- Das Merkmal folgt in der Population keiner Normalverteilung.

- Die Annahme der Varianzhomogenität (Kap. 3.1.8) ist verletzt, so dass der t-Test für unabhängige Stichproben keine zuverlässigen Ergebnisse mehr liefert.

Der U-Test prüft die Nullhypothese, dass kein Unterschied zwischen den beiden untersuchten Gruppen hinsichtlich des erhobenen Merkmals besteht. Dies tut er mit Hilfe der Rangplätze, die die Versuchspersonen der beiden Gruppen in Bezug zur gesamten Stichprobe einnehmen. Die Information über die Rangplätze verarbeitet er in eine Prüfgröße, den U-Wert. Der U-Wert erlaubt eine Aussage darüber, ob sich die beiden untersuchten Stichproben in der Verteilung der Rangplätze signifikant voneinander unterscheiden. Im Folgenden werden wir die Zuordnung der Rangplätze sowie die für die Bestimmung der Prüfgröße U notwendigen Berechnungen Schritt für Schritt erläutern.

8.1.1 Zuordnung der Rangplätze

Vor der Durchführung eines U-Tests liegen die erhobenen Daten zunächst in Form von Messwerten mit Rangskalenniveau für zwei Gruppen mit $n_1 + n_2 = N$ Versuchspersonen vor. Jeder Versuchsperson wird aufgrund ihres erzielten Wertes auf der abhängigen Variable ein Rangplatz zugeordnet. Dabei spielt die Gruppenzugehörigkeit zunächst keine Rolle, so dass eine Rangreihe für alle Versuchspersonen entsteht. Das bedeutet, dass z.B. die Versuchsperson mit dem höchsten Messwert den Rangplatz 1 zugeordnet bekommt, die nächste Versuchsperson erhält den Rangplatz 2 usw. Die Zuordnung der Messwerte zu Rangplätzen ähnelt sich für alle drei in diesem Kapitel vorgestellten Verfahren für ordinale Daten.

Der U-Test bietet eine Alternative für den t-Test für unabhängige Stichproben.

Für die Berechnung des U-Werts ist es zuerst notwendig, alle Messwerte in eine gemeinsame Rangreihe zu bringen. Danach wird für jede Gruppe die Summe der Rangplätze sowie der durchschnittliche Rangplatz der Gruppe berechnet.

Die Formel zur Berechnung der Summe der Rangplätze einer Gruppe lautet:

$$T_i = \sum_{m=1}^{n_i} R_{mi}$$

i : Gruppe
n_i : Anzahl der Versuchspersonen in Gruppe i
R_{mi} : Rangplatz der m-ten Versuchsperson in der Gruppe i

Zur Kontrolle der Berechnung beider Summen dient folgende Beziehung: Die beiden Rangsummen T_1 und T_2 müssen zusammen die Gesamtsumme der Rangplätze ergeben. Da den Messwerten die Zahlen 1 bis N zugeordnet worden sind, lässt sich die Gesamtsumme der Zahlen 1 bis N über folgende Formel berechnen:

$$\sum_{m=1}^{N} R_m = \frac{N \cdot (N+1)}{2} = T_1 + T_2$$

R_m : Rangplatz der m-ten Versuchsperson
N : Anzahl Beobachtungen ($N = n_1 + n_2$)

Die mittlere Rangsumme einer Gruppe ergibt sich aus der Division dieser Summe durch die Anzahl der Versuchspersonen in einer Gruppe:

$$\overline{R}_i = \frac{T_i}{n_i}$$

T_i : Summe der Rangplätze in Gruppe i
n_i : Anzahl der Versuchspersonen in Gruppe i

Um das Verfahren und die Berechnung der einzelnen Größen anschaulicher zu machen, stellen wir an dieser Stelle ein Beispiel vor. Ein Lehrer behauptet, dass Mädchen bessere sprachliche Fähigkeiten haben als Jungen. Anhand der letzten Klassenarbeit in Deutsch möchte er diese These in seiner Schulklasse (8 Mädchen, 10 Jungen) belegen. Die Punktezahl der Arbeit reichte von 0 bis maximal 30 Punkte. Da bei Stichproben dieser Größe die Annahme der

Tabelle 8.1. Punktzahlen und Rangplätze von Jungen und Mädchen in einer Klassenarbeit

Mädchen (w) n_1=8		Jungen (m) n_2=10	
Punkte	(Rang)	Punkte	(Rang)
24	(4)	14	(12)
18	(9)	8	(16)
21	(6)	16	(11)
28	(1)	5	(17)
17	(10)	22	(5)
9	(15)	12	(13)
20	(7)	25	(3)
26	(2)	3	(18)
		11	(14)
		19	(8)
T_1=54		T_2=117	
R_1=6,75		R_2=11,7	

Varianzhomogenität fraglich erscheint, entscheidet er sich für den U-Test als Auswertungsverfahren. Tabelle 8.1 gibt die Verteilung der Punktzahlen wieder (erste und dritte Spalte).

In den Klammern der zweiten und vierten Spalte stehen die Rangplätze der Schüler von 1 bis 18. Es ist bereits zu erkennen, dass die Mädchen vermehrt die vorderen Plätze einnehmen und die Jungen eher die hinteren Positionen. Dies wird noch deutlicher, wenn man die Besetzung der Rangplätze in linearer Reihenfolge abträgt (siehe Tab. 8.2).

1	2	3	4	5	6	7	8	9	10	11	12	13	14	15	16	17	18
w	w	m	w	m	w	w	m	w	w	m	m	m	m	w	m	m	m

Tabelle 8.2. Lineare Darstellung der Rangplätze der Jungen (m) und Mädchen (w)

Der Einfachheit halber treten in diesem Beispiel keine Werte zweimal auf, so dass jede Person einen eigenen Rangplatz erhält, ohne sich diesen mit einer anderen Person teilen zu müssen. Wie man mit solchen verbundenen Rängen verfährt, wird in Kapitel 8.1.4 aufgegriffen.

Für die Mädchen (i = 1) bzw. die Jungen (i = 2) ergibt sich die Summe der Rangplätze zu:

$$T_1 = \sum_{m=1}^{8} R_{m1} = 1 + 2 + 4 + ... + 15 = 54$$

$$T_2 = \sum_{m=1}^{10} R_{m2} = 3 + 5 + 8 + ... + 18 = 117$$

Zur Kontrolle der Rangplatzsummen vergleichen wir die nach der Formel berechnete Gesamtsumme der Rangplätze mit T_1 und T_2:

$$\sum_{m=1}^{N} R_m = \frac{N \cdot (N+1)}{2} = \frac{18 \cdot (18+1)}{2} = 171$$

$$T_1 + T_2 = 54 + 117 = 171$$

Die Summe von T_1 und T_2 stimmt mit den über die Formel berechneten Gesamtsummen überein. Dies spricht für die Richtigkeit der Werte für T_1 und T_2. Die durchschnittlichen Rangplätze beider Gruppen lauten entsprechend:

$$\overline{R}_1 = \frac{T_1}{n_i} = \frac{54}{8} = 6{,}75 \qquad \text{und} \qquad \overline{R}_2 = \frac{T_2}{n_i} = \frac{117}{10} = 11{,}7$$

8.1.2 Der U-Wert und U'-Wert

Aus dem bisher Besprochenen lässt sich bereits ersehen, dass Mädchen tendenziell niedrigere Rangplätze einnehmen als Jungen (Tab. 8.1). Doch ist dieser Unterschied auch statistisch signifikant? Diese Frage kann mit Hilfe der entsprechenden Prüfgröße U beantwortet werden. Ihre Ermittlung folgt einer einfachen Logik.

Rangplatzüberschreitungen

Die Anzahl der Rangplatzüberschreitungen gibt an, wie viele Rangplätze in der einen Gruppe größer sind als jeweils ein Rangplatz in der anderen Gruppe.

Der Wert U ist die Summe der Rangplatzüberschreitungen.

Der statistische Kennwert U wird gebildet, indem für jeden Rangplatz einer Person der einen Gruppe die Anzahl an Personen aus der anderen Gruppe gezählt wird, die diesen Rangplatz überschreitet. Hat beispielsweise eine Person in Gruppe 1 den Rangplatz 3, so wird gezählt, wie viele Personen der Gruppe 2 einen Rangplatz größer als 3 innehaben. Dies geschieht für jede Person der Gruppe 1. Der U-Wert ist die Summe der resultierenden Rangplatzüberschreitungen.

Die Rangplatzüberschreitungen sind in der linearen Darstellung einfacher zu erkennen, die hier deshalb noch einmal dargestellt ist (Tab. 8.3).

Tabelle 8.3 Lineare Darstellung der Rangplätze der Jungen (m) und Mädchen (w)

1	2	3	4	5	6	7	8	9	10	11	12	13	14	15	16	17	18
w	w	m	w	m	w	w	m	w	w	m	m	m	m	w	m	m	m

In unserem Beispiel können wir U folgendermaßen ermitteln: Das Mädchen auf Rangplatz 1 in der Tabelle 8.3 wird von allen Jungen im Rangplatz überschritten. Das Mädchen auf Rangplatz 2 ebenso. Auf Rang 4 sind es alle außer dem Jungen auf Rangplatz 3, also nur noch 9 Jungen, die einen höheren Rangplatz aufweisen usw. Der U-Wert ist die Summe der Rangplatzüberschreitungen der Gruppe der Jungen über die Gruppe der Mädchen:

$$U = 10 + 10 + 9 + 8 + 8 + 7 + 7 + 3 = 62$$

Anstatt der aufwändigen Betrachtung der Einzelwerte lässt sich der U-Wert über die folgende Berechnungsvorschrift auch einfacher bestimmen:

$$U = n_1 \cdot n_2 + \frac{n_1 \cdot (n_1 + 1)}{2} - T_1$$

n_1 : Anzahl Untersuchungseinheiten in Gruppe 1
n_2 : Anzahl Untersuchungseinheiten in Gruppe 2
T_1 : Rangsumme für Gruppe 1

Die Formel liefert uns das von Hand berechnete Ergebnis:

$$U = n_1 \cdot n_2 + \frac{n_1 \cdot (n_1 + 1)}{2} - T_1 = 8 \cdot 10 + \frac{8 \cdot (8 + 1)}{2} - 54 = 62$$

Die Summe der Rangplatzüberschreitungen U der Gruppe der Jungen gegenüber der Gruppe der Mädchen beträgt 62.

Rangplatzunterschreitungen

Anstatt die Rangplatzüberschreitungen der Gruppe der Jungen gegenüber der Gruppe der Mädchen zu berechnen, ist es ebenso möglich, die Rangplatzunterschreitungen der Gruppe der Jungen gegenüber der Gruppe der Mädchen zu ermitteln. Diese Summe nennt sich U'. In diesem Fall lautet die Frage, wie viele Jungen das jeweilige Mädchen im Rang unterschreiten. Die Rangplätze der Mädchen auf dem ersten und zweiten Platz unterschreitet keiner der Jungen, den Rangplatz 4 unterschreitet einer, den Rang des Mädchens auf Platz 6 unterschreiten zwei etc. (siehe Tab. 8.3).

$$U' = 1 + 2 + 2 + 3 + 3 + 7 = 18$$

Die vereinfachte Berechnungsformel von U' beinhaltet die Gruppengröße und Rangsumme der zweiten Gruppe, hat aber ansonsten die bereits bekannte Form:

$$U' = n_1 \cdot n_2 + \frac{n_2 \cdot (n_2 + 1)}{2} - T_2$$

Der Wert U' ist die Summe der Rangplatzunterschreitungen.

Die Anzahl der Rangplatzunterschreitungen gibt an, wie viele Rangplätze in der einen Gruppe kleiner sind als jeweils ein Rangplatz in der anderen Gruppe.

Danach berechnet sich U′ in unserem Beispiel zu:

$$U' = n_1 \cdot n_2 + \frac{n_2 \cdot (n_2 + 1)}{2} - T_2 = 8 \cdot 10 + \frac{10 \cdot (10 + 1)}{2} - 117 = 18$$

Die Werte U und U' bestätigen uns in dem, was wir schon aus Tabelle 8.1 ersehen konnten: Jungen überschreiten die Plätze der Mädchen sehr häufig. Sie unterschreiten sie dagegen vergleichsweise selten. Diese Information liegt dank der erfolgten Berechnungen und der künstliche erzeugten Äquidistanz in statistischen Kennwerten vor, die eine Signifikanzprüfung erlauben.

8.1.3 Signifikanzprüfung beim U-Test

Wie auch bei den parametrischen Verfahren erfolgt die Signifikanzprüfung des U-Tests unter Annahme der Nullhypothese. Sie proklamiert keinen bedeutsamen Unterschied in den Rangplatzüber- und Rangplatzunterschreitungen der beiden Gruppen. An einer Stichprobenkennwerteverteilung der U-Werte unter der Nullhypothese lässt sich dann analog zum t- oder F-Test die Wahrscheinlichkeit des empirischen Ergebnisses unter der Nullhypothese bestimmen. Im Folgenden stellen wir die einzelnen Schritte der Signifikanzprüfung beim U-Test vor.

Die Nullhypothese

Wie hängen U und U′ miteinander zusammen? Ihre Beziehung zeigt folgende Formel:

$$U = n_1 \cdot n_2 - U'$$

Inhaltlich lässt sich die Beziehung wie folgt vorstellen: Je mehr Rangüberschreitungen U es zwischen zwei Gruppen gibt, desto weniger Rangunterschreitungen liegen vor und umgekehrt. U und U′ stehen gewissermaßen komplementär zueinander. Je stärker sich die beiden Gruppen unterscheiden, desto mehr Rangüberschreitungen und weniger Rangunterschreitungen gibt es oder umgekehrt. Ein größerer Unterschied zwischen den Gruppen führt aber in jedem Fall zu einem größeren Unterschied zwischen U und U′. Besteht kein Unterschied zwischen den beiden Gruppen, gibt es genauso viele Rangunter- wie -überschreitungen.

Die Nullhypothese des U-Tests lautet deshalb:

$U = U'$

Noch einmal: Weicht die Anzahl der Rangplatzüberschreitungen stark von der Anzahl der Rangplatzunterschreitungen ab, so deutet dies auf eine ungleiche Verteilung der Rangplätze in den untersuchten Stichproben hin.

Unter der Annahme der Nullhypothese ($U = U'$) lässt sich aus dem Zusammenhang von U und U' (siehe oben) ein erwarteter mittlerer U-Wert μ_U berechnen:

$$\mu_U = \frac{n_1 \cdot n_2}{2}$$

Dieser mittlere U-Wert entspricht in seiner Funktion dem Mittelwert der Stichprobenkennwerteverteilung von Null beim t-Test für unabhängige Stichproben (Kap. 3.1.2). Weicht der empirische U-Wert sehr stark in positive oder negative Richtung von μ_U ab, so spricht das gegen die Interpretation der Nullhypothese. Die bei wiederholter Ziehung von Stichproben resultierende Verteilung um den Mittelwert μ_U ist symmetrisch. Sind auf der einen Seite der Verteilung die Rangplatzüberschreitungen abgetragen, so befinden sich die Unterschreitungen auf der anderen Seite. Die Symmetrie bewirkt auch, dass sich U und U' immer gleich weit entfernt vom Mittelwert μ_U befinden.

In Kapitel 3.1.2 ging es um die Stichprobenkennwerteverteilung von Mittelwertsdifferenzen. Unter Annahme der Nullhypothese hat diese den Mittelwert Null. Wird aus zwei Populationen mit identischem Populationsmittelwert jeweils eine Stichprobe gezogen, so kann die Differenz der beiden Stichprobenmittelwerte theoretisch jeden beliebigen Wert annehmen. Bei unendlich vielen Ziehungen entsteht aber eine Normalverteilung von Stichprobenkennwerten um den Erwartungswert von Null herum. Sollte Ihnen dieses Konzept noch unklar sein, informieren Sie sich bitte in Kapitel 3.

Bevor wir zur Signifikanzprüfung des U-Werts kommen, berechnen wir den zu erwartenden Mittelwert μ_U für unser Beispiel:

$$\mu_U = \frac{n_1 \cdot n_2}{2} = \frac{8 \cdot 10}{2} = 40$$

Nullhypothese: Die beiden Gruppen unterscheiden sich nicht hinsichtlich der Summe ihrer Rangplatzüber- bzw. Rangplatzunterschreitungen.

Erwarteter U-Wert unter der Nullhypothese

Streuung der Stichprobenkennwerteverteilung

Die Frage ist nun: Wie groß muss die Abweichung des empirischen U-Werts vom unter der Nullhypothese erwarteten U-Wert sein, um statistisch bedeutsam zu sein? Der Weg zur Signifikanzprüfung führt wie auch beim t-Test (siehe Kap. 3.1.2) über eine Kennwerteverteilung: Alle möglichen Werte von U und U′ sind symmetrisch um den unter der Nullhypothese zu erwartenden Mittelwert μ_U verteilt.

Die Streuung dieser U-Werte um den Mittelwert μ_U kann bei unverbundenen Rängen durch folgende Formel errechnet werden (für verbundene Ränge siehe Kap. 8.1.4).

Streuung der U-Werte bei unverbundenen Rängen

$$\sigma_U = \sqrt{\frac{n_1 \cdot n_2 \cdot (n_1 + n_2 + 1)}{12}}$$

Im obigen Beispiel weist die Verteilung der möglichen U-Werte um den Mittelwert μ_U folgende Streuung auf:

$$\sigma_U = \sqrt{\frac{n_1 \cdot n_2 \cdot (n_1 + n_2 + 1)}{12}} = \sqrt{\frac{8 \cdot 10 \cdot (8 + 10 + 1)}{12}} = 11{,}25$$

Signifikanzprüfung bei großen Stichproben

Wenn eine der Stichproben n_1 oder n_2 größer als 20 ist und sich n_1 und n_2 nicht zu stark unterscheiden, nähert sich die Kennwerteverteilung der U-Werte einer Normalverteilung an. Das ermöglicht es, die Standardnormalverteilung als Prüfverteilung heranzuziehen (Kap. 2.2). Der empirische U-Wert, der Mittelwert μ_U, sowie die Streuung der U-Verteilung σ_U werden einfach in die bekannte Formel zur Berechnung eines z-Werts eingesetzt (Kap. 1.4):

Ab $n_1 \cong n_2 > 20$ folgen die U-Werte annähernd einer Normalverteilung und können folglich über z-Werte geprüft werden.

$$z = \frac{x_i - \mu}{\sigma_x}$$

Bezogen auf den U-Test ergibt sich die Formel für die Berechnung des z-Werts zu:

$$z_U = \frac{U - \mu_U}{\sigma_U}$$

Die Argumentationslogik der Entscheidung folgt der bekannten Form: Ist der empirische U-Wert bzw. der zugehörige z-Wert unter der Annahme der Nullhypothese hinreichend unwahrscheinlich, wird die Nullhypothese abgelehnt. Die Signifikanzprüfung erfolgt entweder über den Vergleich der Wahrscheinlichkeit des empirischen z-Werts mit einem a priori festgelegten Signifikanzniveau α oder über einen kritischen z-Wert. Wie bereits erwähnt ist die Verteilung symmetrisch. Daher ist es unerheblich, ob U oder U` in die Formel eingesetzt wird.

Der resultierende z-Wert kann, wie der t-Wert auch, ein- oder zweiseitig getestet werden. Bei einseitiger Fragestellung ist die Richtung der Rangplatzunterschiede zu kontrollieren – analog zum deskriptiven Vergleich der Mittelwertsunterschiede beim t-Test.

Die Gruppe der Jungen ist mit $n_2 = 10$ in unserem Beispiel weit unter der Grenze, die für große Stichproben angegeben ist. Der Anschaulichkeit wegen prüfen wir die Signifikanz trotzdem anhand der z-Werte und der Standardnormalverteilung. Der z-Wert des empirischen U-Werts des Beispiels ergibt sich zu:

$$z_U = \frac{U - \mu_U}{\sigma_U} = \frac{62 - 40}{11,25} = 1,96$$

Abb. 8.1. Standardnormalverteilung mit den z-Werten für U und U'

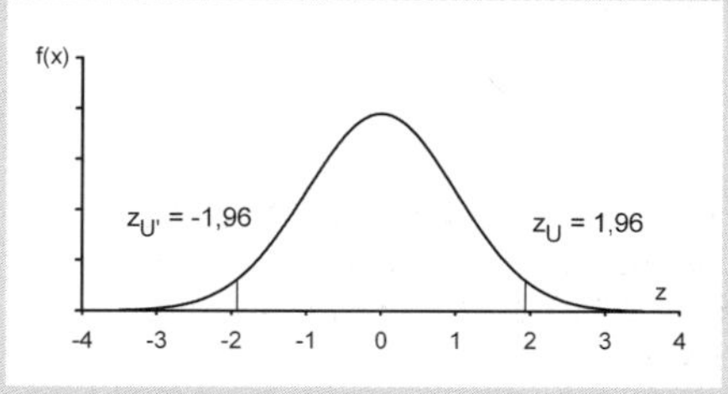

Dieser z-Wert schneidet mindestens 97,5% der Fläche unter einer Standardnormalverteilung nach links ab (vgl. Abb. 8.1 und Tab. A in Band I). Die Wahrscheinlichkeit dieses U-Werts (oder eines größeren) unter Annahme der Nullhypothese ist damit $p \leq 0,025$.

Die vorliegende Hypothese des Lehrers ist einseitig formuliert, denn er proklamiert nicht bloß einen irgendwie gearteten Unterschied zwischen den Geschlechtern, sondern sagt bessere Leistungen der Mädchen vorher. Die berechnete Wahrscheinlichkeit ist kleiner als das Signifikanzniveau $\alpha = 0,05$. Der kritische z-Wert für $\alpha = 0,05$ lautet gemäß Tabelle A im Anhang $z = 1,65$. Der empirische z-Wert überschreitet diesen kritischen Wert. Der empirische U-Wert ist signifikant. Die Gruppe der Jungen zeigt signifikant mehr Rangplatzüberschreitungen als Rangplatzunterschreitungen zu der Gruppe der Mädchen. Die Nullhypothese kann abgelehnt und die Alternativhypothese angenommen werden. Der Lehrer konnte seine Hypothese, dass die Mädchen aus seiner Klasse bessere sprachliche

Bei kleinen Stichproben muss der empirische U-Wert mit einem kritischen U-Wert verglichen werden.

Ist der U_{emp} kleiner oder gleich U_{krit}, so ist das Ergebnis signifikant.

Fähigkeiten haben als Jungen, für diese Klassenarbeit bestätigen. (Dies gilt natürlich nur unter Ausklammerung der berechtigten versuchsplanerischen Einwände.)

In den ergänzenden Dateien zum Buch im Internet finden Sie ein Beispiel für die Durchführung eines U-Tests mit SPSS.

Im Unterschied zu der hier beschriebenen Vorgehensweise weist SPSS dem kleinsten Wert den niedrigsten Rangplatz zu und kommt so zu anderen Werten für die Summen der Rangplätze. Der resultierende Kennwert U bzw. der z-Wert sind in beiden Fällen identisch. Zusätzlich gibt SPSS die Wahrscheinlichkeit des U-Werts unter der Nullhypothese für eine zweiseitige Signifikanzprüfung an. Eine einseitige Testung erfordert die Halbierung des zweiseitigen p-Werts. Bei einer Berechnung des obigen Beispiels mit SPSS ergibt sich eine geringe Abweichung durch das Aufrunden des z-Werts in unserer Rechnung.

Signifikanzprüfung bei kleinen Stichproben

Bei kleinen Stichprobenumfängen (beide $n < 20$) ist die U-Verteilung nicht mehr annähernd normalverteilt. Für $n_1 \leq 8$ und $n_2 \leq 8$ sind in Tabelle G in Band I die genauen Wahrscheinlichkeitsbereiche der U-Werte unter der Nullhypothese angegeben. Für den Fall, dass die Anzahl der Versuchspersonen der einen Gruppe zwischen 1 und 20 und der anderen zwischen 9 und 20 liegt, stehen im zweiten Teil der Tabelle G kritische U-Werte für zweiseitige Tests für die Signifikanzniveaus $\alpha = 0{,}02$, $\alpha = 0{,}05$ und $\alpha = 0{,}1$. Bei einseitigem Testen gelten dieselben Tabellen für $\alpha = 0{,}01$, $\alpha = 0{,}025$ und $\alpha = 0{,}05$. Zur Bestimmung der Signifikanz mit Hilfe der kritischen U-Werte wird der kleinere Wert von U und U′ herangezogen. Anders als bei den bereits besprochenen Tests muss der empirische U-Wert gleich oder kleiner als der kritische U-Wert sein, um ein signifikantes Ergebnis anzuzeigen.

In dem verwendeten Beispiel liegen die Stichprobengrößen bei $n_1 = 8$ und $n_2 = 10$. Der kritische U-Wert für einen einseitigen Test bei einem Signifikanzniveau von $\alpha = 0{,}05$ ist $U_{krit} = 20$. In dem vorgestellten Beispiel ergaben sich die U-Werte $U_{emp} = 62$ und $U'_{emp} = 18$. Der kleinere der beiden Werte, $U'_{emp} = 18$, ist kleiner als der kritische U-Wert. Die Signifikanzprüfung über die kritischen Werte der U-Verteilung liefert also ebenso ein signifikantes Ergebnis für unser Beispiel wie im vorherigen Abschnitt die Prüfung über die z-Verteilung.

8.1.4 Verbundene Ränge

Mitunter kann es vorkommen, dass sich zwei oder mehrere Personen einen Rangplatz teilen, da sie denselben Messwert erzielt haben. Die Zuweisung der Rangplätze für die Personen mit verschiedenen Messwerten ändert sich nicht, sie erhalten je nach Größe ihres Messwertes eine Zahl in der Höhe von 1 bis N. Die Versuchspersonen mit gleichen Messwerten gehen zunächst normal in die Zuordnung mit ein, bei N Versuchspersonen ist der letzte zugeordnete Rangplatz also immer noch die Zahl N. Allerdings wird aus den zugeordneten Rangplätzen für gleiche Messwerte ein mittlerer Rangplatz gebildet. Beispiel: Liegen zwei Versuchspersonen mit dem gleichen Messwert auf Rangplatz 14 und 15, so erhalten beide den mittleren Rangplatz von 14,5. Die nächste Person erhält den Platz 16. Haben mehr als zwei Versuchsteilnehmer den gleichen Wert, fallen also z.B. fünf Personen eigentlich auf die Rangplätze 10 bis 14, ergibt sich für alle ein mittlerer Rangplatz von 12. Die Bildung der Rangreihe ist in der nebenstehenden Tabelle 8.4 beispielhaft für die fettgedruckten mehrfach besetzten Rangplätze vorgeführt.

Die Streuung der Stichprobenkennwerteverteilung ändert sich im Fall von verbundenen Rängen. Die Formel zu deren Berechnung aus dem vorangehenden Abschnitt wird wie folgt korrigiert:

$$\sigma_{U_{corr}} = \sqrt{\frac{n_1 \cdot n_2}{N \cdot (N-1)}} \cdot \sqrt{\left(\frac{N^3 - N}{12} - \sum_{i=1}^{k} \frac{t_i^3 - t_i}{12}\right)}$$

N : $n_1 + n_2$
t_i : Anzahl der Personen, die sich Rangplatz i teilen
k : Anzahl der verbundenen Ränge

Diese Korrektur wollen wir anhand des Eingangsbeispiels nachvollziehen: In einer zweiten Deutschklausur vergibt der Lehrer die in Tabelle 8.4 angeführten Punktzahlen. Für die mehrfach besetzten Rangplätze wird das arithmetische Mittel aus den normalerweise zu vergebenden Rangplätzen gebildet. Ein Mädchen und ein Junge erreichen beide 25 Punkte. Damit würden sie normalerweise Rang 3 und 4 belegen. Beide erhalten folglich den Rangplatz 3,5 (vgl. Tab. 8.5).

Tabelle 8.4. Beispiel für Rangzuweisungen mit verbundenen Rängen

Mädchen (n=8)		Jungen (n=10)	
Punkte	(Rang)	Punkte	(Rang)
25	(3,5)	14	(12,5)
18	(9)	8	(16)
20	(7)	16	(11)
28	(1)	5	(17)
17	(10)	22	(5)
9	(15)	14	(12,5)
20	(7)	25	(3,5)
26	(2)	3	(18)
		11	(14)
		20	(7)
T₁= 54,5		T₂= 116,5	
R = 6,8125		R = 11,65	

155

1	2	3,5	3,5	5	7	7	7	9	10	11	12,5	12,5	14	15	16	17	18
w	w	m	w	m	w	w	m	w	w	m	m	m	m	w	m	m	m

Tabelle 8.5. Lineare Darstellung mit verbundenen Rängen

Die Kennwerte T_1 und T_2, U und U′ sowie μ_U werden analog zum Vorgehen bei unverbundenen Rängen durch Addition der Rangplätze gebildet.

Für T_1 und T_2 erhalten wir (siehe Tab. 8.4):

$$T_1 = \sum_{m=1}^{8} R_{m1} = 3,5 + 9 + 7 + \ldots + 2 = 54,5$$

$$T_2 = \sum_{m=1}^{10} R_{m2} = 12,5 + 16 + 11 + \ldots + 7 = 116,5$$

Der U-Wert lautet:

$$U = n_1 \cdot n_2 + \frac{n_1 \cdot (n_1 + 1)}{2} - T_1 = 8 \cdot 10 + \frac{8 \cdot 9}{2} - 54,5 = 61,5$$

Der erwartete U-Wert unter der Nullhypothese entspricht dem Wert aus dem ersten Beispiel mit unverbundenen Rängen.

$$\mu_U = \frac{n_1 \cdot n_2}{2} = \frac{8 \cdot 10}{2} = 40$$

Die Korrekturformel für die Streuung der U-Verteilung sieht für jeden der k Fälle, in welchem ein verbundener Rangplatz vorliegt, eine Adjustierung vor, wobei die Anzahl t_i der Personen berücksichtigt wird, die sich den Rangplatz i teilen.

Für unser Beispiel ergeben sich folgende Werte t_i für den Korrekturfaktor aus der Formel:

$t_1 = 2$: Zwei Schüler teilen sich den Rang 3,5.

$t_2 = 3$: Drei Schüler teilen sich den Rang 7.

$t_3 = 2$: Zwei Schüler teilen sich den Rang 12,5.

Der Summenterm der Korrekturformel lautet also:

$$\sum_{i=1}^{3} \frac{t_i^3 - t_i}{12} = \frac{2^3 - 2}{12} + \frac{3^3 - 3}{12} + \frac{2^3 - 2}{12} = 3$$

Eingesetzt in die gesamte Korrekturformel für die Streuung resultiert:

$$\sigma_{U_{corr}} = \sqrt{\frac{n_1 \cdot n_2}{N \cdot (N-1)}} \cdot \sqrt{\left(\frac{N^3 - N}{12} - \sum_{i=1}^{k} \frac{t_i^3 - t_i}{12}\right)}$$

$$\sigma_{U_{corr}} = \sqrt{\frac{8 \cdot 10}{18 \cdot 17}} \cdot \sqrt{\left(\frac{18^3 - 18}{12} - 3\right)} = \sqrt{125{,}88} = 11{,}22$$

Mit Hilfe der auf diese Weise korrigierten Streuung der Stichprobenkennwerteverteilung lässt sich der korrespondierende z-Wert für den empirischen U-Wert berechnen.

$$z = \frac{U - \mu_U}{\sigma_U} = \frac{61{,}5 - 40}{11{,}22} = 1{,}92$$

Der kritische z-Wert bei $\alpha = 0{,}05$ (einseitig) ist $z_{krit} = 1{,}65$. Der empirische z-Wert $z_{emp} = 1{,}92$ überschreitet den kritischen Wert. Somit kann die Nullhypothese auch in diesem Beispiel abgelehnt werden.

8.1.5 Teststärke und Stichprobenumfangsplanung

Der Vorteil der nichtparametrischen Verfahren besteht darin, dass sie ohne mathematische Annahmen über die Verteilung des untersuchten Merkmals auskommen. Sie sind verteilungsfreie Verfahren. Das macht sie zwar universell einsetzbar und einfach. Auf der anderen Seite bringen sie aber auch Nachteile mit sich. Einer davon ist das Fehlen eigener Prozeduren zur Berechnung von Effekt- und Teststärken. Deshalb ist für diese Aspekte ein Rückgriff auf die Methoden der parametrischen Verfahren notwendig, um nicht auf diese wichtigen Bestandteile wissenschaftlichen Arbeitens gänzlich verzichten zu müssen.

Die mathematischen Verfahren zur Bestimmung von Teststärke und Effektstärke beim U-Test für den allgemeinen Fall sind zu aufwändig, um sie hier vorzustellen. Der interessierte Leser sei für eine genaue Betrachtung auf Lehmann (1975) verwiesen.

Für nichtparametrische Verfahren gibt es keine eigenen Prozeduren zur Berechnung von Effekt- und Teststärken.

Die Stichprobenumfangsplanung beim U-Test erfolgt näherungsweise durch die Verfahren des t-Tests.

Wir beschränken uns auf die Fälle, in denen der U-Test als Alternative zum t-Test aus einem der folgenden Gründe verwendet wird:

- fragliche Intervallskaliertheit der Daten

- grobe Verletzung der Varianzhomogenität

- grobe Verletzung der Normalverteilungsannahme

Die hier vorgestellte Abschätzung der Teststärke und des benötigten Stichprobenumfangs über das entsprechende parametrische Verfahren liefert gute Ergebnisse, wenn das untersuchte Merkmal in der Population zumindest annähernd normalverteilt ist. Bei einer starken Abweichung von der Normalverteilung unterschätzt diese Berechnungsart die wahre Teststärke des U-Tests zum Teil erheblich und dient in einem solchen Fall nur als Richtwert einer Mindestteststärke.

Die Stichprobenumfangsplanung

Die Stichprobenumfangsplanung beim U-Test erfolgt für die oben vorgestellten Fälle mit Hilfe des bereits bekannten Vorgehens beim t-Test. Bei der Festlegung des erwarteten Populationseffekts Ω^2 bleibt leider keine andere Möglichkeit, als die Orientierung an den Konventionen für kleine, mittlere und große Effekte, obwohl die Übertragung dieser Konventionen auf den U-Test fragwürdig ist (siehe auch Abschnitt Teststärke). In Abhängigkeit des als inhaltlich relevant erachteten Populationseffekts, des Signifikanzniveaus und der gewünschten Teststärke berechnet sich zunächst der optimale Stichprobenumfang des t-Tests durch die Formel (Kap. 3.4.3):

$$N_{(t-Test)} = \frac{\lambda_{df=1;\alpha;1-\beta}}{\Phi^2} = \frac{\lambda_{df=1;\alpha;1-\beta}}{\dfrac{\Omega^2}{1-\Omega^2}} \cdot$$

Die Stichprobenumfangsplanung des U-Tests sei an einem Beispiel gezeigt: Ein Forscher möchte bei der Auswertung von ordinalen Daten bei einem Signifikanzniveau von $\alpha = 0{,}05$ eine Teststärke von 90% erreichen. Er testet seine Hypothese einseitig. Einen Unterschied zwischen den Gruppen erachtet er ab einem großen Effekt als relevant. Das entspricht einem Effekt von $\Omega^2 = 0{,}2$ in einem t-Test.

Die Stichprobenumfangsplanung eines einseitigen t-Tests würde lauten:

$$N_{(t-Test)} = \frac{\lambda_{1;5\%;90\%}}{\dfrac{\Omega^2}{1-\Omega^2}} = \frac{8,56}{\dfrac{0,20}{1-0,20}} = 34,24$$

Der Forscher muss also ebenfalls im U-Test insgesamt ungefähr 36 Versuchspersonen, also 18 pro Bedingung befragen, um den gesuchten großen Effekt mit einer Wahrscheinlichkeit von mindestens 90% zu finden.

Teststärkeanalysen

Die Teststärkebestimmung beim U-Test erfolgt wie schon die Stichprobenumfangsplanung mit Hilfe des t-Tests. Für die Bestimmung der Teststärke ist ebenfalls die Festlegung eines inhaltlich relevanten Effekts notwendig. Auch hier können die Konventionen des t-Tests als grobe Orientierung dienen. Um eine Vorstellung von einer möglichen Größenordnung des Effekts zu erhalten, kann es auch hilfreich sein, die Daten mit einem t-Test auszuwerten und den Effekt über den t-Wert auszurechnen. Die Formel zur Berechnung der Teststärke entspricht der des t-Tests:

$$\lambda_{df=1;\alpha} = \Phi^2 \cdot N_{(t-Test)}$$

Wie bereits die Stichprobenumfangsplanung ist diese Teststärkeberechnung nur eine Näherung an die wahre Teststärke des U-Tests unter der Voraussetzung der weitgehenden Normalverteilung der Messwerte in der Population. Die exakte Teststärke des U-Tests ist von vielen weiteren Faktoren abhängig. Dazu gehören unter anderem die Verteilungsform der Ausgangspopulationen, die Größe des Unterschieds zwischen den Populationen, die Stichprobengröße und das angelegte Signifikanzniveau. Eine einfache Berechnungsvorschrift zur exakten Ermittlung der Teststärke liegt wegen des notwendigen Einbezugs all dieser Faktoren leider nicht vor.

In dem ersten Datenbeispiel (Tab. 8.1) hatte der Forscher insgesamt 18 Versuchspersonen untersucht. Der angenommene Populationseffekt betrug $\Omega^2 = 0,1$, das Signifikanzniveau $\alpha = 0,05$.

Die Bestimmung der Teststärke beim U-Test erfolgt ebenfalls näherungsweise über den t-Test.

159

Wie groß war die Teststärke in seinem einseitigen Test?

$$\lambda_{df=1;\alpha=0,05} = \frac{0,1}{1-0,1} \cdot 18 = 2 \qquad \rightarrow \qquad 10\% < 1-\text{ß} < 50\%$$

Die Teststärke ist sehr gering, was jedoch bei der geringen Anzahl an Versuchspersonen nicht verwundert.

Dieses Ergebnis weist auf ein weit verbreitetes Problem hin: Vielfach findet der U-Test Anwendung, weil die verfügbaren Stichproben sehr klein sind und somit die Voraussetzung der Varianzhomogenität für einen t-Test verletzt ist. Der U-Test bietet ein Verfahren, das an dieser Stelle einspringen kann, um eine mathematisch saubere Signifikanzprüfung durchzuführen. Doch wie hilfreich ist der Test in diesem Fall für einen Forscher? Die Antwort auf diese Frage hängt stark von der Größe des Effekts ab, den der Forscher vermutet. Was schon für den t-Test galt, ist auch für den U-Test richtig: Je größer die Stichprobe, desto größer die Chance einen Effekt zu finden, falls er tatsächlich existiert. Wichtig ist dies insbesondere für die Aufdeckung von kleinen Effekten. Diese können inhaltlich hoch relevant sein, mit kleinen Stichproben sind sie aber statistisch schwer nachzuweisen. Die Verfügbarkeit eines mathematisch korrekten Verfahrens zur Signifikanzprüfung befreit nicht von den notwendigen Überlegungen bezüglich des β-Fehlers. Denn bei einer zu geringen Teststärke aufgrund kleiner Stichproben ist es auch im U-Test nicht möglich, bei einem nicht signifikanten Ergebnis die Nullhypothese anzunehmen und inhaltlich relevante Effekte auszuschließen.

Insgesamt sind die Möglichkeiten zur Stichprobenumfangsplanung wie zur Teststärkeberechnung im Rahmen des U-Tests unbefriedigend. Eigene Prozeduren für nichtparametrische Verfahren liegen nicht vor, ein Rückgriff auf die Methoden der parametrischen Verfahren wird nötig. Diese liefern aber jeweils nur Schätzungen der gesuchten Werte, die unter verschiedenen Randbedingungen auch noch unterschiedlich akkurat ausfallen (s.o.). Zwar wissen wir, dass der U-Test bei zunehmender Verletzung der Normalverteilungsannahme effizienter wird als der t-Test, doch in welchem Maße bei welcher Stichprobe ist nicht so einfach zu sagen. Ein weiteres Problem liegt in dem Fehlen eigener Effektgrößen für nichtparametrische Verfahren. Auch an diesem Punkt erfolgt der Rückgriff auf den t-Test. Es ist sicherlich diskussionswürdig, eine Stichprobenumfangsplanung für einen U-Test an Hand von Effektgrößen des t-Tests durchzuführen und sich dabei möglicherweise noch an dessen Konventionen zu orientieren. Die Frage ist berechtigt, inwiefern diese Werte aussagekräftig für den U-Test sind. Eine Entscheidung darüber kann nur für jeden Einzelfall neu erfolgen. Richtig ist auch, dass die vorgestellten Verfahren die einzig gängigen sind, die uns zur Verfügung stehen. Eine Orientierung an den durch sie errechneten Werten ist in den meisten Fällen besser als die unreflektierte Anwendung des Tests. Gerade für die Interpretation von Ergebnissen statistischer Tests geben sie wichtige Anhaltspunkte.

8.2 Der Wilcoxon-Test

Der Wilcoxon-Test oder W-Test ist das nichtparametrische Pendant zum t-Test für abhängige Stichproben (Kap. 3.5.1). Er ist immer in solchen Fällen das nichtparametrische Verfahren der Wahl, wenn die Messwerte zweier Stichproben in irgendeiner Weise voneinander abhängig sind. Das geläufigste Beispiel dafür ist die Messwiederholung. Wenn von derselben Person zu zwei unterschiedlichen Zeitpunkten Messwerte erhoben werden, sind diese nicht unabhängig voneinander. Der Wilcoxon Test bietet eine Alternative für den t-Test für abhängige Stichproben, wenn dessen mathematische Voraussetzungen nicht erfüllt sind oder die Stichproben zu klein sind. Für eine Stichprobenumfangsplanung und die Berechnung der Teststärke verweisen wir wie auch schon beim U-Test auf die Berechnungen über die Formeln des entsprechenden t-Tests.

Der W-Test für abhängige Stichproben arbeitet ebenfalls mit der Analyse einer Rangreihe. Die Bildung der für die statistische Auswertung notwendigen Rangplätze und der dadurch erzeugten künstlichen Äquidistanz erfolgt in vier Schritten:

1. Zuerst wird die Differenz der Messwertepaare gebildet, indem der Wert der zweiten Bedingung oder Gruppe von dem der ersten abgezogen wird. Dieser Schritt entspricht der Vorgehensweise beim t-Test für abhängige Stichproben (Kap. 3.5.1).

2. Von jeder Differenz wird der Betrag gebildet, das Vorzeichen also ignoriert. Die Differenzen der Größe Null werden ignoriert

Der Wilcoxon-Test (W-Tests) ist ein nichtparametrischer Test für zwei abhängige Stichproben.

Die Rangplätze werden den Differenzen der Messwertepaare zugeordnet.

Nullhypothese des Wilcoxon-Tests

Alternativhypothese des Wilcoxon-Tests

Der Testwert W des Wilcoxon-Tests

und gehen nicht in die Auswertung mit ein. Die Anzahl N der Rangplätze wird um die Anzahl der Nulldifferenzen reduziert.

3. Die Absolutbeträge der Differenzen bilden eine Rangreihe. Der kleinste Differenzbetrag erhält den Rang 1, der nächste den Rang 2 usw. Liegen zwei oder mehr vom Betrag her gleiche Differenzen vor, so entspricht die Zuordnung der Rangplätze zu verbundenen Rängen der Methode des U-Tests für unabhängige Stichproben (siehe Kap. 8.1.4).

4. Nach der Zuordnung wird jeder absolute Rangplatz, der zu einer negativen Differenz gehört, mit einem negativen Vorzeichen versehen.

Die auf diese Weise gekennzeichneten Rangplätze heißen „gerichtete Ränge" (englisch: signed ranks). Sie bilden die Grundlage für die statistische Auswertung des Wilcoxon Tests. Unter der Annahme der Nullhypothese gibt es keinen Unterschied zwischen den zwei verglichenen Messzeitpunkten. Die Differenzen sollten zufällig zu Stande gekommen sein. Unter Annahme der Nullhypothese sollte die gleiche Anzahl an positiven wie negativen Differenzen auftreten, die ebenso von ihren Beträgen her ungefähr gleich sein sollten. Die Alternativhypothese behauptet das Gegenteil. Wenn z.B. die erreichten Messwerte in der zweiten Messung wesentlich größer ausfallen als in der ersten, sollten mehr und größere positive Differenzen und weniger und kleinere negative Differenzen auftreten. Die Umkehrung dieser Aussage ist ebenfalls eine Alternativhypothese. Zur statistischen Bewertung werden die Summen der gerichteten Rangplätze gebildet. Der vom Betrag her kleinere Wert ist der Testwert W des Wilcoxon-Tests.

$$W = \mid \min(\sum R_{positiv}, \sum R_{negativ}) \mid$$

In Tabelle G in Band I stehen die kritischen Werte geordnet nach der Anzahl der untersuchten Versuchspersonen, deren Differenzen nicht Null ergeben. Die Anzahl n in der Tabelle ergibt sich also nur aus den Wertepaaren, deren Differenz von Null verschieden ist. Wie schon beim U-Test für unabhängige Stichproben geben diese kritischen Werte im Gegensatz zu den bei anderen Tests verwendeten kritischen Werten den maximalen W-Wert an, der noch ein signifikantes Ergebnis signalisiert. Der empirische W-Wert muss gleich dem kritischen oder kleiner als der kritische W-Wert sein, damit das Ergebnis signifikant ist.

Betrachten wir als Beispiel folgende (realitätsferne) Situation: Ein Therapeut möchte die Wirksamkeit einer Entspannungstechnik überprüfen. Er lässt seine Patienten vor und nach der Übung auf einer Skala von 1 bis 9 angeben, wie entspannt sie sich fühlen. Da er nur neun Patienten untersucht hat, entscheidet er sich aufgrund der sehr kleinen Stichprobe für den Wilcoxon-Test und gegen einen t-Test für abhängige Stichproben. In den Tabellen 8.6 und 8.7 sind die Ergebnisse und die Zuweisung der Rangplätze abgetragen. Es folgt die Berechnung der Summe der negativen sowie der positiven Rangplätze:

$$\sum_{i=1}^{p} R_{i(positiv)} = 1{,}5 + 6 + 4 + 8 + 7 + 4 + 4 = 34{,}5$$

$$\sum_{j=1}^{q} R_{j(negativ)} = -1{,}5$$

Der Betrag der Summe der negativen Ränge ist kleiner als der Betrag der Summe der positiven Ränge. Also ist der W-Wert $W_{n=8} = 1{,}5$. Der kritische W-Wert für acht Versuchspersonen ist bei einem Signifikanzniveau von $\alpha = 0{,}01$ in einem einseitigen Test $W_{krit} = 2$. Das Ergebnis ist auf dem 1%-Niveau signifikant, die Entspannungstechnik war erfolgreich.

In den ergänzenden Dateien zum Buch im Internet finden Sie ein Beispiel für die Durchführung eines Wilcoxon-Tests mit SPSS.

Tabelle 8.6. Angabe zum Grad der Entspannung vor und nach einer Entspannungstherapie

Messzeitpunkt		
vorher	nachher	Differenz
6	7	1
5	8	3
3	5	2
6	6	0
4	9	5
7	6	-1
4	8	4
5	7	2
6	8	2

Tabelle 8.7. Die zu den Differenzen der Messwerte zugeordneten Ränge

Betrag	Rang	gerichteter Rang
1	1,5	1,5
3	6	6
2	4	4
-	-	-
5	8	8
1	1,5	-1,5
4	7	7
2	4	4
2	4	4

8.3 Der Kruskal-Wallis H-Test

Der Kruskal-Wallis H-Test ist ein Verfahren für die statistische Aus-wertung ordinalskalierter Daten von mehr als zwei unabhängigen Gruppen. Er bietet eine Alternative für die einfaktorielle Varianz-analyse ohne Messwiederholung, wenn deren mathematische Voraussetzungen nicht erfüllt sind. Deshalb heißt er auch Rang-varianzanalyse.

Der H-Test arbeitet wie die besprochenen U- und W-Tests mit zugewiesenen Rangreihen. Wie die Varianzanalyse testet er die Nullhypothese, dass die zu Grunde liegenden Verteilungen der untersuchten Gruppen identisch sind. Der Hintergrund des Tests besteht in der Überlegung, dass die Rangplätze bei Zutreffen der Nullhypothese zufällig über alle Gruppen verteilt sein müssten. Die Prüfung erfolgt analog zur Varianzanalyse unspezifisch: Die Alternativhypothese besagt lediglich, dass sich mindestens eine der Gruppen von den anderen unterscheidet.

Die Zuordnung der Ränge zu den Messwerten erfolgt analog zum U-Test für unabhängige Stichproben: Allen Messwerten wird unabhängig von ihrer Gruppenzugehörigkeit je nach Größe des Messwerts eine ganze Zahl zwischen 1 und N zugeordnet. Bei gleichen Messwerten wird ein mittlerer Rang aus den zugehörigen Rängen gebildet (siehe Kap. 8.1.4). Darauf folgt in weiterer Analogie zum U-Test die Bestimmung der Summe T_i der Ränge (R_m) in jeder Gruppe.

$$T_i = \sum_{m=1}^{N} R_{im}$$

Anschließend wird die Rangsumme jeder Gruppe quadriert und durch die Anzahl der Versuchspersonen in der entsprechenden Gruppe geteilt. Die resultierenden Werte aller Gruppen werden addiert. Für p Gruppen ergibt das die folgende Berechnung:

$$\sum_{i=1}^{p} \frac{T_i^2}{n_i} = \frac{T_1^2}{n_1} + \frac{T_2^2}{n_2} + \dots + \frac{T_p^2}{n_p}$$

Der H-Test ist eine Alternative zur einfaktoriellen Varianzanalyse.

Für die Berechnung des Kennwerts H geht dieser Wert zusammen mit der Gesamtzahl aller Versuchspersonen N in folgende Formel ein:

$$H = \left[\frac{12}{N \cdot (N+1)}\right] \cdot \left[\sum_{i=1}^{p} \frac{T_i^2}{n_i}\right] - 3 \cdot (N+1)$$

Die Verteilung des H-Werts nähert sich einer χ^2-Verteilung mit df = p − 1 Freiheitsgraden an, wenn die Versuchspersonenanzahl in keiner der Gruppen kleiner als $n_i = 5$ ist (siehe Abb. 8.2; für eine Einführung in die χ^2-Verfahren siehe Kapitel 9). Bei ausreichend großen Gruppen kann also der H-Wert mit einem χ^2-Wert verglichen werden. Überschreitet der H-Wert den kritischen χ^2-Wert, so ist das Ergebnis signifikant. Die Nullhypothese wird abgelehnt und die Alternativhypothese angenommen. Die Signifikanzprüfung bei kleineren Stichproben erfordert eigene Tabellen, die in diesem Buch nicht aufgeführt sind, weil die statistische Auswertung einer solchen Stichprobe ohnehin fraglich ist.

Als Beispiel dient der fiktive Datensatz in Tabelle 8.8. In jeder der drei untersuchten Gruppen befinden sich fünf Versuchspersonen. Jedem Messwert x ist bereits ein Rangplatz R zugeordnet. Verteilen sich die Rangplätze zufällig über die drei Gruppen oder liegt eine systematische Verteilung der Rangplätze in den Gruppen vor?

Für die Prüfung der Nullhypothese bestimmen wir zunächst die Rangsummen T_1 bis T_3 in den einzelnen Gruppen. Danach erfolgt die Berechnung der Summe der quadrierten, an den Versuchspersonen jeder Gruppe relativierten Rangsummen:

$$\sum_{i=1}^{3} \frac{T_i^2}{n_i} = \frac{33^2}{5} + \frac{26,5^2}{5} + \frac{60,5^2}{5} = 1090,3$$

Die errechnete Summe wird in die Formel des H-Werts eingesetzt (N = 15):

$$H = \left[\frac{12}{15 \cdot (15+1)}\right] \cdot [1090,3] - 3 \cdot (15+1)$$
$$H = 0,05 \cdot 1090,3 - 48 = 6,515$$

Berechnung des Kennwerts H

Die Prüfung des H-Werts auf Signifikanz erfolgt anhand einer χ^2-Verteilung mit df = p − 1.

Abb. 8.2. χ^2-Verteilungen mit verschiedenen Freiheitsgraden

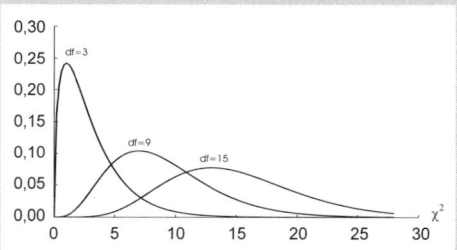

Tabelle 8.8. Messwerte und zugeordnete Rangplätze bei einem Vergleich von drei Gruppen

Gruppe 1		Gruppe 2		Gruppe 3	
x	R	x	R	x	R
14	12	8	5,5	22	15
8	5,5	12	9,5	9	7,5
12	9,5	6	3	16	13
5	2	9	7,5	19	14
7	4	4	1	13	11
$T_1 = 33$		$T_2 = 26,5$		$T_3 = 60,5$	

Die Freiheitsgrade ergeben sich aus der Anzahl der Gruppen minus Eins:

$$df = p - 1 = 3 - 1 = 2$$

Die Wahrscheinlichkeit des empirischen H-Werts unter der Nullhypothese lässt sich näherungsweise der χ^2-Verteilung mit zwei Freiheitsgraden entnehmen (Tabelle H in Band I). Die Wahrscheinlichkeit, einen Wert der Größe $H_{(df=2)}$ = 6,515 zu erreichen, ist unter Annahme der Nullhypothese kleiner als 5%. Der kritische χ^2-Wert liegt bei einem Signifikanzniveau von α = 0,05 bei χ^2_{krit} = 5,99. Die Wahrscheinlichkeit des empirischen H-Werts unter der Nullhypothese ist kleiner als das angelegte Signifikanzniveau bzw. der empirische H-Wert ist größer als der kritische Wert. Das Ergebnis ist signifikant: Die zu Grunde liegende Verteilung mindestens einer Gruppe ist statistisch bedeutsam von den anderen verschieden. Für den Kruskal-Wallis H-Test liegen keine gängigen Post-Hoc-Verfahren vor, um das signifikante Ergebnis genauer zu untersuchen.

Stichprobenumfangsplanung und Teststärke

Für die Stichprobenumfangsplanung und Teststärkeberechnung in einem Kruskal-Wallis H-Test schlagen wir ebenfalls vor, sich an den Berechnungen einer entsprechenden einfaktoriellen Varianzanalyse ohne Messwiederholung zu orientieren. Im Hinblick auf die Teststärkeberechnung sind die Zusammenhänge im Kruskal-Wallis-Test allerdings weitaus komplizierter als im U-Test. Dies führt leicht zu teilweise extremen Abweichungen der wahren Teststärke von der mit Hilfe der Varianzanalyse bestimmten Teststärke. Genaueres dazu findet der interessierte Leser in Lehmann (1975).

Zusammenfassung

Der Mann Whitney U-Test, der Wilcoxon W-Test und der Kruskal Wallis H-Test sind Verfahren zur statistischen Auswertung ordinaler Daten. Sie weisen den Messwerten Rangplätze zu und erzeugen so eine künstliche Äquidistanz zwischen den Messwerten. Alle weiteren Berechnungen dieser Verfahren beruhen auf der Verteilung der Rangplätze und sind somit unabhängig von der Verteilung der Messwerte in der Population. Deshalb heißen sie auch verteilungsfreie Verfahren oder nichtparametrische Verfahren. Sie dienen als Alternative zu den parametrischen Verfahren wie dem t-Test oder der einfaktoriellen Varianzanalyse, wenn deren Anwendung wegen der Verletzung der mathematischen Voraussetzungen oder eines zu kleinen Stichprobenumfangs nicht möglich ist.

Der Mann Whitney U-Test analysiert zwei unabhängige Gruppen. Er betrachtet die Anzahl der Rangplatzüberschreitungen (U) und Rangplatzunterschreitungen (U′) zwischen den beiden Gruppen. Unter der Nullhypothese sollten diese beiden U-Werte identisch sein. Bei großen Stichproben nähert sich die Verteilung der U-Werte einer Normalverteilung und die Signifikanzprüfung kann mit Hilfe von z-Werten erfolgen. Bei kleinen Stichproben muss der empirische U-Wert mit einem kritischen U-Wert vergleichen werden. Anders als bei den bisher in diesen Büchern vorgestellten Verfahren gilt hier: Ist der empirische U-Wert kleiner oder gleich dem kritischen U-Wert, so ist das Ergebnis signifikant.

Der W-Test von Wilcoxon betrachtet zwei abhängige Stichproben und wird bei abhängigen Daten eingesetzt. Hier werden die Differenzen der Messwertepaare in eine Rangreihe gebracht. Unter der Nullhypothese sollten positive und negative Differenzen gleich verteilt sein. Der vom Betrag her kleinere Wert der Summe der positiven oder negativen Differenzen bildet den Kennwert W. Er wird anhand des kritischen Wertes auf Signifikanz geprüft. Auch hier gilt: der empirische W-Wert muss kleiner oder gleich dem kritischen W-Wert sein.

Der Kruskal Wallis H-Test ist ein nichtparametrisches Verfahren zur Analyse von mehr als zwei unabhängigen Gruppen. Aus diesem Grund heißt er auch Rangvarianzanalyse. Die zugewiesenen Rangplätze sollten sich unter der Nullhypothese gleichmäßig über alle Gruppen verteilen. Mit Hilfe des H-Werts kann geprüft werden, ob die beobachtete Verteilung der Rangplätze systematisch von der zufälligen abweicht. Der empirische H-Wert muss größer oder gleich dem kritischen Wert sein.

Die Konzepte der Effektstärke, Teststärke und Stichprobenumfangsplanung sind bei den Verfahren für Rangdaten sehr komplex. Allgemein zeigt sich, dass diese Verfahren eine geringere Teststärke als die parametrischen Verfahren aufweisen, wenn deren mathematische Voraussetzungen erfüllt sind. Werden die Verfahren für Ordinaldaten als Alternative zu den parametrischen Verfahren verwendet, lässt sich eine Abschätzung des benötigten Stichprobenumfangs bzw. der Teststärke nur mit Hilfe des bekannten Vorgehens für die parametrischen Verfahren durchführen. Allerdings führt dieses Vorgehen oft zu ungenauen Schätzungen der Teststärke des Rangtests.

Aufgaben zu Kapitel 8

Verständnisaufgaben

a)   Erklären Sie kurz das Grundprinzip des Mann-Whitney U-Tests.

b)   Unter welchen Voraussetzungen sollte der U-Test einem t-Test vorgezogen werden?

c)   Ist der empirische U-Wert bei einem signifikanten Ergebnis größer oder kleiner als der kritische U-Wert?

d)   Wann treten verbundene Ränge auf und wie werden sie gebildet?

e)   Welcher Verteilung nähert sich bei großen Stichproben die U-Verteilung, welcher die H-Verteilung an?

f)   Was ist der wichtigste Unterschied zwischen dem Mann-Whitney U-Test und dem Wilcoxon-Test?

g)   Wie werden beim Wilcoxon-Test Differenzen von Messwerten behandelt, die Null ergeben?

h)   Wie lautet die Nullhypothese des Kruskal-Wallis H-Tests?

Anwendungsaufgaben

Aufgabe 1

In einem Mann-Whitney U-Test hat sich bei $n_1 = 12$ und $n_2 = 15$ ein empirischer U-Wert von $U_{emp} = 58$ ergeben.

a)   Prüfen Sie das Ergebnis auf Signifikanz ($\alpha = 0,05$, zweiseitig).

b)   Berechnen Sie näherungsweise die Teststärke dieses U-Tests, einen Effekt von $\Omega^2 = 0,2$ zu entdecken.

c)   Wie viele Versuchspersonen wären annähernd notwendig gewesen, um einen Effekt von $\Omega^2 = 0,2$ mit einer Wahrscheinlichkeit von 90% zu finden?

Aufgabe 2

Eine Sektfirma lässt an einem Tag der offenen Tür von ihren Gästen einen von zwei Sektsorten auf einer Skala mit drei Stufen bewerten. Es ergibt sich ein empirischer U-Wert von 770. Die Sektsorte A wurde von 35, B von 42 Gästen bewertet. Fallen die Bewertungen der Sektsorten signifikant verschieden aus ($\alpha = 0,05$; $\sigma_U = 20$)?

Aufgabe 3

Eine Gesprächstherapeutin stuft die Bereitschaft von zehn Klienten, emotionale Erlebnisinhalte zu verbalisieren, vor und nach einer gesprächstherapeutischen Behandlung auf einer 10-Punkte Skala in folgender Weise ein:

vorher	4	5	8	8	3	4	5	7	6	4
nachher	7	6	6	9	7	9	4	8	8	7

Überprüfen Sie ($\alpha = 0{,}05$), ob aufgrund der Einschätzung durch die Therapeutin nach der Therapie mehr emotionale Erlebnisinhalte verbalisiert werden als zuvor. (Am Intervallskalencharakter der Einstufung muss gezweifelt werden.)

Aufgabe 4

Eine Gruppe von fünf Patienten wird vor einem chirurgischen Eingriff über die Stärke und Art der nach der Operation zu erwartenden Schmerzen aufgeklärt. Eine zweite Gruppe von fünf Patienten wird nicht aufgeklärt. Nach der Operation werden die Patienten gebeten, die Stärke ihrer Schmerzen auf einer Skala von Null (keine Schmerzen) bis 20 (starke Schmerzen) anzugeben.

aufgeklärt	1	5	7	0	2
nicht aufgeklärt	8	16	4	18	12

Untersuchen Sie mit Hilfe des Mann-Whitney U-Tests, ob sich die Schmerzbewertung zwischen den beiden Gruppen signifikant unterscheidet ($\alpha = 0{,}05$).

Aufgabe 5

Acht Schüler bewerten ihr Interesse am Snowboardfahren vor und nach einem Werbefilm über Snowboards.

vor dem Film	0	3	1	3	2	5	7	4
nach dem Film	5	4	5	9	4	5	9	6

Prüfen Sie mit Hilfe des Wilcoxon-Tests, ob es einen signifikanten Unterschied im Interesse der Schüler vor und nach dem Film gibt ($\alpha = 0{,}05$).

Aufgabe 6

In einer entwicklungspsychologischen Studie über manuelle Fertigkeiten untersucht ein Psychologe die Geschicklichkeit von Kindern in vier verschiedenen Altersgruppen, einen Ball durch ein Loch fallen zu lassen, ohne dass dieser dabei die Ränder des Lochs berührt. Die Anzahl der erfolgreichen Durchgänge der einzelnen Kinder zeigt die nachfolgende Tabelle:

3 Jahre	4 Jahre	5 Jahre	6 Jahre
10	8	16	19
0	1	6	9
4	15	13	18
15	1	3	10
8	16	6	10

Prüfen Sie mit Hilfe eines Kruskal-Wallis H-Tests, ob sich die Kinder in den verschiedenen Altersstufen in ihrer manuellen Fertigkeit signifikant unterscheiden ($\alpha = 0{,}05$).

9 Verfahren für Nominaldaten

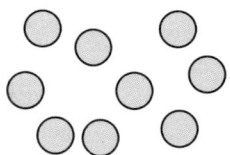

Kapitel 8 gab eine Einführung in die nichtparametrischen Verfahren. Sie kommen zur Anwendung, wenn die Voraussetzungen der parametrischen Verfahren nicht gewährleistet sind. Die dort behandelten Prozeduren (Mann-Whitney U-Test, Wilcoxon-Test und Kruskal-Wallis H-Test) sind in der Lage, auf der Basis von Rangplätzen Unterschiede zwischen zwei und mehr Gruppen auf statistische Signifikanz zu überprüfen. Alle drei Verfahren setzen allerdings ordinalskalierte Daten voraus, so wie die parametrischen Verfahren nur für intervallskalierte Daten sinnvolle Ergebnisse liefern.

Dieses Kapitel stellt dagegen Verfahren für Daten vor, die noch eine Stufe niedriger in der Hierarchie der Skalenniveaus angesiedelt sind: Verfahren für Nominaldaten. Sie heißen χ^2-Verfahren (gesprochen: „Chi Quadrat"). Andere Bezeichnungen für nominalskalierte Daten sind „kategorial" oder „diskret". Beispiele für solche diskreten Variablen sind etwa das Geschlecht, die Parteizugehörigkeit oder das Studienfach (Kap. 1.2). χ^2-Verfahren dienen der Analyse von Häufigkeiten, denn dies ist die einzige Information, die Nominaldaten übermitteln. Aussagen über ein mehr oder weniger einer bestimmten Eigenschaft (wie bei Ordinaldaten) oder sogar die Größe der Unterschiede (wie bei intervallskalierten Daten) erlauben sie nicht. Die Versuchspersonen werden anhand ihrer Zugehörigkeit zu einer bestimmten Kategorie, z.B. „Raucher" oder „Nichtraucher" klassifiziert. Aufgrund dieser bloßen Zuordnung können keine Aussagen über die Rangfolge (Person A raucht stärker als Person B) geschweige denn die tatsächliche Ausprägung des Merkmals (Person A raucht 25 Zigaretten pro Tag) gemacht werden. Es kann lediglich etwas darüber gesagt werden, wie viele Versuchspersonen aus der untersuchten Stichprobe in die jeweiligen Kategorien fallen. Mögliche Fragestellungen für χ^2-Verfahren sind z.B.: Studieren mehr Frauen als Männer Sozialwissenschaften? Oder: Gibt es unter Studierenden mehr Brillenträger als unter Nicht-Studierenden?

χ^2-Verfahren dienen der Analyse von Häufigkeiten.

Aufgabe der χ^2-Verfahren ist es, die Häufigkeitsverteilung zu analysieren, die aus der Einteilung der Versuchsobjekte in verschiedene Kategorien entstanden ist. Für diese Analyse ist eine Annahme über eine theoretisch zu erwartende Verteilung der Häufigkeiten nötig. Diese Annahme entspricht der Nullhypothese des statistischen Tests. Die unter dieser Nullhypothese erwarteten Häufigkeiten werden mit den empirisch beobachteten Häufigkeiten verglichen. Dies geschieht mittels des χ^2-Kennwertes. Ist der empirische χ^2-Wert unter der angenommenen Nullhypothese hinreichend unwahrscheinlich, so kann die Nullhypothese verworfen und die Alternativhypothese angenommen werden.

Es fällt auf, dass die Testlogik der χ^2-Verfahren derjenigen der parametrischen Verfahren wie t-Test oder Varianzanalyse stark ähnelt. Dementsprechend kann auch hier an vielen Stellen auf bereits bekannte Konzepte aus den vorherigen Kapiteln Bezug genommen werden: Auch dort werden Null- und Alternativhypothese unter bestimmten α- und β-Fehlerwahrscheinlichkeiten gegeneinander getestet. Sowohl für parametrische wie für nichtparametrische Verfahren lassen sich Effektstärkenmaße bestimmen, sowie eine Teststärkenanalyse und Stichprobenumfangsplanung durchführen.

Diese Aussage stimmt allerdings nur beschränkt und unter gewissen Bedingungen. Die Verfahren zur Berechnung von Effektstärken, Teststärke und Stichprobenumfang für die in Kapitel 8 diskutierten Verfahren sind nicht zufrieden stellend (Kap. 8.1.5).

Dieses Kapitel beschäftigt sich mit dem ein- und zweidimensionalen χ^2-Test. Der eindimensionale χ^2-Test wird dann herangezogen, wenn die Versuchspersonen einer Population anhand eines Merkmals mit zwei oder mehr Stufen klassifiziert werden. Der zweidimensionale χ^2-Test stellt eine Erweiterung des eindimensionalen Tests um ein weiteres kategoriales Merkmal mit mindestens zwei Stufen dar.

An dieser Stelle ist es wichtig zu betonen, dass die χ^2-Verfahren auf statistischer Ebene nicht zwischen unabhängiger und abhängiger Variable unterscheiden. Maßgeblich ist nur, dass die Versuchsobjekte mittels einer bestimmten Anzahl nominalskalierter Merkmale kategorisiert werden. Auf inhaltlicher Ebene ist es dennoch sinnvoll, konzeptuell zwischen unabhängiger und abhängiger Variable zu trennen, um mögliche Annahmen über Kausalität zu unterstreichen, auch wenn diese Annahme nicht überprüft werden können.

Der Aufbau beider Abschnitte folgt dem nachstehenden Schema: Zunächst wird das Prinzip des Verfahrens erläutert und die Null- bzw. Alternativhypothese spezifiziert. Es folgt die Bestimmung der erwarteten Häufigkeiten, die Berechnung des χ^2-Werts sowie seine statistische Bewertung. Abschließend werden die Effekt- und Teststärke ermittelt, sowie eine Anleitung zur Durchführung einer a priori Stichprobenumfangsplanung gegeben. Zunächst soll es allerdings in einem Exkurs um das Konzept der absoluten und relativen Häufigkeiten gehen.

Exkurs: Absolute und relative Häufigkeiten

Das Konzept der absoluten und relativen Häufigkeiten ist zentral für die folgenden Abschnitte. Deshalb soll dieser Exkurs nochmals die wichtige Unterscheidung zwischen diesen Begriffen herausarbeiten (vgl. auch Kap. 1.1): Die absolute Häufigkeit gibt die beobachtete Anzahl eines bestimmten Ereignisses aus einer Grundgesamtheit an. Die relative Häufigkeit setzt die absolute Häufigkeit in Beziehung zu dieser Grundgesamtheit. Dadurch ergibt sich die empirisch ermittelte Wahrscheinlichkeit des Ereignisses in der gezogenen Stichprobe. Diese dient als Schätzer für die Wahrscheinlichkeit eines Ereignisses in der Population. Relative Häufigkeiten bzw. Wahrscheinlichkeiten sind also an der jeweiligen Grundgesamtheit standardisiert und haben somit den Vorteil, dass ihre Interpretation von der Stichprobengröße unabhängig ist.

Die relative Häufigkeit dient als Schätzer für die Wahrscheinlichkeit von Ereignissen.

Beispiel: 480 Mädchen besuchen eine Schule mit insgesamt 960 Schülern. Die absolute Häufigkeit der Mädchen an dieser Schule beträgt 480. Die relative Häufigkeit beträgt dagegen

$$\frac{480}{960} = 0,5$$

Dieselbe relative Häufigkeit entsteht bei einer halb so großen Stichprobe mit nur der Hälfte eingeschriebener Mädchen:

$$\frac{240}{480} = 0,5$$

Dieser Sachverhalt ist mit „Unabhängigkeit der relativen Häufigkeiten von der Stichprobengröße" gemeint.

Tabelle 9.1. Depressive Patienten nach Geschlecht

Frauen	Männer	Σ
141	159	300

Der χ^2-Test prüft, ob die beobachteten Häufigkeiten von den erwarteten Häufigkeiten abweichen.

Die erwarteten Häufigkeiten entsprechen der Nullhypothese des Tests.

9.1 Der eindimensionale chi²-Test

Der eindimensionale χ^2-Test dient dazu, Hypothesen über die Verteilung einer kategorialen Variablen in einer Population zu testen. Die Versuchspersonen werden hinsichtlich dieses nominalskalierten Merkmals M mit k Stufen kategorisiert. Danach liegt eine Verteilung von absoluten Häufigkeiten vor. Diese werden beobachtete Häufigkeiten genannt. Ein Beispiel ist die Frage, ob sich unter den depressiven Patienten einer Klinik (N = 300) mehr Männer oder mehr Frauen befinden. Die Zuordnung der Patienten nach Geschlecht liefert nebenstehende Häufigkeitsverteilung (Tab. 9.1).

Der χ^2-Test soll ermitteln, welche Häufigkeitsverteilung in der Population gilt, aus der die Stichprobe stammt. Hierzu wird eine theoretische Annahme über die Verteilung der Häufigkeiten mit den erhobenen Daten kontrastiert: Der Test prüft, ob die beobachtete Häufigkeitsverteilung von der theoretisch erwarteten Verteilung verschieden ist. Die theoretische Verteilung entspricht der Nullhypothese des statistischen Tests. In den meisten Fällen geht es darum, einen systematischen Unterschied zwischen der theoretisch angenommenen und der empirisch ermittelten Häufigkeitsverteilung aufzudecken. Dies kommt der Formulierung der Alternativhypothese gleich. Eine von vielen möglichen Alternativhypothesen für unser Beispiel könnte dahingehend spezifiziert werden, dass Männer häufiger an Depressionen leiden als Frauen.

9.1.1 Die Nullhypothese

Die Entscheidung für die Alternativhypothese erfolgt wie beim t-Test über die Ablehnung der Nullhypothese: Ist diese hinreichend unwahrscheinlich, wird die Alternativhypothese angenommen. Beim χ^2-Test kann jede begründete Annahme über die Auftretenswahrscheinlichkeiten der Merkmalsstufen in der Population als Nullhypothese fungieren. Im Gegensatz zum t-Test oder der Varianzanalyse gibt es also nicht nur eine mögliche Nullhypothese („Die Mittelwertsdifferenz der beiden Gruppen ist Null" bzw. „Die Varianz zwischen den Bedingungen ist Null"), sondern mehrere. Eine nahe liegende Nullhypothese ist, dass sich die Häufigkeiten in der untersuchten Stichprobe über alle Merkmalsstufen hinweg gleich verteilen. Diese Annahme wird Gleichverteilungshypothese genannt.

Es sind aber auch Annahmen über nicht gleichverteilte Häufigkeiten möglich, z.B. wenn detaillierte Angaben über die relativen Häufigkeiten der einzelnen Ereignisse auf Populationsebene vorliegen.

Ist die Nullhypothese des χ^2-Tests spezifiziert, so lässt sich für jede Zelle des Versuchsplans die Häufigkeit bestimmen, die bei Gültigkeit dieser Nullhypothese auftreten sollte. Diese Häufigkeiten tragen den Namen erwartete Häufigkeiten. Der folgende Abschnitt zeigt zunächst, wie sich die erwarteten Häufigkeiten unter einer speziellen Nullhypothese, der Gleichverteilungsannahme, bestimmen lassen. Danach folgt die Vorstellung einer nicht gleichverteilten Annahme.

Gleichverteilungsannahme

Unter der Gleichverteilungsannahme sollten die Häufigkeiten über alle Stufen des Merkmals hinweg gleich sein. Die erwartete Häufigkeit pro Zelle ergibt sich aus dem Stichprobenumfang N geteilt durch die Zellenanzahl k:

$$f_{e1} = f_{e2} = ... = f_{ek} = \frac{N}{k}$$

f_{ei} : erwartete Häufigkeit in Zelle i
k : Anzahl der Kategorien des Merkmals
N : Stichprobenumfang

Angewandt auf unser Beispiel der Verteilung der Geschlechter unter depressiven Patienten errechnen sich unter der Gleichverteilungshypothese die erwarteten Häufigkeiten zu:

$$f_{e1} = f_{e2} = \frac{300}{2} = 150 \qquad \text{(vgl. Tab. 9.2)}$$

Nicht gleichverteilte Annahmen

In vielen Bereichen ist es durchaus angebracht, keine Gleichverteilung des Merkmals anzunehmen. Der χ^2-Test kann auch diese Art von Nullhypothesen prüfen. In diesen Fällen legt der Forscher selbst die erwarteten Häufigkeiten pro Zelle aufgrund theoretischer Überlegungen oder vorliegender Statistiken fest. Beispielsweise liegen häufig detaillierte Angaben über die Auftretenswahrscheinlichkeiten von Krankheiten in der Bevölkerung vor.

Unter der Gleichverteilungsannahme sind die erwarteten Häufigkeiten für alle Zellen gleich.

Tabelle 9.2. Erwartete Werte unter der Gleichverteilungsannahme

Frauen	Männer	Σ
150	150	300

In nicht gleichverteilten Annahmen werden die erwarteten Häufigkeiten pro Zelle begründet festgelegt.

Tabelle 9.3. Anzahl depressiver Patienten nach Schichtzugehörigkeit

Unter-schicht	Mittel-schicht	Ober-schicht	Σ
62	155	83	300

Tabelle 9.4. Erwartete Anzahl depressiver Patienten nach Schichtzugehörigkeit (N = 300)

Unter-schicht	Mittel-schicht	Ober-schicht	Σ
90	150	60	300

Der χ^2-Wert ist ein Maß für die Stärke der Abweichung der beobachteten von den erwarteten Häufigkeiten.

Die erwarteten Häufigkeiten für eine Zelle werden allgemein durch Multiplikation des Stichprobenumfangs N mit der jeweiligen Auftretenswahrscheinlichkeit in der Population p_i bestimmt.

$$f_{ei} = N \cdot p_i$$

Als Beispiel hierzu dient die Frage, ob die depressiven Patienten in der Klinik (N = 300) vermehrt aus der unteren sozialen Schicht der Bevölkerung stammen. Tabelle 9.3 zeigt die Schichtzugehörigkeit der Patienten zur Unter-, Mittel- und Oberschicht. Um die Frage beantworten zu können, ist es notwendig, die Anteile der Schichten in der Gesamtbevölkerung zu berücksichtigen. Die entsprechende Nullhypothese behauptet, dass die Verhältnisse der Schichten in der Population auch in der untersuchten Stichprobe gelten. Aus dem statistischen Jahrbuch der Region entnehmen wir, dass der Unterschicht 30%, der Mittelschicht 50% und der Oberschicht 20% der Bevölkerung angehören. Von den 300 Depressiven sollten dementsprechend 30% der Unterschicht, 50% der Mittelschicht und 20% der Oberschicht entstammen. Damit wären bei dieser speziellen Nullhypothese folgende Zellhäufigkeiten zu erwarten (Tab. 9.4):

$$f_{e1} = 300 \cdot 0{,}30 = 90$$
$$f_{e2} = 300 \cdot 0{,}50 = 150$$
$$f_{e3} = 300 \cdot 0{,}20 = 60$$

9.1.2 Der chi²-Kennwert

Die Entscheidung über statistisch signifikante Unterschiede zwischen den erwarteten und den beobachteten Häufigkeiten erfolgt analog zu den Vorgehensweisen in den vorangegangenen Kapiteln über einen statistischen Kennwert: den χ^2-Wert. Auch er folgt einer charakteristischen Verteilung. Mit deren Hilfe kann die Wahrscheinlichkeit eines empirischen Wertes ermittelt werden.

Sobald für alle Merkmalsstufen die beobachteten sowie die erwarteten absoluten Häufigkeiten vorliegen, kann der χ^2-Wert berechnet werden. Er ist ein Maß für die Abweichung der beobachteten von den erwarteten Häufigkeiten.

Die allgemeine Berechnungsvorschrift des χ^2-Wertes lautet:

$$\chi^2 = \sum_{i=1}^{k} \frac{(f_{bi} - f_{ei})^2}{f_{ei}}$$

k : Anzahl der Kategorien des Merkmals
f_{bi} : beobachtete Häufigkeit in Kategorie i
f_{ei} : erwartete Häufigkeit in Kategorie i

Für jedes der Felder wird die Abweichung der beobachteten von der erwarteten Häufigkeit bestimmt und quadriert. Die Quadrierung ist deshalb notwendig, weil die Summe der unquadrierten Abweichungen stets Null ergeben würde. Die Quadrierung überführt alle Abweichungen in positive Werte. Diese Summe ergibt nur in dem einen Fall Null, wenn die erwarteten gleich den beobachteten Häufigkeiten sind. Die zusätzliche Standardisierung an der jeweiligen erwarteten Häufigkeit f_{ei} gewichtet die Abweichungsquadrate entsprechend der Größe der jeweiligen Kategorie. Der Grund dafür liegt darin, dass identische Beträge von Differenzen nicht in allen Fällen gleich bedeutsam sind. Es leuchtet ein, dass z.B. eine Abweichung von 10 in der Differenz 1000 − 990 nicht so bedeutend ist, wie eine ebenso große Abweichung in der Differenz 20 − 10.

Die Summe aller standardisierter Abweichungsquadrate ergibt den χ^2-Wert. Dieser Wert hat folgende Eigenschaften:

- Stimmen die beobachteten und die erwarteten Häufigkeiten in allen Zellen überein, so resultiert ein χ^2 von Null. Je größer die Diskrepanz zwischen beobachteten und erwarteten Häufigkeiten, desto größer wird der χ^2-Wert.

- Der χ^2-Wert kann aufgrund der Quadrierung in der Formel nur positive Werte annehmen. Somit geht die Information über die Richtung der einzelnen Abweichungen verloren. Der χ^2-Test ist daher ein unspezifischer Test, d.h. er kann keine gerichteten Vorhersagen testen, sondern testet – wie die Varianzanalyse – zweiseitig. Die einzige Ausnahme bildet der eindimensionale χ^2-Test mit nur zwei Stufen (siehe Kap. 9.1.3).

- Der χ^2-Kennwert folgt wie der t- oder F-Wert einer kontinuierlichen Verteilung, der χ^2-Verteilung (siehe Abb. 9.1). Der Wertebereich der Verteilung erstreckt sich von Null bis Unendlich. Ihre Form ändert sich in Abhängigkeit von der Anzahl Freiheitsgrade.

Der χ^2-Wert ist Null, wenn die beobachteten mit den erwarteten Häufigkeiten übereinstimmen.

Der χ^2-Wert kann nur positive Werte annehmen.

Abb. 9.1. χ^2-Verteilungen in Abhängigkeit von ihren Freiheitsgraden

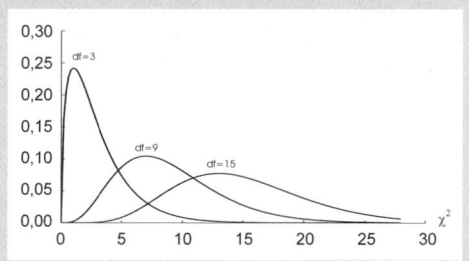

177

Wir wollen den χ^2-Wert für das oben besprochene Beispiel der Depression in Abhängigkeit von der Schichtzugehörigkeit bestimmen. Den Wert für das erste Beispiel (die Gleichverteilungsannahme von Frauen und Männern in der Klinik) sollten Sie zur Übung selbst berechnen (Ergebnis: $\chi^2 = 1{,}08$).

Tabelle 9.5 zeigt die einzelnen Berechnungsschritte für das Beispiel unter der nicht gleichverteilten Nullhypothese:

Tabelle 9.5. Schritte zur Berechnung des χ^2-Werts am Beispiel der Schichtzugehörigkeit

	Unterschicht	Mittelschicht	Oberschicht
f_{bi}	$f_b = 62$	$f_b = 155$	$f_b = 83$
f_{ei}	$f_e = 90$	$f_e = 150$	$f_e = 60$
$f_{bi} - f_{ei}$	-28	5	23
$(f_{bi} - f_{ei})^2$	784	25	529
$\dfrac{(f_{bi} - f_{ei})^2}{f_{ei}}$	8,71	0,17	8,82

$$\chi^2 = \sum_{i=1}^{k} \frac{(f_{bi} - f_{ei})^2}{f_{ei}} = \frac{(62-90)^2}{90} + \frac{(155-150)^2}{150} + \frac{(83-60)^2}{60}$$

$$\chi^2 = 17{,}69$$

Für die Nullhypothese, dass die Häufigkeiten den demographischen Verhältnissen entsprechen, erhalten wir ein χ^2 von 17,69. Um diesen Wert interpretieren zu können, ist wie bei den parametrischen Verfahren die Berechnung der Freiheitsgrade nötig.

Bestimmung der Freiheitsgrade

Das Konzept der Freiheitsgrade bezieht sich auch in Zusammenhang mit dem χ^2-Test auf die Anzahl an Summanden in der Formel, die unabhängig voneinander variieren können. Der Stichprobenumfang N liegt fest. Die Summe der beobachteten Häufigkeiten in den k Bedingungen muss N ergeben. Nach der bekannten Logik zur Bestimmung der Freiheitsgrade (Kap. 3.1.4) können k-1 Summanden frei variieren. Die Freiheitsgrade für den eindimensionalen χ^2-Test ergeben sich allgemein nach der Berechnungsvorschrift:

$$df = k - 1$$

Der χ^2-Wert aus obigem Beispiel hat also $3 - 1 = 2$ Freiheitsgrade.

9.1.3 Signifikanzprüfung des chi^2-Werts

In der χ^2-Verteilung ist jedem χ^2-Wert in Abhängigkeit von seinen Freiheitsgraden eine Wahrscheinlichkeit zugeordnet. Dieser Wert gibt – analog z.B. zur t-Verteilung – an, wie wahrscheinlich der gefundene χ^2-Wert oder ein größerer unter der Nullhypothese ist. Wenn diese Wahrscheinlichkeit kleiner ist als ein vorher festgelegtes Signifikanzniveau α, so wird die Nullhypothese verworfen und die Alternativhypothese angenommen.

In Tabelle H in Band I lassen sich – nach den Freiheitsgraden geordnet – die Wahrscheinlichkeiten der verschiedenen Werte unter der Nullhypothese bestimmen. Alternativ können die kritischen Werte für das interessierende Signifikanzniveau α abgelesen werden. Ist die Wahrscheinlichkeit kleiner als das Signifikanzniveau oder der empirische χ^2-Wert größer als der kritische, so muss die Nullhypothese verworfen werden.

Für den χ^2-Wert aus unserem Beispiel erhalten wir bei zwei Freiheitsgraden und $\alpha = 0.05$ einen kritischen Wert χ^2_{krit} von 5,99. Der empirische χ^2-Wert von 17,69 übertrifft χ^2_{krit} bei weitem. Der χ^2-Wert ist sogar auf dem 1‰-Niveau signifikant. Die Nullhypothese muss verworfen und die Alternativhypothese angenommen werden.

In den ergänzenden Dateien zum Buch im Internet finden Sie Informationen zur Durchführung eines χ^2-Tests mit SPSS.

Gerichtetes Testen

Der eindimensionale χ^2-Test ist prinzipiell ungerichtet. Weist die nominalskalierte Variable jedoch genau zwei Stufen auf, so ist auch ein gerichtetes Testen möglich. Nur in diesem Fall ist es eindeutig, zwischen welchen Stufen das signifikante Ergebnis aufgetreten ist. (Natürlich muss die Richtung der Abweichung der inhaltlichen Hypothese entsprechen.) Analog zum t-Test kann in diesem Fall eine gerichtete Hypothese der Form „Merkmalsstufe A tritt häufiger auf

Der eindimensionale χ^2-Test hat k-1 Freiheitsgrade.

Beim eindimensionalen χ^2-Test ist die Testung von gerichteten Hypothesen nur bei zwei Stufen möglich.

Bei gerichteter Fragestellung wird das Signifikanzniveau α verdoppelt.

als Merkmalsstufe B" oder umgekehrt getestet werden. Hierzu wird das gewünschte Signifikanzniveau α verdoppelt. Um eine Hypothese beispielsweise auf dem 5%-Niveau gerichtet zu testen, wird bei der Ermittlung der zum empirischen χ^2-Wert gehörenden Wahrscheinlichkeit ein Signifikanzniveau von 10% angenommen. Dadurch verringert sich der kritische χ^2-Wert und das Ergebnis wird eher signifikant als bei zweiseitiger Fragestellung, d.h. die Teststärke nimmt zu.

Wie in Kapitel 3.2.3 dargelegt, verteilen sich beim ungerichteten Testen die 5% tolerierte Fehlerwahrscheinlichkeit zu gleichen Teilen auf beide Seiten der symmetrischen t-Verteilung. Im Fall einer gerichteten Hypothese liegt der Fehlerbereich vollständig auf einer Seite, weshalb er sich dort verdoppelt. Da die Tabellen prinzipiell von zweiseitigen Tests ausgehen, darf in den Spezialfällen gerichteter Hypothesen das α-Niveau scheinbar verdoppelt werden. In Wirklichkeit trägt dies nur der Tatsache Rechnung, dass der gesamte Ablehnungsbereich in diesen Fällen auf einer Seite der Verteilung liegt. Diese Überlegungen sind konzeptuell auch auf die nichtsymmetrischen χ^2-Verteilungen mit einem Freiheitsgrad zu übertragen.

Beispiel: Ein Bildungsforscher nimmt an, dass sich Frauen stärker für ein Studium der Sozialwissenschaften interessieren als Männer. Im sozialwissenschaftlichen Fachbereich seiner Universität sind von 824 Studierenden 441 weiblich und 383 männlich. Trifft die gerichtete Hypothese des Forschers zu ($\alpha = 0,05$)? Im Sinne der Gleichverteilungshypothese sollte das Geschlechterverhältnis 1:1 betragen. Somit sind pro Zelle 412 Personen zu erwarten. Die beobachteten und erwarteten Häufigkeiten sind in Tabelle 9.6 abgetragen.

Tabelle 9.6. Beobachtete und erwartete Häufigkeiten der Geschlechter in den Sozialwissenschaften

	Frauen	Männer	Σ
f_b	441	383	824
f_e	412	412	824

$$\chi^2 = \sum_{i=1}^{k} \frac{(f_{bi} - f_{ei})^2}{f_{ei}} = \frac{(441-412)^2}{412} + \frac{(383-412)^2}{412}$$

$$\chi^2 = 2,04 + 2,04 = 4,08$$

Aufgrund der gerichteten Fragestellung verdoppelt sich das α-Niveau von 5% auf 10% . Der kritische χ^2-Wert (df = 1, $\alpha = 0,1$) beträgt 2,71. Das Ergebnis ist auf dem 5%-Niveau signifikant (einseitiger Test). Wie bei allen bisher behandelten Verfahren ist ein statistisch signifikantes Ergebnis nicht gleichzusetzen mit inhaltlicher Bedeutsamkeit. Deshalb ist auch bei den χ^2-Verfahren eine Bestimmung der Effektstärke erforderlich.

9.1.4 Effektstärke

Die Effektstärke ist ein standardisiertes Maß für die Größe des systematischen Unterschieds zwischen der festgelegten Null- und einer bestimmten Alternativhypothese. Eine häufig verwendete Effektstärke beim χ^2-Test heißt w^2 (synonym findet sich in der Literatur die Bezeichnung f^2). Das Programm GPower verwendet w, also die hier vorgestellte Größe ohne Quadrierung. Die weiter unten vorgestellten Konventionen sind äquivalent zu den bei GPower verwendeten.

Zur Bestimmung der Effektstärke bestehen zwei Herangehensweisen: Die Schätzung des Populationseffekts aus den empirischen Daten (empirische Effektstärke), sowie die Annahme eines Populationseffektes vor der Durchführung der Untersuchung (Berechnung a priori).

Schätzung der Effektstärke aus den empirischen Daten

Die empirische Effektgröße w^2 gibt die Größe der Abweichung zwischen den erwarteten und beobachteten Häufigkeiten in standardisierter Form an. Die absolute Größe der Abweichungen ist bereits durch den χ^2-Wert gegeben. Um daraus ein Effektstärkenmaß zu gewinnen, wird dieser an der Stichprobengröße relativiert. Durch diese Standardisierung lassen sich die Effektgrößen auch aus verschiedenen Untersuchungen miteinander vergleichen.

$$\hat{w}^2 = \frac{\chi^2}{N}$$

Im Beispiel „Klinik" erhalten wir eine geschätzte Effektstärke von:

$$\hat{w}^2 = \frac{17,69}{300} = 0,059$$

Das Maß w^2 ist inhaltlich schwer zu interpretieren. Es empfiehlt sich, zur Beurteilung der Effektstärke die Klassifikation von Cohen (1988) als Anhaltspunkt heranzuziehen (siehe Randtext). Nach Cohen handelt es sich bei dem vorliegenden Ergebnis im Beispiel um einen Effekt mittlerer Größe.

Das Effektstärkenmaß für den χ^2-Test heißt w^2.

Konventionen für die Größe eines Effekts w^2 beim χ^2-Test

- kleiner Effekt: $w^2 = 0,01$
- mittlerer Effekt: $w^2 = 0,09$
- großer Effekt: $w^2 = 0,25$

Konventionen für die von GPower verwendete Effektgröße w

- kleiner Effekt: $w = 0,1$
- mittlerer Effekt: $w = 0,3$
- großer Effekt: $w = 0,5$

Die aus den Daten geschätzte Effektgröße ist $\hat{w}^2$.

Annahme einer Effektstärke a priori

Für die Durchführung eines gut geplanten Tests und der dazugehörigen Berechnung des optimalen Stichprobenumfangs ist es nötig, eine Annahme über die Größe des interessierenden Populationseffekts zu treffen (Kap. 3.4.3). Dafür gibt es beim eindimensionalen χ^2-Test prinzipiell zwei Möglichkeiten:

1. Die Schätzung erfolgt anhand bereits vorliegender empirischer Effektgrößen aus vergleichbaren Untersuchungen sowie der gleichzeitigen Orientierung an der oben genannten Klassifikation von Cohen (1988).

2. Die Schätzung des gesuchten Effektes in der Population erfolgt durch die Festlegung der relativen Häufigkeiten unter der Null- und Alternativhypothese. In diesem Fall werden also Annahmen darüber getroffen, wie groß der Unterschied der erwarteten und beobachteten Häufigkeiten in der Population ist. Weil diese Annahmen auf Populationen bezogen sind und daher unabhängig vom Stichprobenumfang sein müssen, fließen sie in Form von relativen Häufigkeiten bzw. Wahrscheinlichkeiten in die Formel für w^2 ein. Diese gleicht der obigen Formel für den χ^2-Wert bis auf die Einschränkung, dass anstelle der absoluten Häufigkeiten relative Eingang finden:

Berechnung der Effektstärke aus einer Festlegung der Verteilung unter der H_1.

$$w^2 = \sum_{i=1}^{k} \frac{(p_{bi} - p_{ei})^2}{p_{ei}}$$

k : Anzahl der Kategorien des Merkmals
p_{bi} : relative Häufigkeit in Kategorie i unter der Alternativhypothese
p_{ei} : relative Häufigkeit in Kategorie i unter der Nullhypothese

Betrachten wir das Beispiel der Verteilung der Geschlechter in den Sozialwissenschaften: Die Nullhypothese sei die Gleichverteilung, die Zellwahrscheinlichkeit der erwarteten Werte ist also 0,5. Wie groß wäre der Effekt, wenn in den Sozialwissenschaften 70% Frauen und 30% Männer studieren würden? Die Wahrscheinlichkeiten der beobachteten Werte unter dieser Alternativhypothese ergeben sich zu 0,7 (Frauen) und 0,3 (Männer).

$$w^2 = \sum_{i=1}^{k} \frac{(p_{bi} - p_{ei})^2}{p_{ei}} = \frac{(0,7-0,5)^2}{0,5} + \frac{(0,3-0,5)^2}{0,5} = 0,08+0,08=0,16$$

Die angenommene Effektstärke in der Beispielrechnung beträgt $w^2 = 0,16$. Nach der Klassifikation von Cohen (1988) ist das ein mittlerer bis großer Effekt.

9.1.5 Teststärkeanalyse

Die Teststärke des statistischen Tests einer Nullhypothese ist die Wahrscheinlichkeit, einen Effekt einer bestimmten Größe zu finden, falls dieser wirklich existiert. Sie hängt – wie wir zuerst in Kapitel 3.4.2 gesehen haben – vom Signifikanzniveau α, dem Stichprobenumfang N und der Effektstärke w^2 ab. In der Regel wird zwischen zwei Arten der Teststärkeanalyse unterschieden:

1. Zum einen lässt sich a priori unter der Annahme einer bestimmten Effektstärke w^2, eines α-Fehlerniveaus und einer Stichprobengröße N die Teststärke für eine geplante Untersuchung berechnen.

2. Zum anderen lässt sich die Teststärke im Anschluss an eine Untersuchung bestimmen, um anzuzeigen, wie groß die Wahrscheinlichkeit war, ein signifikantes Ergebnis zu erhalten. Weiterhin lässt sich damit ein Schluss zugunsten der Nullhypothese absichern.

In beiden Fällen erfolgt die Bestimmung der Teststärke in Analogie zum t-Test oder der Varianzanalyse über den Nonzentralitätsparameter λ. Er ist das Produkt aus Effektstärke und Stichprobengröße:

$$\lambda = w^2 \cdot N$$

In den TPF-Tabellen (Tabelle C in Band I) lässt sich für ein bestimmtes α-Fehlerniveau und unter Kenntnis der Freiheitsgrade des χ^2-Tests dem berechneten Nonzentralitätsparameter eine bestimmte Teststärke zuordnen. Dies sei an unserem Beispiel verdeutlicht:

$$\lambda = w^2 \cdot N = 0,059 \cdot 300 = 17,7$$

Aus TPF-Tabelle 6 ($\alpha = 0,05$; df = 2) geht hervor, dass die Teststärke mit $p > 0,95$ sehr hoch ist. Die Wahrscheinlichkeit, in dieser Untersuchung einen Effekt der Größe 0,059 oder größer aufzudecken, lag bei mehr als 95 Prozent.

Die Teststärkenbestimmung erfolgt über den Nonzentralitätsparameter λ.

9.1.6 Stichprobenumfangsplanung

Die a priori Stichprobenumfangsplanung läuft nach demselben Muster ab wie die Teststärkeanalyse. Von den vier Determinanten des statistischen Tests sind das Fehlerniveau α, die Teststärke 1-β, sowie die Effektstärke w^2 gegeben. α- und β-Fehler legt der Forscher nach inhaltlichen Überlegungen a priori selber fest, ebenso wie die Effektstärke (Kap. 9.1.4). Gesucht ist der notwendige Stichprobenumfang, um den gesuchten Effekt mit der in der Teststärke gegebenen Wahrscheinlichkeit aufzudecken. Durch Umformung der Gleichung für den Nonzentralitätsparameter λ nach N ergibt sich:

$$N = \frac{\lambda}{w^2}$$

Den Nonzentralitätsparameter λ liefern wieder die TPF-Tabellen (Tabellen C in Band I). Die Effektstärke w^2 dagegen muss der Forscher hypothetisch selber setzen. Eine realistische Einschätzung des zu Grunde liegenden Populationseffekts wird durch folgende Punkte unterstützt: Zum einen kann die relevante Theorie selbst Hinweise auf die Größe der fraglichen Unterschiede liefern. Zweitens können die geschätzten Effektstärken aus vergleichbaren Untersuchungen bzw. Voruntersuchungen als Maßstab dienen. Drittens können Konventionen Anhaltspunkte geben (siehe Seite 181).

Beispiel: Ein Forscher vermutet aufgrund von Voruntersuchungen einen mittelgroßen Effekt ($w^2 = 0{,}09$). Wie viele Versuchspersonen muss der Versuchsplan mindestens enthalten, wenn die Nullhypothese auf dem 1%-Niveau verworfen werden und die Teststärke mindestens 90% betragen soll? Aus TPF-Tabelle 3 geht folgendes hervor:

$$\lambda_{(\alpha=0,01;1-\beta=0,9;df=1)} = 14{,}88$$

$$N = \frac{\lambda}{w^2} = \frac{14{,}88}{0{,}09} = 165{,}3$$

Um den angenommenen oder einen größeren Populationseffekt mit der gewünschten Wahrscheinlichkeit von 90% aufzudecken, ist eine Stichprobe der Größe N = 166 notwendig.

9.2 Der zweidimensionale chi²-Test

Der zweidimensionale χ^2-Test stellt eine Erweiterung des eindimensionalen Tests um ein weiteres kategoriales Merkmal mit mindestens zwei Stufen dar. Die Versuchspersonen werden in diesem Fall den möglichen Kombinationen der Stufen beider Merkmale zugeordnet. Der Versuchsplan hat die Form einer so genannten Kreuztabelle (Tab. 9.7 in Kap. 9.2.1). Per Konvention steht in den Zeilen das Merkmal A mit k Stufen, in den Spalten das Merkmal B mit l Stufen. Der zweidimensionale χ^2-Test heißt deshalb auch k×l χ^2-Test.

Wie beim eindimensionalen Test können aufgrund einer Annahme über die theoretisch erwartete Verteilung die erwarteten Häufigkeiten der einzelnen Zellen ermittelt und mit den beobachteten Werten verglichen werden. Die erwarteten Häufigkeiten entsprechen der Nullhypothese. Prinzipiell kann der zweidimensionale χ^2-Test jede theoretische Verteilung der erwarteten Werte als Nullhypothese prüfen. Eine besondere Form des zweidimensionalen χ^2-Tests ist der Test auf Unabhängigkeit der beiden Merkmale, auch Kontingenzanalyse genannt. Im Folgenden wollen wir uns auf diese in der Literatur häufig benutzte Anwendung des χ^2-Tests beschränken.

Die Kontingenzanalyse ermöglicht eine Aussage darüber, ob die zwei betrachteten Merkmale in irgendeiner Form stochastisch zusammenhängen. Er findet Anwendung bei Fragen wie den folgenden: Ist die Präferenz für eine universitäre Disziplin geschlechtsabhängig? Bevorzugen Männer z.B. das Studium der Naturwissenschaften? Oder sind diese zwei Merkmale unabhängig voneinander? Mit anderen Worten: Ist das Verhältnis von Männern zu Frauen in allen Disziplinen identisch? Der wesentliche Unterschied zum eindimensionalen Test liegt darin, dass hier nicht die Verteilung der Merkmale als solche, sondern die Beziehung der beiden Merkmale zueinander im Vordergrund steht.

Noch einmal zur Verdeutlichung: Auch für den k×l χ^2-Test gibt es theoretisch unendlich viele verschiedene Nullhypothesen, so wie für den eindimensionalen. Aus theoretischen Überlegungen oder vorherigen Untersuchungen lassen sich konkrete Muster erwarteter Häufigkeiten für jede einzelne Zelle eines Versuchsplans aufstellen.

Der zweidimensionale χ^2-Test prüft die Unabhängigkeit der untersuchten Merkmale.

Der zweidimensionale χ^2-Test auf Unabhängigkeit heißt auch Kontingenzanalyse.

H₀: Die zwei Merkmale sind unabhängig voneinander verteilt.

H₁: Merkmal A und Merkmal B hängen zusammen.

Jedes dieser Muster kann eine Nullhypothese bilden, gegen die der statistische Test verläuft. Für den eindimensionalen χ^2-Test erläutert Kapitel 9.1 dieses Verfahren. Kapitel 9.2 diskutiert diesen allgemeinen Fall für den zweidimensionalen χ^2-Test nicht, sondern greift einen speziellen Fall heraus: Die Kontingenzanalyse. Sie testet, ob die beiden untersuchten Merkmale voneinander statistisch unabhängig sind. Die Kontingenzanalyse stellt in der Literatur den Regelfall des zweidimensionalen χ^2-Tests dar.

9.2.1 Die statistische Null und Alternativhypothese

Bei der Anwendung des kxl χ^2-Tests als Test auf Unabhängigkeit sind die Null- und Alternativhypothese wie folgt definiert:

- Die Nullhypothese postuliert die stochastische Unabhängigkeit der beiden Merkmale.

- Die Alternativhypothese fordert einen irgendwie gearteten Zusammenhang zwischen den Stufen des einen Merkmals und den Stufen des anderen.

Die statistische Prozedur verläuft prinzipiell genauso wie beim eindimensionalen Test: Anhand der Nullhypothese der Unabhängigkeit beider Merkmale lassen sich die erwarteten Zellhäufigkeiten schätzen. Diese werden dann mit den beobachteten Häufigkeiten verglichen. Der χ^2-Wert fungiert als Maß für die Abweichung der beobachteten von den erwarteten Werten. Ein hinreichend großer χ^2-Wert erlaubt es, die Nullhypothese mit der Fehlerwahrscheinlichkeit α zurückzuweisen. Die Teststärkebestimmung und Stichprobenumfangsplanung basieren auf den bereits bekannten Grundprinzipien, wobei für den χ^2-Test auf Unabhängigkeit einige alternative Effektstärkenmaße existieren.

Berechnung der erwarteten Häufigkeiten unter der H₀

Um die erwarteten Werte unter der Nullhypothese der statistischen Unabhängigkeit für jede Zelle berechnen zu können, benötigen wir Informationen darüber, wie sich jedes der beiden Merkmale alleine, ohne Betrachtung des anderen, in der Population verteilt. Diese Angaben ergeben sich aus der Betrachtung der Literatur oder vorheriger Untersuchungen. Sie können als Basis für eine Schätzung dienen.

	B_1	B_2	...	B_j	Σ
A_1	n_{11}	n_{12}	...	n_{1j}	$n_{1.}$
A_2	n_{21}	n_{22}	...	n_{2j}	$n_{2.}$
...	...	...	...	...	...
A_i	n_{i1}	n_{i2}	...	n_{ij}	$n_{i.}$
Σ	$n_{.1}$	$n_{.2}$	...	$n_{.j}$	N

Tabelle 9.7. Kreuztabelle eines allgemeinen k×l χ^2-Tests

Die erhobenen Daten liegen in Form einer Kreuz- oder Kontingenztabelle vor (für den allgemeinen Fall des k×l χ^2-Tests siehe Tab. 9.7). Jeder Merkmalskombination aus A und B ist die beobachtete Häufigkeit n_{ij} zugeordnet. Die Häufigkeiten $n_{i.}$ und $n_{.j}$ heißen Randhäufigkeiten. Sie sind die Summe der Häufigkeiten in einer Stufe eines Merkmals über alle Stufen des zweiten Merkmals hinweg. Daher heißen sie auch Zeilen- bzw. Spaltensummen. Durch Addition der Zeilen- bzw. der Spaltensummen ergibt sich in beiden Fällen der Stichprobenumfang N.

Die Randhäufigkeiten zeigen, wie häufig die Stufen eines einzelnen Merkmals in der Stichprobe auftreten, ohne das andere Merkmal zu berücksichtigen. Die jeweiligen Randhäufigkeiten dienen als Schätzer für den entsprechenden Anteil einer Merkmalsstufe in der Population. Diese Schätzer werden als relative Häufigkeiten angegeben, um Aussagen unabhängig vom Stichprobenumfang zu ermöglichen. Relative Häufigkeiten sind gleichzusetzen mit Wahrscheinlichkeiten (Kap. 1.1, sowie Einleitung des Kapitels). Mit anderen Worten: Die relativen Randhäufigkeiten schätzen, welche Auftretenswahrscheinlichkeit die verschiedenen Kategorien in der Population haben.

Die Randhäufigkeiten schätzen die Anteile der Stufen eines Faktors in der Population.

Die Wahrscheinlichkeiten errechnen sich aus der Randhäufigkeit, dividiert durch den Stichprobenumfang N. Die Summe der Wahrscheinlichkeiten innerhalb eines Merkmals muss immer 1 ergeben:

Die Wahrscheinlichkeiten in jeder Zelle errechnen sich über die Randhäufigkeiten.

$$p_{i\bullet} = \frac{n_{i\bullet}}{N} \qquad bzw. \qquad p_{\bullet j} = \frac{n_{\bullet j}}{N}$$

Tabelle 9.8. Parteizugehörigkeit und Einstellung gegenüber Atomkraftwerken

Die Berechnung der Wahrscheinlichkeiten wollen wir an einem konkreten Beispiel nachvollziehen: Es betrifft die Frage, ob die Parteizugehörigkeit mit der Einstellung gegenüber Atomkraftwerken korrespondiert. Eine Befragung von Mitgliedern der CDU, SPD und der Grünen (N = 200) erbrachte das folgende Resultat (Tab. 9.8):

	CDU	SPD	GRÜNE	
Zustimmung	28	16	6	50
Ablehnung	32	64	54	150
	60	80	60	200

Insgesamt stimmen 50 Mitglieder aller Parteien der Atomkraft zu, 150 lehnen sie ab. Damit liegt die Wahrscheinlichkeit, dass Parteimitglieder dieser drei Organisationen Atomkraft befürworten, bei

$$p = \frac{50}{200} = 0,25$$

Die Gegenwahrscheinlichkeit „Ablehnung" beläuft sich auf p = 0,75; Die Summe beider Wahrscheinlichkeiten ergibt Eins. Auch die Summe der Anteile der einzelnen Parteien an der Gesamtmenge aller Befragten muss Eins ergeben:

CDU: $\frac{60}{200} = 0,3$ SPD: $\frac{80}{200} = 0,4$ Grüne: $\frac{60}{200} = 0,3$

Was bedeutet nun die Hypothese der stochastischen Unabhängigkeit? Sie besagt, dass die beiden betrachteten Merkmale sich gegenseitig nicht beeinflussen. Um diese Nullhypothese zu erfüllen, müssen sich die durch die Randhäufigkeiten errechneten Anteile eines Merkmals in der Gesamtstichprobe auch in jeder einzelnen Stufe des anderen Merkmals bestätigen. Verändert sich dieses Verhältnis in einer Merkmalskombination, so ist die Nullhypothese verletzt. Aus dieser Überlegung heraus lassen sich die erwarteten Häufigkeiten bestimmen, in dem man die Randhäufigkeiten des zweiten Merkmals in die entsprechenden Anteile pro Stufe des ersten Merkmals zerlegt.

Die erwarteten Häufigkeiten berechnen sich deshalb wie folgt:

$$f_{eij} = p_{i\bullet} \cdot n_{\bullet j} \text{ bzw. } f_{eij} = p_{\bullet j} \cdot n_{i\bullet}$$

f_{eij} : erwartete Häufigkeit in der Zelle ij
$p_{i\bullet}$: Randwahrscheinlichkeit der Merkmalsstufe i des Merkmals A
$p_{\bullet j}$: Randwahrscheinlichkeit der Merkmalsstufe j des Merkmals B
$n_{i\bullet}$: Randhäufigkeit der Merkmalsstufe i des Merkmals A
$n_{\bullet j}$: Randhäufigkeit der Merkmalsstufe j des Merkmals B

Berechnung der erwarteten Häufigkeiten beim zweidimensionalen χ^2-Test auf Unabhängigkeit.

Beide Formeln führen zu demselben Ergebnis, da sie sich ineinander überführen lassen, wenn wir die Formel für die relativen Häufigkeiten (siehe oben) einsetzen:

$$f_{eij} = \frac{n_{i\bullet}}{N} \cdot n_{\bullet j} = \frac{n_{\bullet j}}{N} \cdot n_{i\bullet} = \frac{n_{i\bullet} \cdot n_{\bullet j}}{N}$$

f_{eij} : erwartete Häufigkeit in der Zelle ij
$n_{i\bullet}$: Randhäufigkeit der Merkmalsstufe i des Merkmals A
$n_{\bullet j}$: Randhäufigkeit der Merkmalsstufe j des Merkmals B
N : Stichprobenumfang

Die Merkformel für die erwarteten Zellhäufigkeiten lautet deshalb:

$$f_{eij} = \frac{n_{i\bullet} \cdot n_{\bullet j}}{N} = \frac{\text{Zeilensumme} \cdot \text{Spaltensumme}}{N}$$

Merkformel für die erwarteten Zellhäufigkeiten beim χ^2-Test auf Unabhängigkeit.

In unserem Beispiel ist das Verhältnis von Zustimmung und Ablehnung 25% zu 75% (Tab. 9.8). Bei einer stochastischen Unabhängigkeit der Merkmale „Parteizugehörigkeit" und „Einstellung gegenüber Atomkraftwerken" müsste sich dieses Verhältnis in allen drei Parteien wieder finden: Jeweils 25% der Parteimitglieder jeder Partei müssten positiv gegenüber Atomkraft eingestellt sein. Da insgesamt 80 Mitglieder der SPD befragt wurden, erwarten wir, dass $0{,}25 \cdot 80 = 20$ Mitglieder der SPD Zustimmung äußern. Die restlichen $0{,}75 \cdot 80 = 60$ Mitglieder sollten Atomkraft ablehnen. Entsprechend ergeben sich die erwarteten Häufigkeiten für die CDU und die Grünen jeweils zu 15 Befürwortern und 45 Gegnern der Atomkraft (Abb. 9.2). Die erwarteten Häufigkeiten können nun zu den beobachteten Häufigkeiten in die Kreuztabelle eingetragen werden (Tab. 9.9).

Abb. 9.2. Erwartete Häufigkeiten

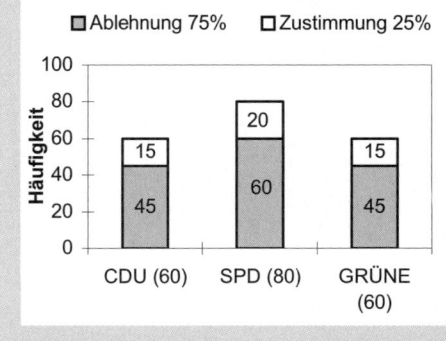

Tabelle 9.9. Beobachtete und erwartete
Häufigkeiten

		CDU	SPD	GRÜNE	
Zustimmung	fb	28	16	6	**50**
	fe	_15_	_20_	_15_	
Ablehnung	fb	32	64	54	**150**
	fe	_45_	_60_	_45_	
		60	**80**	**60**	**200**

Die beobachteten Werte weichen sichtbar von den unter der Nullhypothese der Unabhängigkeit erwarteten Werten ab. Doch sind die Diskrepanzen statistisch bedeutsam oder beruhen sie auf zufälligen Schwankungen? Eine Antwort auf diese Frage gibt der χ^2-Wert.

9.2.2 Der chi²- Wert

Der χ^2-Wert ist ein Maß für die Abweichung der beobachteten von den erwarteten Häufigkeiten.

Der χ^2-Wert ist ein Maß für die Abweichung der beobachteten von den erwarteten Häufigkeiten. Die Formel zu seiner Berechnung gleicht der Berechnungsvorschrift für den eindimensionalen Test. Für jede Zelle wird die quadrierte Abweichung zwischen beobachteter und erwarteter Häufigkeit gebildet und an der erwarteten Häufigkeit relativiert. Die Summe der Einzelergebnisse ergibt den χ^2-Wert.

$$\chi^2 = \sum_{i=1}^{k}\sum_{j=1}^{l}\frac{(f_{bij} - f_{eij})^2}{f_{eij}}$$

k : Anzahl der Kategorien des Merkmals A
l : Anzahl der Kategorien des Merkmals B
f_{bij} : beobachtete Häufigkeit der Merkmalskombination i,j
f_{eij} : erwartete Häufigkeit der Merkmalskombination i,j

Das zweifache Summenzeichen rührt daher, dass alle Zeilen und Spalten des Versuchsplans abgedeckt werden müssen. Analog zum eindimensionalen Test hat der k×l χ^2-Wert folgende Eigenschaften:

Eigenschaften des χ^2-Werts

- Bei völliger Übereinstimmung der erwarteten und beobachteten Häufigkeiten resultiert ein χ^2-Wert von Null. Die beiden Merkmale sind vollständig voneinander unabhängig.

- Je größer die Diskrepanz zwischen beobachteten und erwarteten Häufigkeiten, desto größer wird der χ^2-Wert.

- Der χ^2-Wert ist wegen der Quadrierung in der Formel außerstande, die Richtung der einzelnen Abweichungen zu berücksichtigen. Folglich ist der χ^2-Test unspezifisch. Er kann keine gerichteten Alternativhypothesen testen.

- Der χ^2-Kennwert folgt einer kontinuierlichen Verteilung, genannt χ^2-Verteilung. Die Verlaufsform der Verteilung ist durch die Anzahl der Freiheitsgrade festgelegt.

In unserem Beispiel ergibt sich ein χ^2 von:

$$\chi^2 = \sum_{i=1}^{k} \sum_{j=1}^{l} \frac{(f_{bij} - f_{eij})^2}{f_{eij}} = 23{,}33$$

Freiheitsgrade

Der Bestimmung der Freiheitsgrade beim k×l χ^2-Test liegt folgende Logik zu Grunde: die Addition der Zeilensummen muss N ergeben. Hier können also k-1 Summanden frei variieren. Ebenso müssen sich die Spaltensummen zu N addieren (l-1 freie Summanden). Da Zeilen- und Spaltensumme auf dieselben Werte zurückgreifen, ergibt sich die Anzahl der Freiheitsgrade beim zweidimensionalen χ^2-Test zu:

$$df = (k - 1) \cdot (l - 1)$$

In unserem Beispiel hat der χ^2-Wert also df = (3 − 1) · (2 − 1) = 2 Freiheitsgrade.

Entscheidung beim Testen

Die χ^2-Verteilung assoziiert jeden χ^2-Wert bei gegebener Anzahl Freiheitsgrade mit einer bestimmten Wahrscheinlichkeit. Diese gibt an, wie wahrscheinlich die empirisch gefundene Häufigkeitsverteilung unter Annahme der Nullhypothese der Unabhängigkeit ist. Je größer der χ^2-Wert, umso unwahrscheinlicher ist es, dass in der Population, aus der die Stichprobe stammt, die Nullhypothese gilt. Ist die Wahrscheinlichkeit kleiner als ein vorher festgelegtes Signifikanzniveau, so wird die Nullhypothese verworfen.

Freiheitsgrade beim k×l χ^2-Test

In der χ^2-Tabelle (Tabelle H in Band I) lässt sich in Abhängigkeit von der Anzahl der Freiheitsgrade und dem gewünschten α-Fehlerniveau der kritische Wert χ^2_{krit} ablesen. Die Nullhypothese wird abgelehnt, wenn der empirische χ^2-Wert den kritischen Wert übertrifft.

Im obigen Beispiel erhalten wir bei zwei Freiheitsgraden für $\alpha = 0{,}05$ einen kritischen χ^2-Wert von 5,99. Der empirische Wert (23,22) liegt weit über dem kritischen. Die Nullhypothese kann auf dem 1‰-Niveau verworfen werden.

Inhaltlich bedeutet ein signifikantes Ergebnis beim χ^2-Test auf Unabhängigkeit, dass die beiden untersuchten Merkmale A und B miteinander in Beziehung stehen. Die Ausprägung auf dem einen Merkmal sagt etwas über die Ausprägung auf dem anderen Merkmal aus. In unserem Beispiel hat sich gezeigt, dass die Parteizugehörigkeit mit der Haltung gegenüber der Atomkraft zusammenhängt.

Allerdings erlaubt ein signifikantes Ergebnis zunächst weder genauere Aussagen über die Häufigkeitsunterschiede in den einzelnen Stufen, noch über deren inhaltliche Relevanz. Ähnlich wie die Varianzanalyse testet der χ^2-Test nur global, ob signifikante Unterschiede zu den erwarten Häufigkeiten vorliegen. Aus welchen Einzelunterschieden sich dieses globale Ergebnis zusammensetzt, darüber macht der χ^2-Wert keine Aussagen. Darin liegt sicherlich eine Schwäche dieses Tests. Interpretationen wie „Die Grünen lehnen die Atomkraft eher ab als die CDU" übersteigen aufgrund ihrer spezifischen Formulierung bereits die Aussagekraft des statistischen Ergebnisses. Anhaltspunkte für solche Vermutungen kann ein Blick auf die empirischen Daten geben. Die Größe der Abweichungen der beobachteten von den erwarteten Häufigkeiten in den einzelnen Zellen ist häufig aufschlussreich. Die einzige statistisch korrekte Aussage lautet aber: es existiert ein Zusammenhang zwischen den Merkmalen A und B. Diese Aussage sollte Ihnen bekannt vorkommen: Kapitel 4 beschäftigte sich u.a. mit dem Zusammenhang zweier Merkmale. Somit kommt der χ^2-Test auf Unabhängigkeit dem Signifikanztest einer Korrelation sehr nahe.

Die Auswertung eines k×l-Tests in SPSS erfolgt über die Funktion „Kreuztabellen". Auf Wunsch berechnet SPSS die erwarteten Häufigkeiten und zeigt diese neben den beobachteten in der Ausgabe

Die Alternativhypothese ist unspezifisch.

Auswertung in SPSS

an. Das Programm ermittelt daraus den χ^2-Wert und dessen exakte Wahrscheinlichkeit unter der Nullhypothese. In den ergänzenden Dateien zum Buch im Internet finden Sie eine Anleitung zur Durchführung eines χ^2-Tests mit SPSS.

9.2.3 Effektstärke

Die Effektstärke für den χ^2-Test auf Unabhängigkeit schätzt die Größe des Zusammenhangs der beiden Variablen auf Populationsebene. Zusätzlich zu dem bereits beim eindimensionalen Test in Kapitel 9.1.4 vorgestellten Maß w^2 behandeln wir auch den Cramerschen Index (CI).

Schätzung der Effektstärke aus den Daten

In Anlehnung an den eindimensionalen χ^2-Test lässt sich die Populationseffektstärke w^2 aus den vorliegenden Daten schätzen. Die Formel für die Berechnung von w^2 lautet:

$$\hat{w}^2 = \frac{\chi^2}{N}$$

Als Anhaltspunkt zur Beurteilung von w^2 lässt sich die Klassifikation von Cohen (1988) heranziehen (Kap. 9.1.4).

Aus den Beispieldaten ergibt sich ein geschätzter Effekt von

$$\hat{w}^2 = \frac{\chi^2}{N} = \frac{23{,}33}{200} = 0{,}12$$

Cramers Phi-Koeffizient

Ein empirisches Effektstärkenmaß, das auf w^2 aufbaut, ist Cramers Phi-Koeffizient bzw. Cramers Index (CI). Er darf direkt als Korrelationsmaß zweier nominalskalierter Variablen interpretiert werden. Damit ist er vergleichbar mit anderen Korrelationsmaßen wie etwa der Produkt-Moment-Korrelation (für eine Einführung in verschiedene Korrelationstechniken siehe Kap. 4). Sein Wertebereich liegt zwischen Null und Eins, wobei Null die stochastische Unabhängigkeit und Eins den perfekten Zusammenhang ausdrückt. Cramers Phi kann anhand der folgenden Formel aus dem χ^2-Wert, dem Stichprobenumfang sowie der minimalen Anzahl an Merkmalsstufen in A oder B berechnet werden:

Schätzung der empirischen Effektstärke aus den Daten.

Konventionen für die Größe eines Effekts w^2 beim χ^2-Test

- kleiner Effekt: $w^2 = 0{,}01$
- mittlerer Effekt: $w^2 = 0{,}09$
- großer Effekt: $w^2 = 0{,}25$

Das Effektstärkenmaß Cramers Phi Koeffizient ist ein Maß für die Korrelation.

$$CI = \sqrt{\frac{\chi^2}{N \cdot (R-1)}} \quad \text{mit } R = \min(k;l)$$

Für unser Beispiel ergeben sich Werte von:

$$CI = \sqrt{\frac{\chi^2}{N \cdot (R-1)}} = \sqrt{\frac{23,33}{200 \cdot (2-1)}} = 0,34$$

Die Korrelation nach Cramers Index zwischen der Parteizugehörigkeit und der Zustimmung zur Atomkraft beträgt 0,34.

Bestimmung der Effektstärke a priori

Für die Bestimmung des optimalen Stichprobenumfangs ist es nötig, den interessierenden Populationseffekt vor der Untersuchung festzulegen. Das geeignete Maß hierfür ist w^2. Die Annahme des Populationseffekts w^2 erfolgt entweder durch Orientierung an vorliegenden Effekten aus vergleichbaren Untersuchungen oder den Konventionen von Cohen (vgl. Kap. 9.1.4). Auf alternative Weise kann die Effektstärke w^2 wie beim eindimensionalen Test anhand konkreter, begründeter Annahmen über die erwarteten und beobachteten Werte kalkuliert werden. Weil diese Annahmen auf Populationen bezogen sind und daher unabhängig vom Stichprobenumfang sein müssen, fließen sie in Form von relativen Häufigkeiten bzw. Wahrscheinlichkeiten in die Formel für w^2 ein.

$$w^2 = \sum_{i=1}^{k} \sum_{j=1}^{l} \frac{(p_{bij} - p_{eij})^2}{p_{eij}}$$

k	:	Anzahl der Kategorien des Merkmals A
l	:	Anzahl der Kategorien des Merkmals B
p_{bij}	:	angenommene beobachtete relative Häufigkeit der Merkmalskombination ij in der Population
p_{eij}	:	erwartete relative Häufigkeit der Merkmalskombination ij in der Population

Anmerkung: Die Berechnung der Effektstärke nach dieser Formel erledigt das Programm GPower auf komfortable Weise. Dort sind unter „Calc Effectsize" die nach der Alternativhypothese und nach der Nullhypothese erwarteten Wahrscheinlichkeiten einzugeben (siehe ergänzende Materialien zum Buch im Internet).

Begründete Annahmen über die Grundwahrscheinlichkeiten ermöglichen eine a priori Bestimmung der Effektstärke.

GPower: Link zu kostenlosem Download und Erläuterungen auf der Web-Seite: http://www.quantitative-methoden.de

9.2.4 Teststärkeanalyse

Die Bestimmung der Teststärke verläuft analog zum eindimensionalen χ^2-Test. Bei gegebenem Signifikanzniveau α, Stichprobenumfang N, empirischer Effektstärke w^2 und Anzahl der Freiheitsgrade df lässt sich die Teststärke anhand der folgenden Schritte post hoc bestimmen:

1. Über die Beziehung $\lambda = w^2 \cdot N$ wird der Nonzentralitätsparameter λ bestimmt.

2. Dem λ-Wert ist in den TPF-Tabellen (Tabelle C in Band I) in Abhängigkeit von den Freiheitsgraden eine Teststärke zugeordnet. Da in der Tabelle nicht alle λ-Werte aufgeführt sind, wird die Teststärke als Bereich angegeben. Alternativ empfiehlt es sich, mit dem Programm GPower die exakte Teststärke zu bestimmen.

Wie hoch wäre in unserem Beispiel die Wahrscheinlichkeit gewesen, einen mittleren Effekt der Größe $w^2 = 0,09$ aufzudecken ($\alpha = 0,05$)? Aus der TPF-Tabelle 6 ($\alpha = 0,05$) ergibt sich bei zwei Freiheitsgraden eine Teststärke zwischen 95% und 97,5%. GPower liefert den exakten Wert von 97,45% (siehe Anleitung auf der Internetseite).

9.2.5 Stichprobenumfangsplanung

Für einen eindeutig interpretierbaren Signifikanztest ist es wichtig, die optimale Stichprobengröße N vor der Durchführung der Untersuchung zu berechnen. Hierzu müssen α-Fehlerniveau, Teststärke $(1-\beta)$ sowie der interessierende Populationseffekt w^2 (siehe oben) vorliegen.

Die gesuchte Stichprobengröße ergibt sich aus der Umstellung der Beziehung $\lambda = w^2 \cdot N$ nach N:

$$N = \frac{\lambda}{w^2}$$

Angenommen, wir wollten die Anzahl benötigter Personen bestimmen, um einen kleinen Effekt ($w^2 = 0,01$) mit einer Wahrscheinlichkeit von 90% aufzudecken ($\alpha = 0,05$; df $= 2$). Aus der TPF-Tabelle 6 ermitteln wir für λ einen Wert von 12,65.

$$N = \frac{\lambda}{w^2} = \frac{12,65}{0,01} = 1265$$

Die untersuchte Stichprobe sollte mindestens 1265 Personen umfassen.

9.3 Der Vierfelder chi²-Test

Der Vierfelder χ^2-Test stellt einen Spezialfall des zweidimensionalen χ^2-Tests auf Unabhängigkeit dar. Die beiden Merkmale A und B weisen jeweils genau zwei Merkmalsstufen auf, sie sind also dichotom. Der Versuchsplan ist eine 2×2 Kontingenztabelle. Die beobachteten Häufigkeiten in den vier Feldern werden wie abgebildet mit a, b, c und d bezeichnet (Tab. 9.10). Die Berechnung des χ^2-Werts kann alternativ zur üblichen Formel (siehe Kap. 9.2.2) über die folgende Berechnungsvorschrift erfolgen:

$$\chi^2 = \frac{N \cdot (a \cdot d - b \cdot c)^2}{(a+b) \cdot (c+d) \cdot (a+c) \cdot (b+d)}$$

Diese Form der Berechnung hat den Vorteil, dass die Annahme der Unabhängigkeit direkt in die Formel mit eingeht. Somit entfällt die Bestimmung der erwarteten Werte unter der Annahme der Unabhängigkeit. In der effizienten Berechnung liegt der Vorteil dieser Formel gegenüber der des allgemeinen zweidimensionalen Tests. Beide Formeln kommen natürlich zu demselben Ergebnis.

Die Freiheitsgrade des Vierfelder χ^2 berechnen sich analog zum zweidimensionalen Test nach der Formel df = (k – 1) · (l – 1). Der Vierfelder Test hat also stets nur einen Freiheitsgrad.

$$df = (k - 1) \cdot (l - 1) = (2 - 1) \cdot (2 - 1) = 1$$

Ein Beispiel für die Anwendung dieses Tests ist die Frage, ob das Merkmal „Brillenträger" mit dem Merkmal „Studierender" in irgendeiner Weise zusammenhängt. 90 Personen werden befragt. Die resultierende Häufigkeitsverteilung ist in Tabelle 9.11 dargestellt. Setzen wir die Häufigkeiten in die Formel des Vierfelder χ^2-Tests ein, so resultiert ein Wert von:

$$\chi^2 = \frac{90 \cdot (1008 - 104)^2}{29 \cdot 61 \cdot 34 \cdot 56} = \frac{73549440}{3368176} = 21,84$$

Tabelle 9.10. Versuchsplan eines Vierfelder χ^2-Tests

	B₁	B₂
A₁	a	b
A₂	c	d

Spezialformel zur Berechnung des χ^2-Werts beim Vierfelder χ^2-Test.

Der Vierfelder χ^2-Test hat einen Freiheitsgrad.

Tabelle 9.11. Häufigkeitsverteilung der Merkmale „Studierende" und „Brillenträger"

	Brille	keine Brille
Studium	21 (a)	8 (b)
kein Studium	13 (c)	48 (d)

Exakt dieser Wert würde auch resultieren, wenn diese Werte in die herkömmliche Formel des zweidimensionalen χ^2-Tests eingesetzt würden. Der kritische χ^2-Wert für df = 1 und α = 0,05 lautet 3,84. Der gefundene χ^2-Wert von 21,84 ist damit statistisch hoch bedeutsam.

Als Effektstärkenmaß kann wiederum w^2 herangezogen werden, denn der Vierfelder χ^2-Test ist ja nur ein Spezialfall des allgemeinen k×l χ^2-Tests. Die Effektstärke kann direkt aus dem empirischen χ^2-Wert geschätzt werden, indem der Wert am Stichprobenumfang N relativiert wird.

$$\hat{w}^2 = \frac{\chi^2}{N}$$

Die Teststärkeanalyse sowie die Stichprobenumfangsplanung können wir analog zu den relevanten Abschnitten in Kapitel 9.2 über folgende bekannte Beziehung durchführen:

$$\lambda = w^2 \cdot N$$

9.3.1 Der Phi-Koeffizient

Als weiteres Effektstärkenmaß bietet sich der Phi-Koeffizient an. Er ist gleichzusetzen mit der Korrelation der beiden dichotomen Variablen. Seine Berechnungsvorschrift lautet:

$$\Phi = \frac{a \cdot d - b \cdot c}{\sqrt{(a+b) \cdot (c+d) \cdot (a+c) \cdot (b+d)}}$$

Die Effektstärke Φ entspricht der Korrelation zweier dichotomer Variablen.

Der Phi-Koeffizient steht mit dem empirischen χ^2-Wert und der Effektstärke w^2 in folgender Beziehung:

$$\Phi = \sqrt{w^2} = \sqrt{\frac{\chi^2}{N}}$$

Hier schließt sich der Kreis zwischen der Korrelation und dem χ^2-Test. Die Korrelation ist das Effektstärkenmaß des Tests und gibt den Grad der Abhängigkeit der beiden dichotomen Merkmale an. Der χ^2-Wert erlaubt die Prüfung dieser Korrelation auf Signifikanz. Damit bedeutet ein signifikantes Ergebnis beim χ^2-Test auf Unabhängigkeit gleichzeitig eine signifikant von Null verschiedene Korrelation der untersuchten Merkmale. Der Phi-Koeffizient ließe sich demnach auch in Kapitel 4, als Korrelationstechnik für zwei dichotome Variablen einordnen (vgl. die Übersicht am Ende von Kapitel 4.1), der Vierfelder χ^2-Test als der zugehörige Signifikanztest.

9.4 Voraussetzungen der chi²-Verfahren

Die Anwendung der χ^2-Verfahren ist, wie eingangs erwähnt, an wenige Bedingungen geknüpft. Diese gelten für alle χ^2-Verfahren:

1. Die einzelnen Beobachtungen sind voneinander unabhängig.

2. Jede untersuchte Versuchsperson kann eindeutig einer Kategorie bzw. Merkmalskombination zugeordnet werden.

3. Die erwarteten Häufigkeiten sind in 80% der Zellen des Versuchsplans größer als fünf.

9.5 Durchführung eines chi²-Tests

Zur Durchführung eines χ^2-Tests lassen sich einige Richtlinien formulieren, die als Anhaltspunkte bei der Planung dienen können. Wir haben das Vorgehen in 8 Schritte eingeteilt:

1. Anzahl der betrachteten Variablen und deren Stufen festlegen.

2. Null- und Alternativhypothese aufstellen. Aus der Nullhypothese lassen sich die erwarteten Häufigkeiten bestimmen.

3. Das Signifikanzniveau α, den interessierenden Populationseffekt w^2 und die gewünschte Teststärke $1-\beta$ festlegen.

4. Die Freiheitsgrade df und den Stichprobenumfang N bestimmen.

5. Stichprobe der Größe N erheben. Beobachtete Häufigkeiten pro Zelle bestimmen.

6. Den χ^2-Wert anhand der Formel (z.B. Kap. 9.1.2) bestimmen.

7. Den kritischen χ^2-Wert für α und df aus Tabelle H (Band I) ablesen.

8. Wenn $\chi^2_{emp} > \chi^2_{krit}$, ist der Unterschied zwischen den beobachteten und den erwarteten Häufigkeiten signifikant. Die Nullhypothese muss verworfen werden. Wenn $\chi^2_{emp} < \chi^2_{krit}$, so darf die Nullhypothese bei hinreichend hoher Teststärke interpretiert werden.

Zusammenfassung

Die χ^2-Verfahren beruhen auf der Analyse von Häufigkeiten. Ihr allgemeines Prinzip besteht in einem Vergleich von beobachteten und theoretisch erwarteten Häufigkeiten. Die Annahme über die Verteilung der erwarteten Häufigkeiten entspricht der Nullhypothese des statistischen Tests.

Für jeden eindimensionalen χ^2-Test existieren unendlich viele verschiedene Nullhypothesen. Eine häufig anzutreffende ist die Gleichverteilungsannahme. Sie besagt, dass die erwarteten Häufigkeiten in allen Zellen des Versuchsplans identisch sind. Für die Testung von Nullhypothesen, denen nicht gleichverteilte Häufigkeiten zu Grunde liegen, müssen begründete Annahmen über die Häufigkeitsverteilung auf Populationsebene vorliegen.

Der zweidimensionale Test prüft die Verteilung zweier nominalskalierter Variablen. Auch für diesen Test gibt es unendlich viele Nullhypothesen. In diesem Band wird allerdings nur die gebräuchlichste Anwendung des Tests diskutiert: der zweidimensionale χ^2-Test auf Unabhängigkeit der beiden Merkmale. Er prüft, ob die beiden untersuchten Merkmale in der Population miteinander zusammenhängen. Die unter der Annahme der Unabhängigkeit (Nullhypothese) erwarteten Zellhäufigkeiten lassen sich anhand der beobachteten Randhäufigkeiten schätzen.

Ein Spezialfall des Tests auf Unabhängigkeit ist der Vierfelder χ^2-Test. Er findet Anwendung, wenn zwei dichotome Merkmale vorliegen. Ein Effektstärkenmaß für diesen Test ist der Phi-Koeffizient. Er bildet den Korrelationskoeffizienten für zwei dichotome, nominalskalierte Merkmale. Der Vierfelder χ^2-Test kann somit als Signifikanztest für eine Korrelation zweier nominalskalierter Merkmale zum Einsatz kommen.

Teststärkebestimmung und Stichprobenumfangsplanung folgen für alle χ^2-Verfahren dem bereits aus Kapitel 3 bekannten Muster. Das gebräuchlichste Maß für die Effektstärke bei diesen Verfahren ist w^2, das den empirischen χ^2-Wert an der Stichprobe relativiert.

Für den korrekten Einsatz der χ^2-Verfahren müssen lediglich drei Bedingungen erfüllt sein: Unabhängigkeit der Beobachtungen, eindeutige Kategorisierbarkeit aller beobachteten Einheiten und eine erwartete Häufigkeit von fünf oder größer in 80% aller Zellen des Versuchsplans.

Aufgaben zu Kapitel 9

Verständnisaufgaben

Richtig oder falsch?

Beim χ^2-Test...

a) ist die Teststärke von vornherein höher als bei allen anderen statistischen Tests.

b) sollte die erwartete Zellhäufigkeit in mindestens 80% der Zellen größer als n = 5 sein.

c) kann man keine a priori Stichprobenumfangsplanung durchführen.

d) wird die empirische Häufigkeitsmatrix mit einer erwarteten Matrix verglichen.

e) hat die relevante Wahrscheinlichkeitsverteilung einen Mittelwert von Null.

f) können einseitige Hypothesen nur getestet werden, wenn das Merkmal zwei Stufen hat.

g) resultiert dann ein χ^2-Wert von Eins, wenn die beobachteten und erwarteten Häufigkeiten gleich sind.

h) kann der χ^2-Wert nur positive Werte annehmen.

i) wird das χ^2- Niveau halbiert, um einseitig zu testen.

j) können auch nominalskalierte Daten betrachtet werden.

k) gibt die Effektstärke den Anteil der Effektvarianz an der Gesamtvarianz an.

l) wird ein χ^2-Wert um so eher signifikant, je höher die Anzahl der Freiheitsgrade ist.

m) ist der kritische χ^2-Wert immer höher als der empirische.

n) wird der χ^2-Wert umso größer, je stärker die beobachteten Häufigkeiten von den erwarteten abweichen.

o) ergeben sich die Freiheitsgrade abhängig von der Anzahl der untersuchten Personen.

p) kann der χ^2-Wert als unstandardisiertes Effektstärkenmaß interpretiert werden.

Anwendungsaufgaben

Aufgabe 1

In einer Studie berichten die Autoren über eine Auszählung, nach der eine Stichprobe von 450 neurotischen Patienten mit folgenden Häufigkeiten nach folgenden Therapiearten behandelt wurde:

Klassische Analyse und analytische Psychotherapie: 82
Direkte Psychotherapie: 276
Gruppenpsychotherapie: 15
Somatische Behandlung: 48
Custodial Care: 29

Überprüfen Sie die Hypothese, dass sich die 450 Patienten auf die fünf Therapieformen gleich verteilen ($\alpha = 0{,}05$).

Aufgabe 2

Ein Zahnarzt fragt sich, ob seine Patienten eher eine qualitativ schlechte oder gute Zahnpasta benutzen. Er befragt 200 Patienten seiner Praxis nach ihrer Zahnpastamarke. („no name" und „Aldo" sind eher schlechte, „blendo" und „blendo + fluor" bessere Zahnpasten)

Zahnpasta:	No name	Aldo	Blendo	Blendo + Fluor	Σ
Anzahl an Patienten:	63	56	43	38	n = 200

a) Kommt jede Zahnpastamarke unter den Patienten gleich häufig vor ($\alpha = 0{,}05$)?

b) Wie groß ist die empirische Effektstärke?

c) Wie groß war die Teststärke, um einen Effekt der Größe $w^2 = 0{,}05$ zu finden?

d) Wie groß hätte der Stichprobenumfang sein müssen, um einen mittleren Effekt von $w^2 = 0{,}05$ mit einer Wahrscheinlichkeit von 90% zu finden?

Aufgabe 3

Die Nudelfirma Mirucali möchte untersuchen, wie groß der Effekt ihrer Werbung auf das Entscheidungsverhalten von Kunden ist. Sie zeigen 80 Personen einen Werbefilm und lassen sie danach zwischen drei Nudelgerichten wählen. Es ergibt sich folgende Verteilung:

Burilla-Nudeln	Mirucali Nudeln	5 Glocken	Σ
36	15	29	80

a) Ist die Abweichung von der Gleichverteilung signifikant ($\alpha = 0{,}05$)?

b) Wie groß ist der Effekt?

c) Was bedeutet das Ergebnis für die Firma Mirucali?

Aufgabe 4

Ein Forscher interessiert sich für die Frage, ob Kurzsichtigkeit unter Studierenden vermehrt auftritt. In der Gesamtbevölkerung tritt Kurzsichtigkeit mit einer Wahrscheinlichkeit von 0,25 auf. Der Forscher kategorisiert eine Stichprobe von 100 Studenten nach Kurzsichtigkeit/nicht Kurzsichtigkeit und erhält folgende Häufigkeitsverteilung (siehe nebenstehende Tabelle):

Kurzsichtigkeit		
ja	nein	Σ
40	60	n = 100

Trifft die Hypothese der vermehrten Kurzsichtigkeit unter den Studierenden des Forschers zu ($\alpha = 0{,}05$)?

Aufgabe 5

Die Auftretenswahrscheinlichkeit für Hautkrebs in Australien liegt bei 5%. Eine Forscherin behauptet, dass sie auf Grund des wachsenden Ozonlochs in Wirklichkeit bereits 9% betrage.

a) Welcher Effektstärke käme dies gleich?

b) Wie viele Versuchspersonen müsste sie untersuchen, um den aus a) errechneten Effekt mit einer Wahrscheinlichkeit von 90% ($\alpha = 0{,}05$) zu finden?

c) Die Forscherin hat 150 Personen untersucht und erhielt ein nicht signifikantes Ergebnis ($\alpha = 0{,}05$). Wie groß war die Wahrscheinlichkeit, ihren in a) berechneten theoretischen Effekt mit einer gerichteten Hypothese zu bestätigen? Darf sie die H_0 interpretieren?

Aufgabe 6

Es wird behauptet, Studierende verschiedener Fachrichtungen unterschieden sich in ihrer Einstellung zur klassischen Musik. Professor Krach befragte zur Überprüfung dieser Behauptung Studierende verschiedener Fächer nach der Häufigkeit ihres Besuchs von Konzerten mit klassischer Musik. Er bildet die Kategorien nie, selten und häufig. Das Ergebnis stellt er in folgender Tabelle zusammen:

Studienfach	nie	selten	oft	Summe
Psychologie	20	20	10	50
Medizin	10	10	30	50
Mathematik	10	20	20	50
Jura	30	10	10	50
Summe	70	60	70	200

Überprüfen Sie die Behauptung.

Anhang

Lösungen der Aufgaben

Kapitel 5

Verständnisaufgaben

a) Durch die Zerlegung der Varianz der Messwerte in erklärbare und nicht erklärbare Komponenten werden mehrere Mittelwerte simultan miteinander verglichen.

b) Keine α-Fehler Kumulierung: Werden für das Testen einer Hypothese mehrere statistische Tests verwendet, so steigt die Wahrscheinlichkeit des α-Fehlers (die Wahrscheinlichkeit, die Nullhypothese abzulehnen, obwohl sie in Wirklichkeit gilt) mit der Anzahl der benötigten Tests. Bei der Testung der Nullhypothese bei drei Gruppen sind z.B. mindestens drei t-Tests nötig. Die Varianzanalyse umgeht dieses Problem, da sie die Mittelwerte aller drei Gruppen simultan miteinander vergleicht und die Hypothese mit nur einem Test prüft.

Kein Teststärkeverlust: Bei einem paarweisen Vergleich (z.B. beim t-Test) fließen nur die Versuchspersonen der zwei betrachteten Gruppen in die statistische Prüfung mit ein. Bei einem simultanen Vergleich aller Gruppen in der Varianzanalyse dagegen werden alle Versuchspersonen erfasst. Die Anzahl der Versuchspersonen und damit auch die Teststärke einer Varianzanalyse sind darum bei mehr als zwei Gruppen höher als bei einzelnen paarweisen Vergleichen.

c) Die Gesamtvarianz betrachtet die Abweichung jedes einzelnen Werts vom Gesamtmittelwert.

Die systematische Varianz betrachtet die Abweichung der Bedingungsmittelwerte vom Gesamtmittelwert.

Die Residualvarianz betrachtet die Abweichung jedes einzelnen Werts vom jeweiligen Gruppenmittelwert.

d) Die Residualvarianzen in den einzelnen Gruppen müssen gleich sein, damit die Forderung der Varianzhomogenität erfüllt ist. D.h. die quadrierte mittlere Abweichung jedes Werts vom Gruppenmittelwert muss in jeder Gruppe gleich groß sein.

e) Die Varianz zwischen schätzt neben der systematischen Varianz auch Residualvarianz.

$$E(\hat{\sigma}^2_{Zwischen}) = n \cdot \sigma^2_{Effekt} + \sigma^2_{\varepsilon}$$

f)   Hypothesen einer einfaktoriellen Varianzanalyse bei p = 4:

$$H_0 : \mu_1 = \mu_2 = \mu_3 = \mu_4 \qquad \text{bzw.} \quad \hat{\sigma}_\alpha^2 = 0$$

$$H_1 : \neg H_0 \qquad \text{bzw.} \quad \hat{\sigma}_\alpha^2 > 0$$

g)   Bei Zutreffen der Nullhypothese sollte der F-Bruch theoretisch einen Wert von Eins annehmen. Es liegt keine systematische Varianz vor, die „Varianz zwischen" schätzt ausschließlich Residualvarianz

h)   Bei einem Treatmentfaktor werden die Versuchspersonen zufällig zu einer experimentellen Bedingung zugeordnet. Wird ein Effekt gefunden, dann ist die experimentelle Manipulation eindeutig die Ursache (von den statistischen Problemen einmal abgesehen). Bei einem Klassifikationsfaktor bestimmen organismische Variablen die Zuordnung der Gruppen (z.B. Geschlecht). Die bei einem Klassifikationsfaktor gefundenen Effekte können durch alle möglichen Merkmale verursacht werden, die mit der organismischen Variable korreliert sind.

i)   Die Alternativhypothese einer Varianzanalyse ist immer ungerichtet. Ein signifikantes Ergebnis bedeutet deshalb nur, dass mindestens ein Gruppenmittelwert von einem anderen signifikant verschieden ist. Um zu bestimmen, welche Gruppen sich signifikant voneinander unterscheiden, ist eine Post-Hoc-Analyse notwendig. Allerdings ist diese nur dann sinnvoll, wenn der Faktor mehr als zwei Stufen hat.

j)   Über den Tukey HSD-Test kann die kleinste noch signifikante Differenz zwischen zwei Mittelwerten berechnet werden. Die tatsächlichen paarweisen Differenzen der Mittelwerte werden dann mit der „Honest Significant Difference" verglichen. Ist die tatsächliche Differenz größer als die HSD, dann sind die beiden betrachteten Gruppen signifikant voneinander verschieden.

Anwendungsaufgaben

Aufgabe 1

$df_{\text{Zähler}} = df_{\text{zwischen}} = p - 1 = 4$

$df_{\text{Nenner}} = df_{\text{innerhalb}} = p \cdot (n - 1) = 60$ \qquad bei $\alpha = 0{,}1$: kritisches $F_{(4;60)} = 2{,}04$

Aufgabe 2

$\Omega^2 = 0{,}05 \Rightarrow \Phi^2 = 0{,}053$ \qquad $df_{\text{Zähler}} = 3$

Berechnung des Nonzentralitätsparameters: $\lambda = \Phi^2 \cdot N = 0{,}053 \cdot 100 = 5{,}3$

Tabelle TPF 3 (Tabelle C in Band I für $\alpha = 0{,}01$): Ein λ-Wert von 5,3 hat bei drei Zählerfreiheitsgraden eine Teststärke von < 50%.

Aufgabe 3

Bei $1 - \beta = 0{,}9$ und $df_{Zähler} = 2$ kann man aus Tabelle TPF 6 (für $\alpha = 0{,}05$) einen Wert von $\lambda = 12{,}65$ ablesen. Mit $\Omega^2 = 0{,}25$ (entspricht $\Phi^2 = 0{,}33$) ergibt sich:

$$n_{pro\ Zelle} = \frac{\lambda}{p \cdot \Phi^2} = \frac{12{,}65}{3 \cdot 0{,}33} = 12{,}8 \ . \ \text{Man braucht insgesamt } N = 3 \cdot 13 = 39 \text{ Versuchspersonen.}$$

Aufgabe 4

a) Die „Varianz zwischen" muss Null sein, damit ein F-Wert von Null resultiert. Dieser Fall tritt auf, wenn alle vier Gruppenmittelwerte genau gleich sind.

b) Der F-Wert geht gegen unendlich, wenn die durchschnittliche geschätzte Fehlervarianz im Nenner gegen Null geht. Alle Werte der Versuchspersonen müssten genau ihrem Mittelwert entsprechen, damit die Fehlervarianz innerhalb der Gruppen Null wird.

c) $F_{krit\ (3;76)} = 2{,}76$

Aufgabe 5

Mittelwerte der Gruppen: $\overline{x}_1 = 4$; $\overline{x}_2 = 5$; $\overline{x}_3 = 8$; $\overline{x}_4 = 3$

Gesamtmittelwert: $\overline{G} = 5$

$$QS_{total} = \sum_{i=1}^{4} \sum_{m=1}^{5} (x_{im} - \overline{G})^2 = (2-5)^2 + (6-5)^2 + \dots + (4-5)^2 + (2-5)^2 = 27 + 18 + 75 + 30 = 150$$

$$QS_{innerhalb} = \sum_{i=1}^{4} \sum_{m=1}^{5} (x_{im} - \overline{A}_i)^2 = (2-4)^2 + \dots + (6-4)^2 + \dots + (2-3)^2 = 22 + 18 + 30 + 10 = 80$$

$$QS_{zwischen} = \sum_{i=1}^{4} n \cdot (\overline{A}_i - \overline{G})^2 = 5 \cdot (4-5)^2 + 5 \cdot (5-5)^2 + 5 \cdot (8-5)^2 + 5 \cdot (3-5)^2 = 70$$

$$\hat{\sigma}^2_{innerhalb} = \frac{80}{16} = 5 \ ; \ \hat{\sigma}^2_{zwischen} = \frac{70}{3} = 23{,}33$$

$$F_{(3;16)} = \frac{23{,}33}{5} = 4{,}67 \ \Rightarrow \text{Signifikant auf dem 5\%-Niveau } (F_{krit(3;16)} = 3{,}24).$$

Aufgabe 6

Quelle der Variation	QS	df	MQS	F
Zwischen	140	2	70	14
Innerhalb	1985	397	5	
Total	2125	399		

a) Das Ergebnis ist auf dem 1%-Niveau signifikant. ($F_{krit(2;200)} = 4,71$).

b) $f^2 = \dfrac{(F-1) \cdot df_{Zähler}}{N} = \dfrac{(14-1) \cdot 2}{400} = 0,065 => \omega^2 = \dfrac{f^2}{1+f^2} = \dfrac{0,065}{(1+0,065)} \approx 0,061$

c) Der F-Wert für eine Mittelwertdifferenz wird umso größer, je mehr Vpn beteiligt sind. Der Effekt standardisiert diesen F-Wert and der Vpn-Anzahl und ist somit ein davon unabhängiges Maß für die Gruppenunterschiede.

Aufgabe 7

a) $\hat{\sigma}^2_{Zwischen} = 234$

b) $F_{(2;51)} = \dfrac{234}{62,8} = 3,73$; $F_{krit(2;51)} = 3,23$ Das Ergebnis ist signifikant ($F_{emp} > F_{krit}$).

c) $f^2 = \dfrac{(F-1) \cdot df_{Zähler}}{N} = \dfrac{(3,73-1) \cdot 2}{54} = 0,101 => \omega^2 = \dfrac{f^2}{1+f^2} = \dfrac{0,101}{(1+0,101)} \approx 0,09$

d) $HSD = q_{krit(\alpha=5\%;r=3;df_{innerhalb}=51)} \cdot \sqrt{\dfrac{\hat{\sigma}^2_{innerhalb}}{n}} = 3,44 \cdot \sqrt{\dfrac{62,8}{18}} = 6,43$

Nur die Gruppen in einer positiven und negativen Stimmung unterschieden sich signifikant voneinander, da nur der Betrag der empirischen Mittelwertdifferenz zwischen diesen beiden Gruppen (Diff. = 7) den kritischen q-Wert übersteigt.

Aufgabe 8

a) $\quad F_{(2;529)} = \dfrac{151,43}{1,6} = 94,64$; $F_{krit(2;200)} = 3,04$. Das Ergebnis ist signifikant ($F_{emp} > F_{krit}$).

b) $\quad f^2 = \dfrac{(F-1) \cdot df_{Z\ddot{a}hler}}{N} = \dfrac{(94,64-1) \cdot 2}{532} = 0,35 \Rightarrow \omega^2 = \dfrac{f^2}{1+f^2} = \dfrac{0,35}{(1+0,35)} \approx 0,26$

c) $\quad$ Nonzentralitätsparameter bestimmen: $\lambda_{\alpha=0,05;df=2;1-\beta=0,9} = 12,65$, Stichprobenumfangsplanung:

$$N = \dfrac{\lambda}{\dfrac{\Omega^2}{1-\Omega^2}} = \dfrac{12,65}{\dfrac{0,25}{1-0,25}} = 37,95 \Rightarrow 13 \text{ Versuchspersonen pro Gruppe}$$

Kapitel 6

Verständnisaufgaben

a) Der Haupteffekt A, der Haupteffekt B und die Wechselwirkung A×B.

b) Nein, denn die drei Effekte (HE A, HE B und WW) sind vollständig unabhängig voneinander. Ein Effekt kann allein oder zusammen mit einem oder beiden anderen Effekten auftreten.

c) Die Wechselwirkung A×B oder Interaktion beschreibt den gemeinsamen Einfluss von bestimmten Stufen der zwei Faktoren auf die AV. Sie erfasst das Zusammenwirken von Faktorstufen. Mathematisch zeigt sie sich in der Abweichung der beobachteten Zellmittelwerte von den auf Grund der Haupteffekte zu erwartenden Zellmittelwerten.

d) Es ergeben sich folgende inhaltliche Interpretationen:

1.) Nur der Faktor A wird signifikant: Die Stärke des Lärms hat einen Einfluss auf die Konzentrationsleistung. Z.B. könnte die Konzentrationsleistung bei niedrigem Lärm größer sein als bei hohem Lärm. Die Stärke der Beleuchtung hat keinen Einfluss. Der Einfluss des Lärms ist außerdem unabhängig von der Beleuchtungsstärke, d.h. bei starker Beleuchtung ist der Einfluss des Lärms genauso groß wie bei schwacher Beleuchtung.

2.) Nur der Faktor B wird signifikant. Die Stärke der Beleuchtung hat einen Einfluss auf die Konzentrationsleistung, Lärm dagegen nicht. Der Einfluss der Beleuchtungsstärke ist unabhängig von der Stärke des Lärms.

3.) Faktor A und B werden signifikant, die Wechselwirkung nicht: Die Stärke des Lärms und die Beleuchtungsstärke haben einen eigenständigen Einfluss auf die Konzentrationsleistung. Die Einflüsse von Lärm und Beleuchtung sind unabhängig voneinander, d.h. der Einfluss des Lärms ist genauso groß bei starker wie bei schwacher Beleuchtung. Ebenso ist der Einfluss der Beleuchtungsstärke bei großem Lärm genauso groß wie bei geringem Lärm.

4.) Nur die Wechselwirkung wird signifikant: Lärm und Beleuchtungsstärke haben keinen eigenständigen Einfluss auf die Konzentrationsleistung. Im Durchschnitt bleibt die Konzentrationsleistung bei hohem und niedrigem Lärm gleich. Dasselbe gilt für schwache und starke Beleuchtung. Allerdings üben die beiden Faktoren einen gemeinsamen Einfluss auf die Konzentrationsleistung aus, d.h., die Einflüsse bestimmter Kombinationen von Faktoren auf die Konzentrationsleistung unterscheiden sich. So könnte es sein, dass bei niedrigem Lärm und schwacher Beleuchtung sowie bei hohem Lärm und starker Beleuchtung die Leistung sehr niedrig ist, während sie in den anderen beiden Kombinationen sehr hoch ist. (Dieses Ergebnis wäre aber in diesem Beispiel unplausibel.)

5.) Der Faktor A und die Wechselwirkung werden signifikant: Lärm hat einen eigenständigen Einfluss auf die Konzentrationsleistung. Allerdings ist der Einfluss des Lärms bei starker Beleuchtung anders als bei schwacher Beleuchtung.

6.) Der Faktor B und die Wechselwirkung werden signifikant: Die Beleuchtungsstärke hat einen eigenständigen Einfluss auf die Konzentrationsleistung. Allerdings ist der Einfluss der Beleuchtungsstärke bei starkem Lärm anders als bei schwachem Lärm.

7.) Alle drei Effekte werden signifikant: Lärm und Beleuchtungsstärke haben einen eigenständigen Einfluss auf die Konzentrationsleistung. Die Art des Einflusses ist aber abhängig von der jeweiligen Stufe des anderen Faktors: Der Einfluss des Lärms ist bei schwacher Beleuchtung anders als bei starker, der Einfluss der Beleuchtungsstärke ist bei hohem Lärm anders als bei niedrigem Lärm.

e) Allgemein lässt sich eine Wechselwirkung als Abweichung der tatsächlichen Zellmittelwerte von den auf Grund der Haupteffekte zu erwartenden Zellmittelwerte darstellen. Haben beide Faktoren einer zweifaktoriellen ANOVA nur zwei Stufen, so weist bereits eine Nicht-Parallelität der zwischen den Zellmittelwerten gezeichneten Geraden auf eine Wechselwirkung hin.

Anwendungsaufgaben

Aufgabe 1

Effektgröße bei $df_{Zähler} = df_A = 1$ und $N = 40$ (zu berechnen aus df_{Nenner}):

$$f^2 = \frac{(F-1) \cdot df_{Zähler}}{N} = \frac{12 \cdot 1}{40} = 0,3$$

$$\omega_p^2 = \frac{f^2}{1+f^2} = \frac{0,3}{1,3} \approx 0,23$$

Der aufgedeckte Effekt beträgt also etwa 23%.

Aufgabe 2

a)   Haupteffekt A, Haupteffekt B

b)   Haupteffekt A, Wechselwirkung A×B

c)   Haupteffekt A, Haupteffekt B, Wechselwirkung A×B

d)   Haupteffekt B

Aufgabe 3

a)   Die Hypothesen zielen auf den Haupteffekt „Computerspiel" und die Wechselwirkung „Neurotizismus × Computerspiel" ab. Hier ist jeweils die H_1 relevant.

b)   1. Quadratsummen:

$$QS_A = \sum_{i=1}^{p} n \cdot q \cdot (\bar{A}_i - \bar{G})^2 = 48 \cdot 1 + 48 \cdot 1 = 96$$

$$QS_B = \sum_{j=1}^{q} n \cdot p \cdot (\bar{B}_j - \bar{G})^2 = 32 \cdot 1 + 32 \cdot 0,25 + 32 \cdot 2,25 = 112$$

$$QS_{A \times B} = \sum_{i=1}^{p} \sum_{j=1}^{q} n \cdot (\bar{AB}_{ij} - \bar{A}_i - \bar{B}_j + \bar{G})^2 = 16 + 4 + 4 + 16 + 4 + 4 = 48$$

$QS_{inn.} = 1080$ (gegeben)

2. Freiheitsgrade: $df_A = 1$ $df_B = 2$ $df_{A \times B} = 2$ $df_{inn} = 90$

3. Varianzen: $\hat{\sigma}_A^2 = 96$ $\hat{\sigma}_B^2 = 56$ $\hat{\sigma}_{A \times B}^2 = 24$ $\hat{\sigma}_{inn}^2 = 12$

4. F-Brüche:

Haupteffekt A: $\quad\quad\quad F_{(1;90)} = 8 \quad\quad\quad F_{krit} \approx 4 \quad \alpha < 0,05$

Haupteffekt B: $\quad\quad\quad F_{(2;90)} = 4,66 \quad\quad F_{krit} \approx 3,1 \quad \alpha < 0,05$

Wechselwirkung: $\quad F_{(2;90)} = 2 \quad\quad\quad\quad F_{krit} \approx 3,1 \quad$ nicht signifikant

c)

Quelle der Variation	QS	df	MQS	F	α
Haupteffekt Computerspiel	96	1	96	8	< 0,05
Haupteffekt Neurotizismus	112	2	56	4,66	< 0,05
Wechselwirkung	48	2	24	2	n.s.
Residual	1080	90	12		
Total	1336	95			

d) Der Wechselwirkungseffekt ist nicht signifikant geworden. Teststärke:

$\Omega_p{}^2 = 0,10 \Rightarrow \Phi^2 = 0,11 \quad df_{Zähler} = 2$

Berechnung des Nonzentralitätsparameters: $\lambda = \Phi^2 \cdot N = 0,11 \cdot 96 = 10,6$

Tabelle TPF 6 (für $\alpha = 0,05$): Ein λ-Wert von 10,6 hat bei zwei Zählerfreiheitsgraden eine Teststärke zwischen 80% und 85% ($0,80 < 1 - \beta < 0,85$). Die H_1 kann nicht verworfen werden; es ist keine Entscheidung möglich.

e) Bei $1 - \beta = 0,95$ und $df_{Zähler} = 2$ kann man aus Tabelle TPF 6 (für $\alpha = 0,05$) einen Wert von $\lambda = 15,44$ ablesen. Mit $\Omega_p{}^2 = 0,1$ (entspricht $\Phi^2 = 0,11$) ergibt sich:

$$n_{pro\ Zelle} = \frac{\lambda}{p \cdot q \cdot \Phi^2} = \frac{15,44}{3 \cdot 2 \cdot 0,11} = 23,39 \ .$$

Es sind 24 Versuchspersonen pro Zelle notwendig, um einen Wechselwirkungseffekt von 10% mit 95%-iger Wahrscheinlichkeit aufzudecken.

Aufgabe 4

a)

	jedes Mal	jedes zweite Mal	jedes dritte Mal	
Geld	4,4	4,0	3,4	**3,93**
Süßigkeit	4,0	3,6	3,0	**3,53**
Lob	4,0	4,4	5,0	**4,47**
	4,13	**4,0**	**3,8**	

b) / d)

Quelle der Variation	QS	df	MQS	F	p
Häufigkeit der Belohnung	0,84	2	0,42	0,85	n.s.
Art der Belohnung	6,58	2	3,29	6,66	< .01
Art × Häufigkeit	6,76	4	1,69	3,42	< .05
Innerhalb	17,80	36	0,49		
Total	31,98	44			

1) Der Faktor A (Häufigkeit der Belohnung) wurde nicht signifikant. Die Häufigkeit der Belohnung hat keinen eigenständigen Einfluss auf das Kooperationsverhalten der Kinder.

2) Der Faktor B (Art der Belohnung) ist auf dem 1%-Niveau signifikant: Lob hat den stärksten Einfluss auf das kooperative Verhalten der Kinder, Süßigkeiten haben den geringsten Einfluss. Zur Klärung der Frage, ob sich der Einfluss des Geldes signifikant von dem Einfluss von Süßigkeiten oder Lob unterscheidet, ist das Heranziehen eines Post-Hoc-Tests notwendig.

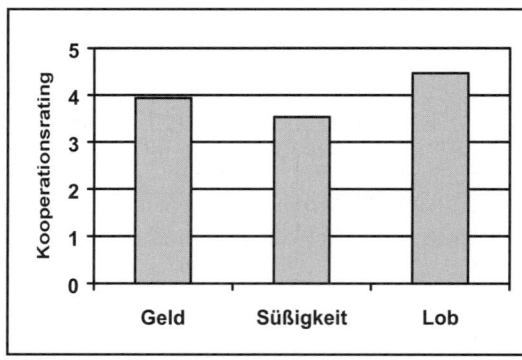

3) Die Interaktion Art der Belohnung × Häufigkeit der Belohnung ist signifikant. Die Art des Zusammenhangs lässt sich nur mit Hilfe der Zellmittelwerte aus der Tabelle erschließen. In der Graphik sind die Zellmittelwerte eingetragen. Es ist zu sehen, dass Lob am geringsten wirkt, wenn jedes Mal belohnt wird und dass der Einfluss mit abnehmender Häufigkeit des Lobes zunimmt. Bei Geld und Süßigkeiten dagegen zeigt sich ein gegenläufiger Einfluss: Die Wirkung wird umso stärker, je häufiger belohnt wird.

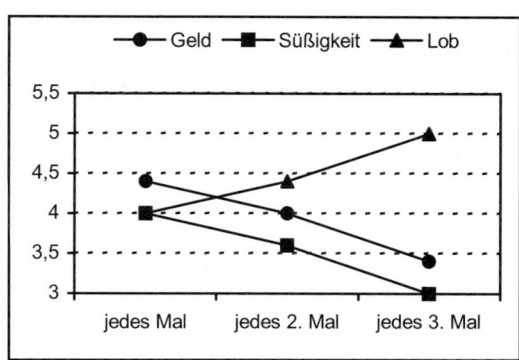

Aufgabe 5

a) Haupteffekt A: $F_{(1;126)} = 16,14$ $\quad$ $p < 0,1$ $\quad$ (für $\alpha = 0,05$: $F_{krit(1;120)} = 3,92$)

Haupteffekt B: $F_{(2;126)} = 1,34$ $\quad$ n.s. $\quad$ (für $\alpha = 0,05$: $F_{krit(2;120)} = 3,07$)

Wechselwirkung A×B: $F_{(2;126)} = 9,41$ $\quad$ $p < 0,1$ $\quad$ (für $\alpha = 0,05$: $F_{krit(2;120)} = 3,07$)

b) Das Heranziehen eines Post-Hoc-Tests ist nur für die Wechselwirkung interessant. Der Haupteffekt A ist zwar signifikant, hat aber nur zwei Stufen, wodurch sich die Frage nach signifikanten Gruppenunterschieden erübrigt. Der F-Wert des Haupteffekts B ist nicht signifikant. Deshalb sind hier auch keine signifikanten Unterschiede zwischen den Gruppen zu erwarten.

c) $q_{krit(5\%;6;120)} = 4,1$ $\qquad$ $HSD_{(A×B)} = q_{krit(5\%;6;120)} \cdot \sqrt{\dfrac{\hat{\sigma}^2_{Res}}{n_{HSD(A×B)}}} = 4,1 \cdot \sqrt{\dfrac{8,18}{22}} = 2,5$

Differenzen		starke Argumente			schwache Argumente		
(Zeile – Spalte)		negativ	neutral	positiv	negativ	neutral	positiv
starke Argumente	negativ		0	3*	4*	3*	2
	neutral			3*	4*	3*	2
	positiv				1	0	-1
schwache Argumente	negativ					-1	-2
	neutral						-1
	positiv						

Bemerkung: Signifikante Unterschiede der Zellmittelwerte sind mit einem Sternchen (*) gekennzeichnet.

d) Die graphische Darstellung der Wechselwirkung zeigt, dass der Unterschied zwischen dem Einfluss der starken und der schwachen Argumente auf die Einstellung für das Abschalten von Atomkraftwerken bei positiver Stimmung verschwindet. Dieses Ergebnis lässt sich dahingehend interpretieren, dass Versuchspersonen unter positiver Stimmung Argumente nicht mehr so systematisch verarbeiten, so dass die Stärke der Argumente eine geringe Rolle für die Einstellung spielt. In negativer und neutraler Stimmung dagegen kommt der Stärke der Argumente eine entscheidende Funktion für den Grad der Zustimmung zu. Das Ergebnis bestätigt damit die Hypothese.

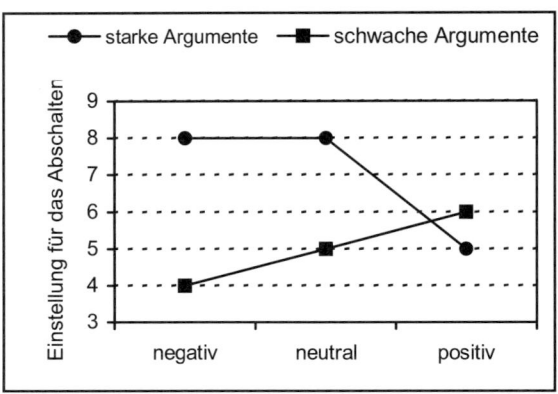

Kapitel 7

Verständnisaufgaben

a) Die Gesamtvarianz lässt sich in die Varianz zwischen Personen und die Varianz innerhalb Personen zerlegen. Die Zwischenvarianz besteht bei der einfaktoriellen Varianzanalyse mit Messwiederholung aus der Personenvarianz, d.h. der Varianz, die auf systematische Unterschiede zwischen den Versuchspersonen zurückzuführen ist. Die Varianz innerhalb teilt sich wiederum auf in die Effektvarianz des messwiederholten Faktors sowie die Residualvarianz. Die Residualvarianz vereinigt untrennbar die Wechselwirkung des messwiederholten Faktors mit dem Personenfaktor sowie die restlichen unsystematischen Einflüsse.

b) In der strengen Form besagt die spezifische Voraussetzung der Varianzanalyse mit Messwiederholung, dass alle Korrelationen zwischen den einzelnen Stufen des messwiederholten Faktors homogen sein sollten (Homogenität der Korrelationen). In der Regel achtet man aber darauf, ob die liberalere Zirkularitätsannahme erfüllt ist. Die Zirkularitätsannahme erfordert, dass alle Varianzen der Differenzen zweier Faktorstufen gleich groß sind. Diese Annahme kann mit dem Mauchly-Test auf Sphärizität überprüft werden. Wenn die Zirkularitätsannahme verletzt ist, sind Korrekturverfahren (z.B. Greenhouse-Geisser, Huynh-Feldt) angezeigt, die zu einer Adjustierung der Freiheitsgrade des interessierenden F-Bruchs führen.

c) Der Haupteffekt des messwiederholten Faktors A, der Haupteffekt des messwiederholten Faktors B, sowie die Wechselwirkung zwischen A und B.

d) Die Messwiederholung hat den Vorteil, dass individuelle Unterschiede zwischen Personen in Bezug auf das interessierende Merkmal berücksichtigt werden können und diese Varianzquelle aus der Gesamtvarianz herausgerechnet werden kann. Dadurch ist das Verfahren – besonders bei Merkmalen, die innerhalb von

Personen relativ stabil sind und sich zwischen Personen stark unterscheiden – teststärker als nicht messwiederholte Verfahren. Das bedeutet, dass systematische Effekte leichter nachgewiesen werden können. Der Nachteil der Messwiederholung ist, dass die wiederholte Messung zu generellen Übungseffekten (oder auch Ermüdungseffekten) führen kann sowie zu spezifischen Sequenzeffekten (eine bestimmte experimentelle Bedingung beeinflusst eine nachfolgende Bedingung). Eine Möglichkeit, Übungs- Ermüdungs- und Sequenzeffekte zu kontrollieren, ist die Balancierung der Reihenfolge der Messungen und die Aufnahme der Reihenfolge als zusätzlichen, nicht messwiederholten Faktor.

Anwendungsaufgaben

Aufgabe 1

$df_{Zähler} = 4 - 1 = 3$

$df_{Nenner} = (21 - 1) \cdot (4 - 1) = 60$ bei $\alpha = 0,05$: $F_{(3;60)} = 2,76$ (Tabelle E, Band I)

Aufgabe 2

Zunächst Berechnung von $\overline{A}_i$, $\overline{P}_m$ und $\overline{G}$:

Vpn	Erster Test	Zweiter Test	Dritter Test	$\overline{P}_m$
1	6	9	12	9
2	4	7	10	7
3	8	12	13	11
4	4	6	8	6
5	5	9	10	8
$\overline{A}_i$	5,4	8,6	10,6	$\overline{G} = 8,2$

$$\hat{\sigma}_A^2 = \frac{QS_A}{df_A} = \frac{n \cdot \sum_{i=1}^{p} (\overline{A}_i - \overline{G})^2}{p-1} = 5 \cdot \frac{(5,4-8,2)^2 + (8,6-8,2)^2 + (10,6-8,2)^2}{3-1} = 5 \cdot \frac{7,84 + 0,16 + 5,76}{2} = 34,4$$

215

$$\hat{\sigma}^2_{Res} = \hat{\sigma}^2_{A \times Vpn} = \frac{QS_{A \times Vpn}}{df_{A \times Vpn}} = \frac{\sum_{i=1}^{p} \sum_{m=1}^{N} [x_{im} - (\overline{A}_i + \overline{P}_m - \overline{G})]^2}{(p-1) \cdot (n-1)} = \frac{[6-(5,4+9-8,2)]^2 + ..[10-(10,6+8-8,2)]^2}{(3-1) \cdot (5-1)} = \frac{3,2}{8} = 0,4$$

$$F_{A(df_A; df_{Res})} = \frac{\hat{\sigma}^2_A}{\hat{\sigma}^2_{Res}} = \frac{34,4}{0,4} = 86; \quad F_{krit(2;8)} = 4,46 \Rightarrow \text{Der Übungseffekt ist statistisch signifikant.}$$

Aufgabe 3

Berechnung des Nonzentralitätsparameters: $\lambda_{df;\alpha} = \frac{p}{1-\overline{r}} \cdot \Phi^2 \cdot N$ mit $\Phi^2 = \frac{\Omega^2}{1-\Omega^2}$

$$\lambda_{3;0,05} = \frac{4}{1-0,5} \cdot \frac{0,1}{1-0,1} \cdot 20 = 17,78$$

Tabelle TPF 6 (Tabelle C in Band I für $\alpha = 0,05$): Ein λ von 17,78 hat bei drei Zählerfreiheitsgraden eine Teststärke von > 95%. Ein Effekt von $\Omega^2 = 0,1$ hätte demnach mit sehr hoher Wahrscheinlichkeit entdeckt werden müssen.

Aufgabe 4

a) Die Daten sollten mit einer zweifaktoriellen Varianzanalyse mit dem nicht messwiederholten Faktor A (Gruppe: Treatment vs. Kontrollgruppe) und dem messwiederholten Faktor B (Messzeitpunkt: Pre- vs. Post-Test) ausgewertet werden. Damit können die folgenden Effekte bestimmt werden:

- der Haupteffekt des Faktors A: Gibt es einen generellen Unterschied zwischen der Treatment- und der Kontrollgruppe über beide Messzeitpunkte hinweg?

- der Haupteffekt des Faktors B: Gibt es einen generellen Unterschied zwischen der Pre- und der Post-Test-Messung über beide Gruppen hinweg?

- die Wechselwirkung A × B: Gibt es eine Interaktion zwischen Gruppe und Messzeitpunkt, die über die Haupteffekte der Faktoren A und B hinaus geht? Dies ist der Effekt, den der Therapeut nachweisen möchte: Er erwartet einen Unterschied zwischen Treatment und Kontrollgruppe nur zum zweiten Messzeitpunkt (Post-Test), nicht jedoch zum ersten Messzeitpunkt vor der Therapie (Pre-Test), dahingehend, dass die Treatmentgruppe zum Post-Test eine höhere psychische Gesundheit aufweist als die nicht therapierte Kontrollgruppe.

b) Signifikanz des Haupteffekts A (Gruppe):

$$F_A = \frac{\hat{\sigma}^2_A}{\hat{\sigma}^2_{Vpn \text{ in } S}} = \frac{281,25}{7,829} = 35,924 \qquad df_A = 1; \ df_{Vpn \text{ in } S} = 2 \cdot (20-1) = 38; \quad F_{krit(1;38)} = 4,08$$

$\Rightarrow$ Die beiden Gruppen unterscheiden sich im Mittel signifikant voneinander.

Signifikanz des Haupteffekts B (Messzeitpunkt):

$$F_B = \frac{\hat{\sigma}_B^2}{\hat{\sigma}_{B \times Vpn}^2} = \frac{186,769}{1,934} = 186,79 \qquad df_B = 1; \ df_{B \times Vpn} = 2 \cdot (2-1) \cdot (20-1) = 38; \qquad F_{krit(1;38)} = 4,08$$

$\Rightarrow$ Es gibt einen systematischen Unterschied zwischen den beiden Messzeitpunkten (über beide Gruppen hinweg).

Signifikanz der Wechselwirkung A×B:

$$F_{A \times B} = \frac{\hat{\sigma}_{A \times B}^2}{\hat{\sigma}_{B \times Vpn}^2} = \frac{151,25}{1,934} = 78,20 \qquad df_{A \times B} = 1; \ df_{B \times Vpn} = 38 \qquad F_{krit(1;38)} = 4,08$$

$\Rightarrow$ Es besteht eine Interaktion zwischen der Gruppe und dem Treatment. Aus den Mittelwerten erkennt man, dass die Treatmentgruppe zu Messzeitpunkt 2 einen deutlich höheren Anstieg in der psychischen Gesundheit zu verzeichnen hat als die Kontrollgruppe. Die Yoga-Therapie trägt offenbar zur Verbesserung der psychischen Gesundheit bei. Die Wechselwirkung ist auch mit verantwortlich dafür, dass die beiden HE A und B signifikant sind.

Kapitel 8

Verständnisaufgaben

a) Im Mann-Whitney U-Test werden den Versuchspersonen der zwei untersuchten Gruppen auf Grund ihrer Messwerte Rangplätze zugewiesen. Der Test prüft, ob sich die beiden Stichproben in der Verteilung der Rangplätze signifikant voneinander unterscheiden.

b) Die Intervallskalenqualität der unabhängigen Variable ist zweifelhaft.

Das Merkmal folgt in der Population keiner Normalverteilung.

Die Annahme der Varianzhomogenität ist sehr stark verletzt.

c) Bei einem signifikanten Ergebnis ist der empirische U-Wert kleiner oder gleich dem kritischen U-Wert.

d) Verbundene Ränge treten auf, wenn zwei oder mehrere Versuchspersonen denselben Testwert aufweisen. Der diesen Versuchspersonen zugewiesene Rang ergibt sich aus der Summe der aufeinander folgenden Rangplätze geteilt durch die Anzahl der Versuchspersonen mit demselben Messwert.

e) Die U-Verteilung nähert sich bei großen Stichproben einer z-Verteilung, die H-Verteilung einer χ^2-Verteilung an.

f) Der Mann-Whitney U-Test ist ein nichtparametrisches Auswertungsverfahren für zwei unabhängige Stichproben. Der Wilcoxon-Test findet dagegen bei zwei abhängigen Stichproben Anwendung.

g) Im Wilcoxon-Test werden Null-Differenzen bei der Vergabe der Rangplätze ausgelassen und nicht beachtet.

h) Die Nullhypothese des Kruskal-Wallis-H-Tests lautet: Die zu Grunde liegenden Verteilungen der untersuchten Gruppen sind identisch. Die Verteilung der Ränge zu den Gruppen ist zufällig.

Anwendungsaufgaben

Aufgabe 1

a) Der kritische U-Wert bei $n1 = 12$ und $n2 = 15$ lautet in einem zweiseitigen Test bei $\alpha = 0{,}05$ Ukrit = 49. Der empirische U-Wert ist größer als der kritische U-Wert, das Ergebnis ist nicht signifikant.

b) Die Teststärke lässt sich über den t-Test mit Hilfe der Formeln des t-Tests näherungsweise bestimmen.

$$\lambda_{df=1;\alpha} = \Phi^2 \cdot N_{(t-Test)} = \frac{\Omega^2}{1-\Omega^2} \cdot N_{(t-Test)} \quad => \quad \lambda = \frac{0{,}2}{1-0{,}2} \cdot 27 = 6{,}75$$

Aus TPF 6 (zweiseitiger Test) ergibt sich für $\lambda = 6{,}75$ eine Teststärke zwischen $66{,}7\% < 1 - \beta < 75\%$. Die Wahrscheinlichkeit, einen Effekt der Größe $\Omega^2 = 0{,}2$ zu finden, falls dieser existiert, beträgt in diesem Test zwischen $66{,}7\%$ und 75%. Damit liegt die Wahrscheinlichkeit, den Effekt von $\Omega^2 = 0{,}2$ nicht zu finden, obwohl er existiert, zwischen 25% und $33{,}3\%$. Bei einem nicht-signifikanten Ergebnis wäre die Annahme der Nullhypothese mit einer Wahrscheinlichkeit zwischen 25% und $33{,}3\%$ falsch. Eine Entscheidung für die Nullhypothese, dass kein Effekt der Größe $\Omega^2 = 0{,}2$ existiert, ist auf Grund des sehr großen β-Fehlers nicht möglich.

c) Für eine Teststärke von 90% gibt Tabelle TPF 6 einen Nonzentralitätsparameter von $\lambda = 10{,}51$ an. Die optimale Stichprobengröße in einem zweiseitigen t-Test bei $\alpha = 0{,}05$ ist:

$$N_{(t-Test)} = \frac{\lambda_{1;5\%;90\%}}{\frac{\Omega^2}{1-\Omega^2}} = \frac{10{,}51}{\frac{0{,}20}{1-0{,}20}} = 42{,}04 \approx 44$$

Aufgabe 2

Die Stichproben sind groß genug, um die Signifikanzprüfung des U-Werts mit Hilfe der z-Verteilung vorzunehmen. Der zu erwartende Wert für U bei Zutreffen der Nullhypothese beträgt:

$$\mu_U = \frac{n_1 \cdot n_2}{2} = \frac{35 \cdot 42}{2} = 735 \qquad\qquad z_U = \frac{U - \mu_U}{\sigma_U} = \frac{770 - 735}{20} = 1{,}75$$

Bei einer zweiseitigen Testung schneidet ein z-Wert von $z = 1{,}75$ 4,01% der Fläche auf einer Seite der Standard-normalverteilung ab, beide Flächen zusammen ergeben also 8,02% der Gesamtfläche. Dies ist mehr als das α-Niveau von 5% ($z_{krit} = 1{,}96$). Für eine zweiseitige Testung (vgl. Angabe) lautet also das Ergebnis: Die Bewertungen der Sektsorten A und B unterschieden sich nur marginal signifikant voneinander.

Aufgabe 3

vorher	nachher	Differenz	Betrag	Rang	gerichteter Rang
4	7	3	3	7,5	7,5
5	6	1	1	2,5	2,5
8	6	-2	2	5,5	-5,5
8	9	1	1	2,5	2,5
3	7	4	4	9	9
4	9	5	5	10	10
5	4	-1	1	2,5	-2,5
7	8	1	1	2,5	2,5
6	8	2	2	5,5	5,5
4	7	3	3	7,5	7,5

Summe der positiven Ränge:

$$\sum_{i=1}^{p} R_{i(positiv)} = 47$$

Summe der negativen Ränge:

$$\sum_{j=1}^{q} R_{j(negativ)} = -8$$

$$W = |\min(\sum R_{positiv}, \sum R_{negativ})| = 8$$

Der kritische W-Wert ist bei $N = 10$, einer zweiseitigen Fragestellung und einem Signifikanzniveau von $\alpha = 0{,}05$ $W_{krit} = 8$ (siehe Tabelle G zum Wilcoxon-Test in Band I). $W_{emp} = 8$ ist genauso groß wie W_{krit}. Das Ergebnis ist signifikant. Ein einseitiger Test gemäß der Formulierung der Hypothese wäre noch eher signifikant, allerdings liefert die Tabelle hierfür keine kritischen Werte, so dass zweiseitig getestet werden muss. Die Bewertung der von der Therapeutin eingeschätzten Bereitschaft der Klienten, Emotionen zu verbalisieren, ist durch das Training signifikant gestiegen.

Aufgabe 4

aufgeklärt		nicht aufgeklärt	
Rating	Rang	Rating	Rang
1	2	8	7
5	5	16	9
7	6	4	4
0	1	18	10
2	3	12	8
Summe	**17**		**38**

Rangplatzüberschreitungen der Aufgeklärten:
$$U = 5 \cdot 5 + \frac{5 \cdot 6}{2} - 17 = 23$$

Rangplatzunterschreitungen der Aufgeklärten:
$$U' = 5 \cdot 5 + \frac{5 \cdot 6}{2} - 38 = 2$$

Die Wahrscheinlichkeit des empirischen U-Werts von 2 ist bei $n_1 = n_2 = 5$: $p = 0{,}016$. Die Wahrscheinlichkeit ist kleiner als das Signifikanzniveau von $\alpha = 0{,}05$. Der Unterschied ist signifikant. Aufgeklärte Patienten geben geringeren Schmerz an als unaufgeklärte Patienten.

Aufgabe 5

vorher	nachher	Differenz	Betrag	Rang	gerichteter Rang
0	5	5	5	6	6
3	4	1	1	1	1
1	5	4	4	5	5
3	9	6	6	7	7
2	4	2	2	3	3
5	5	0	-	-	-
7	9	2	2	3	3
4	6	2	2	3	3

Summe der positiven Ränge:

$$\sum_{i=1}^{p} R_{i(positiv)} = 28$$

Summe der negativen Ränge:

$$\sum_{j=1}^{q} R_{j(negativ)} = 0$$

$$W = |\min(\sum R_{positiv}, \sum R_{negativ})| = 0$$

Da eine Differenz Null beträgt, sinkt die Anzahl der Versuchspersonen für die Auswertung auf n = 7. Der kritische W-Wert für α = 0,05 (zweiseitig) ist bei n = 7: W_{krit} = 2 (siehe Tabelle G für den Wilcoxon Test in Band I). Der empirische U-Wert ist kleiner als der kritische U-Wert. Das Ergebnis ist auf dem 5%-Niveau signifikant.

Aufgabe 6

3 Jahre		4 Jahre		5 Jahre		6 Jahre	
Wert	Rang	Wert	Rang	Wert	Rang	Wert	Rang
10	12	8	8,5	16	17,5	19	20
0	1	1	2,5	6	6,5	9	10
4	5	15	15,5	13	14	18	19
15	15,5	1	2,5	3	4	10	12
8	8,5	16	17,5	6	6,5	10	12
Sum (T)	42		46,5		48,5		73
T²	1764		2162,25		2352,25		5329
T²/n	352,8		432,45		470,45		1065,8

$$\sum_{i=1}^{k} \frac{T_i^2}{n_i} = 352,8 + 432,5 + 470,45 + 1065,8 = 2321,5$$

Die Prüfgröße H errechnet sich wie folgt:

$$H = \left[\frac{12}{N \cdot (N+1)}\right] \cdot \left[\sum_{i=1}^{p} \frac{T_i^2}{n_i}\right] - 3 \cdot (N+1) \quad \Rightarrow \quad H = \left[\frac{12}{20 \cdot 21}\right] \cdot 2321,5 - 3 \cdot 21 = 3,33$$

Der kritische Wert für $\alpha = 0,05$ in einer χ^2-Verteilung mit $df = 4 - 1 = 3$ Freiheitsgraden ist: $\chi^2_{krit} = 7,81$. Das Ergebnis ist nicht signifikant.

Kapitel 9

Verständnisaufgaben

richtig: b) ; d) ; f) ; h) ; j) ; n) ; p)

falsch: a) ; c) ; e) ; g) ; i) ; k) ; l) ; m) ; o)

Anwendungsaufgaben

Aufgabe 1

Nullhypothese: Gleichverteilung:

$$f_e = \frac{n}{k} = \frac{450}{5} = 90 \qquad \chi^2 = \sum_{i=1}^{k} \frac{(f_{bi} - f_{ei})^2}{f_{ei}}$$

$$\chi^2 = \frac{(82-90)^2 + (276-90)^2 + ... + (29-90)^2}{90} = \frac{(-8)^2 + 186^2 + (-75)^2 + (-42)^2 + (-61)^2}{90} = 508,56$$

Der kritische χ^2-Wert bei $\alpha = 0,05$ und $df = k - 1 = 5 - 1 = 4$ Freiheitsgraden ist $\chi^2_{krit} = 9,49$ (vgl. Tabelle H in Band I). Das Ergebnis ist signifikant. Aus einer Betrachtung der deskriptiven Werte ist ersichtlich, dass neurotische Patienten übermäßig häufig durch eine direkte Psychotherapie behandelt werden.

Aufgabe 2

a)   Nullhypothese: Gleichverteilung:

$$f_e = \frac{N}{k} = \frac{200}{4} = 50; \qquad \chi^2 = \frac{(63-50)^2 + (56-50)^2 + (43-50)^2 + (38-50)^2}{50} = \frac{398}{50} = 7,96$$

Das Ergebnis ist auf dem 5%-Niveau signifikant ($\chi^2_{krit} = 7,81$).

Aus den Unterschieden der beobachteten zu den erwarteten Werten geht hervor, dass die qualitativ schlechteren Zahnpastamarken von den Patienten bevorzugt werden.

Zahnpasta:	No name	Aldo	Blendo	Blendo + Fluor	Σ
Anzahl an Patienten:	63	56	43	38	n = 200
erwartet bei Gleichverteilung:	50	50	50	50	n_e = 200

b) Empirische Effektstärke: $\hat{w}^2 = \dfrac{\chi^2}{N} = \dfrac{7{,}96}{200} = 0{,}04$. Dies entspricht nach Cohen einem Effekt mittlerer Größe.

c) Berechnung des Nonzentralitätsparameters für $w^2 = 0{,}05$: $\lambda = w^2 \cdot N = 0{,}05 \cdot 200 = 10$. Aus der Tabelle TPF 6 ergibt sich bei df = 3 eine Teststärke zwischen $75\% < 1\text{-}\beta < 80\%$.

d) Stichprobenumfangsplanung (TPF 6): $N = \dfrac{\lambda}{w^2} = \dfrac{14{,}17}{0{,}05} = 283{,}4 \approx 284$.

Um einen Effekt der Größe $w^2 = 0{,}05$ mit einer Wahrscheinlichkeit von 90% zu finden, sind insgesamt 284 Versuchspersonen notwendig.

Aufgabe 3

a) Nullhypothese: Gleichverteilung:

$$f_e = \frac{N}{k} = \frac{80}{3} = 26{,}67 \; ; \qquad \chi^2 = \frac{(36 - 26{,}67)^2 + (15 - 26{,}67)^2 + (29 - 26.67)^2}{26{,}67} = \frac{228{,}67}{26{,}67} = 8{,}57$$

Burilla-Nudeln	Mirucali Nudeln	5 Glocken	Σ
36	15	29	80
26,67	26,67	26,67	

Das Ergebnis ist auf dem 5%-Niveau signifikant: $\chi^2_{krit(df=2)} = 5{,}99$

b) Der empirische Effekt ist $\hat{w}^2 = \dfrac{\chi^2}{N} = \dfrac{8{,}57}{80} = 0{,}11$. Es ergibt sich ein großer Effekt.

c) Obwohl sich ein signifikanter großer Effekt ergibt, zeigen die Daten, dass dieses Ergebnis stark gegen die Wirksamkeit der Werbung der Firma Mirucali spricht. Trotz des Films (oder auf Grund des Films?) greifen signifikant weniger Käufer zu den Mirucali Nudeln im Vergleich zu den anderen Anbietern.

Aufgabe 4

Nullhypothese: Annahmen über erwartete Wahrscheinlichkeiten:

$p_{kurzsichtig} = 0,25$; $p_{nicht} = 0,75$

$f_{e(kurzsichtig)} = N \cdot p_{(kurzsichtig)} = 100 \cdot 0,25 = 25$

$f_{e(nicht)} = N \cdot p_{(nicht)} = 100 \cdot 0,75 = 75$

$$\chi^2 = \frac{(40 - 25)^2}{25} + \frac{(60 - 75)^2}{75} = 9 + 3 = 12$$

$\chi^2_{krit(einseitig;df=1)} = 2,706$

Kurzsichtigkeit			
	ja	nein	Σ
beob.	40	60	N = 100
erw.	25	75	N = 100

Studenten sind im Vergleich zur relativen Häufigkeit von Kurzsichtigkeit in der Bevölkerung signifikant häufiger kurzsichtig.

Aufgabe 5

a) Berechnung einer theoretischen Effektstärke aus den relativen Häufigkeiten:

$$w^2 = \sum_{i=1}^{k} \frac{(p_{bi} - p_{ei})^2}{p_{ei}} \qquad w^2 = \frac{(0,09 - 0,05)^2}{0,05} + \frac{(0,91 - 0,95)^2}{0,95} = 0,032 + 0,00168 = 0,034$$

b) Stichprobenumfangsplanung mit $w^2 = 0,034$; $\alpha = 0,05$ und $1-\beta = 0,9$ (einseitig; df = 1).

$$N = \frac{\lambda}{w^2} = \frac{8,56}{0,034} = 251,76 \approx 252 .$$

Die Forscherin müsste insgesamt 252 Versuchspersonen untersuchen.

Hautkrebsrisiko		
	ja	nein
Behauptung der Forscherin	0,09	0,91
Behauptung der Behörden	0,05	0,95

c) Teststärkenberechnung a posteriori:

$\lambda = w^2 \cdot N = 0,034 \cdot 150 = 5,1 .$

Aus TPF 7 ergibt sich eine Teststärke zwischen 66,67% < 1 - β < 75%. Die Forscherin darf die Nullhypothese, dass kein Effekt der Größe $w^2 = 0,34$ vorliegt, nicht interpretieren. Der β-Fehler ist zu groß.

Aufgabe 6

Hypothese des Forschers: Die Variable Studienfach hängt mit der Variable Einstellung zur klassischen Musik zusammen (Alternativhypothese). Nullhypothese: Die beiden Variablen sind unabhängig voneinander.

Berechnung der erwarteten Häufigkeit bei Unabhängigkeit über die Formel:

$$f_{eij} = \frac{n_{i\bullet} \cdot n_{\bullet j}}{N} = \frac{\text{Zeilensumme} \cdot \text{Spaltensumme}}{\text{Gesamtanzahl}}$$

Studienfach		nie	selten	oft	Summe
Psychologie	beob.	20	20	10	50
	erw.	17,5	15	17,5	
Medizin	beob.	10	10	30	50
	erw.	17,5	15	17,5	
Mathematik	beob.	10	20	20	50
	erw.	17,5	15	17,5	
Jura	beob.	30	10	10	50
	erw.	17,5	15	17,5	
Summe		70	60	70	200

$$\chi^2 = \sum_{i=1}^{k} \sum_{j=1}^{l} \frac{(f_{bij} - f_{eij})^2}{f_{eij}} = \frac{(20-17,5)^2}{17,5} + \frac{(20-15)^2}{15} + \frac{(10-17,5)^2}{17,5} + \frac{(10-17,5)^2}{17,5} + ... + \frac{(10-17,5)^2}{17,5}$$

$\chi^2 = 38,1$; $df = (k-1) \cdot (l-1) = (4-1) \cdot (3-1) = 6$); $p < 0,001**$

Der empirische χ^2-Wert ist signifikant ($\alpha = 0,001$).

Die Variablen Studienfach und Einstellung zu klassischer Musik hängen systematisch miteinander zusammen. Die Unterschiede im Einzelnen werden nur durch die Betrachtung der Abweichungen der beobachteten von den erwarteten Werten deutlich. Am interessantesten sind dabei die größten Abweichungen: In der Frage nach der Anzahl der Konzertbesuche geben Mediziner häufiger als erwartet „oft" an, während Jura-Studenten häufiger als erwartet „nie" angeben.

Literatur

Die folgenden Literaturquellen bilden den theoretischen Unterbau dieses Buches. Auf die sonst üblichen Zitierungen im Text haben wir aus Gründen der Lesefreundlichkeit weitgehend verzichtet.

Backhaus, K., Erichson, B., Plinke, W. & Weber, R. (2006). *Multivariate Analysemethoden. Eine anwendungsorientierte Einführung* (11. Aufl.). Berlin: Springer.

Bortz, J. (2005). *Statistik für Sozialwissenschaftler* (6. Aufl.). Heidelberg: Springer.

Bortz, J., Lienert, G. A. & Boehnke, K. (1990). *Verteilungsfreie Verfahren in der Biostatistik.* Heidelberg: Springer.

Buchner, A., Erdfelder, E. & Faul, F. (1996). Teststärkeanalysen. In E. Erdfelder, R. Mausfeld, T. Meiser & G. Rudinger (Hrsg.), *Handbuch Quantitative Methoden* (S.123-136). Weinheim: Psychologie Verlags Union.

Cohen, J. (1962). The statistical power of abnormal-social psychological research: A review. *Journal of Abnormal and Social Psychology, 65,* 145-153.

Cohen, J. (1988). *Statistical power analysis for the behavioral sciences.* Hillsdale: Erlbaum.

Craik, F. I., & Lockhard, R. S. (1972). Levels of processing: A framework for memory research. *Journal of Verbal Learning and Verbal Behavior, 11,* 671-684.

Erdfelder, E., Faul, F., & Buchner, A. (1996). GPOWER: A general power analysis program. *Behavior Research Methods, Instruments, & Computers, 18,* 1-11.

Fahrmeir, L., Künstler, R., Pigeot, I. & Tutz, G. (2004). *Statistik. Der Weg zur Datenanalyse* (5. Aufl.). Berlin: Springer.

Fallik, F., & Brown, B. (1983). *Statistics for the behavioral sciences.* Homewood: The Dorsey Press.

Gilbert, D. T., Pinel, E. C., Wilson, T. D., Blumberg, S. J., & Wheatley, T. P. (1998). Immune neglect: A source of durability bias in affective forecasting. *Journal of Personality and Social Psychology, 75,* 617-638.

Hays, W. L. (1994). *Statistics (5th ed.).* Forth Worth: Holt, Rinehart and Winston.

Lehmann, E. L. (1975): *Nonparametrics: Statistical methods based on ranks.* San Francisco: Holden-Day.

Naumann, E. & Gollwitzer, M. (1997). *Quantitative Methoden in der Psychologie (1)* (2. Aufl.). Trier: Universität Trier.

Naumann, E. & Gollwitzer, M. (1998). *Quantitative Methoden in der Psychologie (2)* (2. Aufl.). Trier: Universität Trier.

Rosenthal, R. (1994). Parametric measures of effect size. In H. Cooper & L. Hedges (Eds.), *The handbook of research synthesis.* New York: Russel Sage Foundation.

Sedlmeier, P., & Gigerenzer, G. (1989). Do studies of statistical power have an effect on the power of studies? *Psychological Bulletin, 105,* 309-316.

Stevens, J. (1996). *Applied multivariate statistics for the social sciences* (3rd ed.). Mahwah: Lawrence Erlbaum.

Steyer, R. & Eid, M. (1993). *Messen und Testen.* Berlin: Springer.

Vaughan, E. D. (1998). *Statistics: Tools for understanding data in the behavioral sciences.* Upper Saddle River: Prentice Hall.

Vaughan, R. J. (1998). *Communicating social science research to policymakers.* Thousand Oaks: Sage.

Westermann, R. (2000). Wissenschaftstheorie und Experimentalmethodik. Ein Lehrbuch zur Psychologischen Methodenlehre. Göttingen: Hogrefe.

Druck: Krips bv, Meppel
Verarbeitung: Stürtz, Würzburg